数据科学与大数据技术专业核心教材体系建设——建议使用时间

四年级上						信息内容安全
三年级下	分布式系统与云计算	计算理论导论		非结构化大数据分析	自然语言处理	密码技术及安全
					信息检索导论	程序设计安全
三年级上	编译原理	数据结构与算法 II		大数据计算智能	模式识别与计算机视觉	
	计算机网络				智能优化与进化计算	
二年级下	并行与分布式计算	离散数学	计算机系统基础 II	数据库系统概论	网络群体与市场	
二年级上			计算机系统基础 I	数据科学导论	人工智能导论	
一年级下		数据结构与算法 I				
一年级上	程序设计 II					
	程序设计 I					

U0282959

面向新工科专业建设计算机系列教材

Hadoop

大数据技术原理与编程 微课版

曹洁 齐平 陈明 王福成 著

清華大学出版社

北京

内 容 简 介

本书系统介绍了大数据技术的相关知识,全书共 13 章,内容包括 Hadoop 大数据处理架构、HDFS 分布式文件系统、YARN 资源管理、MapReduce 分布式计算框架、HBase 分布式数据库、流数据采集、典型非关系数据库的安装与使用、分布式数据分析工具 Pig、Spark 大数据处理框架、基于 Python 语言的 Spark RDD 编程、基于 Python 语言的 Spark SQL 结构化数据处理、Hive 分布式数据仓库、典型数据可视化工具的使用。本书对大数据相关技术给出详细的编程示例,并给出详细的注解。

本书可作为高等院校计算机、信息管理、软件工程、人工智能、数据科学与大数据技术等相关专业的大数据技术课程教材,也可供相关技术人员参考。

图书在版编目(CIP)数据

Hadoop 大数据技术原理与编程 :微课版 / 曹洁等著.
北京 :清华大学出版社,2024.7. -- (面向新工科专业建设计算机系列教材). -- ISBN 978-7-302-66679-0

Ⅰ. TP274

中国国家版本馆 CIP 数据核字第 20243VP157 号

责任编辑:白立军　薛　阳
封面设计:刘　键
责任校对:胡伟民
责任印制:沈　露

出版发行:清华大学出版社
　　　　网　　　址:https://www.tup.com.cn,https://www.wqxuetang.com
　　　　地　　　址:北京清华大学学研大厦 A 座　　　　　邮　　编:100084
　　　　社 总 机:010-83470000　　　　　　　　　　　　邮　　购:010-62786544
　　　　投稿与读者服务:010-62776969,c-service@tup.tsinghua.edu.cn
　　　　质量反馈:010-62772015,zhiliang@tup.tsinghua.edu.cn
　　　　课件下载:https://www.tup.com.cn,010-83470236
印 装 者:三河市铭诚印务有限公司
经　　销:全国新华书店
开　　本:185mm×260mm　　　**印　张**:19.75　　　**插页**:1　　　**字　　数**:496 千字
版　　次:2024 年 7 月第 1 版　　　　　　　　　　　　**印　　次**:2024 年 7 月第 1 次印刷
定　　价:69.00 元

产品编号:098108-01

出版说明

一、系列教材背景

人类已经进入智能时代,云计算、大数据、物联网、人工智能、机器人、量子计算等是这个时代重要的技术热点。为了适应和满足时代发展对人才培养的需要,2017年2月以来,教育部积极推进新工科建设,先后形成了"复旦共识""天大行动"和"北京指南",并发布了《教育部高等教育司关于开展新工科研究与实践的通知》《教育部办公厅关于推荐新工科研究与实践项目的通知》,全力探索形成领跑全球工程教育的中国模式、中国经验,助力高等教育强国建设。新工科有两个内涵:一是新的工科专业;二是传统工科专业的新需求。新工科建设将促进一批新专业的发展,这批新专业有的是依托于现有计算机类专业派生、扩展而成的,有的是多个专业有机整合而成的。由计算机类专业派生、扩展形成的新工科专业有计算机科学与技术、软件工程、网络工程、物联网工程、信息管理与信息系统、数据科学与大数据技术等。由计算机类学科交叉融合形成的新工科专业有网络空间安全、人工智能、机器人工程、数字媒体技术、智能科学与技术等。

在新工科建设的"九个一批"中,明确提出"建设一批体现产业和技术最新发展的新课程""建设一批产业急需的新兴工科专业"。新课程和新专业的持续建设,都需要以适应新工科教育的教材作为支撑。由于各个专业之间的课程相互交叉,但是又不能相互包含,所以在选题方向上,既考虑由计算机类专业派生、扩展形成的新工科专业的选题,又考虑由计算机类专业交叉融合形成的新工科专业的选题,特别是网络空间安全专业、智能科学与技术专业的选题。基于此,清华大学出版社计划出版"面向新工科专业建设计算机系列教材"。

二、教材定位

教材使用对象为"211工程"高校或同等水平及以上高校计算机类专业及相关专业学生。

三、教材编写原则

(1) 借鉴 *Computer Science Curricula* 2013(以下简称 CS2013)。CS2013

的核心知识领域包括算法与复杂度、体系结构与组织、计算科学、离散结构、图形学与可视化、人机交互、信息保障与安全、信息管理、智能系统、网络与通信、操作系统、基于平台的开发、并行与分布式计算、程序设计语言、软件开发基础、软件工程、系统基础、社会问题与专业实践等内容。

(2)处理好理论与技能培养的关系,注重理论与实践相结合,加强对学生思维方式的训练和计算思维的培养。计算机专业学生能力的培养特别强调理论学习、计算思维培养和实践训练。本系列教材以"重视理论,加强计算思维培养,突出案例和实践应用"为主要目标。

(3)为便于教学,在纸质教材的基础上,融合多种形式的教学辅助材料。每本教材可以有主教材、教师用书、习题解答、实验指导等。特别是在数字资源建设方面,可以结合当前出版融合的趋势,做好立体化教材建设,可考虑加上微课、微视频、二维码、MOOC等扩展资源。

四、教材特点

1. 满足新工科专业建设的需要

系列教材涵盖计算机科学与技术、软件工程、物联网工程、数据科学与大数据技术、网络空间安全、人工智能等专业的课程。

2. 案例体现传统工科专业的新需求

编写时,以案例驱动,任务引导,特别是有一些新应用场景的案例。

3. 循序渐进,内容全面

讲解基础知识和实用案例时,由简单到复杂,循序渐进,系统讲解。

4. 资源丰富,立体化建设

除了教学课件外,还可以提供教学大纲、教学计划、微视频等扩展资源,以方便教学。

五、优先出版

1. 精品课程配套教材

主要包括国家级或省级的精品课程和精品资源共享课的配套教材。

2. 传统优秀改版教材

对于已经出版、得到市场认可的优秀教材,由于新技术的发展,计划给图书配上新的教学形式、教学资源的改版教材。

3. 前沿技术与热点教材

反映计算机前沿和当前热点的相关教材,例如云计算、大数据、人工智能、物联网、网络空间安全等方面的教材。

六、联系方式

联系人：白立军

联系电话：010-83470179

联系和投稿邮箱：bailj@tup.tsinghua.edu.cn

面向新工科专业建设计算机系列教材编委会

2019 年 6 月

面向新工科专业建设计算机系列教材编委会

主　任：

张尧学　清华大学计算机科学与技术系教授　中国工程院院士/教育部高等学校软件工程专业教学指导委员会主任委员

副主任：

陈　刚	浙江大学	副校长/教授
卢先和	清华大学出版社	常务副总编辑、副社长/编审

委　员：

毕　胜	大连海事大学信息科学技术学院	院长/教授
蔡伯根	北京交通大学计算机与信息技术学院	院长/教授
陈　兵	南京航空航天大学计算机科学与技术学院	院长/教授
成秀珍	山东大学计算机科学与技术学院	院长/教授
丁志军	同济大学计算机科学与技术系	系主任/教授
董军宇	中国海洋大学信息科学与工程学部	部长/教授
冯　丹	华中科技大学计算机学院	院长/教授
冯立功	战略支援部队信息工程大学网络空间安全学院	院长/教授
高　英	华南理工大学计算机科学与工程学院	副院长/教授
桂小林	西安交通大学计算机科学与技术学院	教授
郭卫斌	华东理工大学信息科学与工程学院	副院长/教授
郭文忠	福州大学	副校长/教授
郭毅可	香港科技大学	副校长/教授
过敏意	上海交通大学计算机科学与工程系	教授
胡瑞敏	西安电子科技大学网络与信息安全学院	院长/教授
黄河燕	北京理工大学计算机学院	院长/教授
雷蕴奇	厦门大学计算机科学系	教授
李凡长	苏州大学计算机科学与技术学院	院长/教授
李克秋	天津大学计算机科学与技术学院	院长/教授
李肯立	湖南大学	副校长/教授
李向阳	中国科学技术大学计算机科学与技术学院	执行院长/教授
梁荣华	浙江工业大学计算机科学与技术学院	执行院长/教授
刘延飞	火箭军工程大学基础部	副主任/教授
陆建峰	南京理工大学计算机科学与工程学院	副院长/教授
罗军舟	东南大学计算机科学与工程学院	教授
吕建成	四川大学计算机学院(软件学院)	院长/教授
吕卫锋	北京航空航天大学	副校长/教授
马志新	兰州大学信息科学与工程学院	副院长/教授

毛晓光	国防科技大学计算机学院	副院长/教授
明　仲	深圳大学计算机与软件学院	院长/教授
彭进业	西北大学信息科学与技术学院	院长/教授
钱德沛	北京航空航天大学计算机学院	中国科学院院士/教授
申恒涛	电子科技大学计算机科学与工程学院	院长/教授
苏　森	北京邮电大学	副校长/教授
汪　萌	合肥工业大学	副校长/教授
王长波	华东师范大学计算机科学与软件工程学院	常务副院长/教授
王劲松	天津理工大学计算机科学与工程学院	院长/教授
王良民	东南大学网络空间安全学院	教授
王　泉	西安电子科技大学	副校长/教授
王晓阳	复旦大学计算机科学技术学院	教授
王　义	东北大学计算机科学与工程学院	教授
魏晓辉	吉林大学计算机科学与技术学院	教授
文继荣	中国人民大学信息学院	院长/教授
翁　健	暨南大学	副校长/教授
吴　迪	中山大学计算机学院	副院长/教授
吴　卿	杭州电子科技大学	教授
武永卫	清华大学计算机科学与技术系	副主任/教授
肖国强	西南大学计算机与信息科学学院	院长/教授
熊盛武	武汉理工大学计算机科学与技术学院	院长/教授
徐　伟	陆军工程大学指挥控制工程学院	院长/副教授
杨　鉴	云南大学信息学院	教授
杨　燕	西南交通大学信息科学与技术学院	副院长/教授
杨　震	北京工业大学信息学部	副主任/教授
姚　力	北京师范大学人工智能学院	执行院长/教授
叶保留	河海大学计算机与信息学院	院长/教授
印桂生	哈尔滨工程大学计算机科学与技术学院	院长/教授
袁晓洁	南开大学计算机学院	院长/教授
张春元	国防科技大学计算机学院	教授
张　强	大连理工大学计算机科学与技术学院	院长/教授
张清华	重庆邮电大学	副校长/教授
张艳宁	西北工业大学	副校长/教授
赵建平	长春理工大学计算机科学技术学院	院长/教授
郑新奇	中国地质大学(北京)信息工程学院	院长/教授
仲　红	安徽大学计算机科学与技术学院	院长/教授
周　勇	中国矿业大学计算机科学与技术学院	院长/教授
周志华	南京大学计算机科学与技术系	系主任/教授
邹北骥	中南大学计算机学院	教授

秘书长：

白立军	清华大学出版社	副编审

FOREWORD

前言

    大数据是以容量大、类型多、存取速度快、应用价值高为主要特征的数据集合,正快速发展为对数量巨大、来源分散、格式多样的数据进行采集、存储和关联分析,从中发现新知识、创造新价值、提升新能力的新一代信息技术和服务业态。大数据技术涉及的知识点非常多,一本书根本无法覆盖所有的知识点。本书从各专业对大数据技术需求的实际情况出发,从大数据技术涉及的基本知识开始,层层推进大数据相关技术的讲解,让初学者能够轻松理解并快速掌握。本书对每个知识点都进行了深入分析,并针对每个知识点精心设计了相关案例。

    全书共 13 章。

    第 1 章 Hadoop 大数据处理架构。主要介绍大数据的基本概念、大数据计算模式与典型系统、Hadoop 发展历程、Hadoop 优缺点、Hadoop 生态圈、在 VirtualBox 上搭建 Linux 操作系统、Hadoop 安装前的准备工作与 Hadoop 的安装与配置。

    第 2 章 HDFS 分布式文件系统。主要介绍 HDFS 基本特征、HDFS 存储架构及组件功能、HDFS 读写文件流程、HDFS 的 Shell 操作、HDFS 编程实战。

    第 3 章 YARN 资源管理。主要介绍 YARN 基础架构和 YARN 常用命令。

    第 4 章 MapReduce 分布式计算框架。主要介绍 MapReduce 工作原理、MapReduce 工作机制、MapReduce 编程类、MapReduce 编程实现词频统计。

    第 5 章 HBase 分布式数据库。主要介绍 HBase 系统架构和数据访问流程、HBase 数据表、HBase 安装与配置、HBase 的 Shell 操作、HBase 的 Java API 操作、HBase 案例实战和利用 Python 语言操作 HBase。

    第 6 章 流数据采集。主要介绍 Flume 和 Kafka 两种流数据采集工具。

    第 7 章 典型非关系数据库的安装与使用。主要介绍"键-值"数据库、列族数据库、文档数据库和图数据库。

    第 8 章 分布式数据分析工具 Pig。主要介绍 Pig 安装与配置和 Pig Latin 语言。

    第 9 章 Spark 大数据处理框架。主要介绍 Spark 运行机制、Spark 的安装及配置、使用 PySpark 编写 Python 语言代码、安装 pip 工具和常用的数据分析库、安装 Anaconda 和配置 Jupyter Notebook。

第 10 章 基于 Python 语言的 Spark RDD 编程。主要介绍 RDD 的创建方式、RDD 转换操作、RDD 行动操作、RDD 之间的依赖关系、RDD 的持久化以及利用 Spark RDD 实现词频统计的案例实战。

第 11 章 基于 Python 语言的 Spark SQL 结构化数据处理。主要介绍创建 DataFrame 对象的方法、将 DataFrame 对象保存为不同格式的文件、DataFrame 的常用操作、使用 Spark SQL 读写 MySQL 数据库。

第 12 章 Hive 分布式数据仓库。主要介绍 Hive 的安装、MySQL 数据库常用操作、Hive 的数据类型和 Hive 基本操作。

第 13 章 典型数据可视化工具的使用。主要介绍用基于 Python 语言编程的 WordCloud 绘制词云图库、PyeCharts 数据可视化库和 Tableau 绘图软件。

本书可作为高等院校计算机、信息管理、软件工程、人工智能、智能科学与技术、数据科学与大数据技术等相关专业的大数据技术课程教材，也可供相关技术人员参考。

本书由曹洁、齐平、陈明、王福成著，参与撰写的还有崔念杰、周开来、范乃梅、胡春晖。

在本书撰写和出版过程中得到了铜陵学院、清华大学出版社的大力支持和帮助，在此表示感谢。

本书在撰写过程中，参考了大量专业书籍和网络资料，在此向这些作者表示感谢。

由于编写时间仓促，作者水平有限，书中肯定会有不少缺点和不足，热切期望得到专家和读者的批评指正。您如果遇到任何问题，或有更多的宝贵意见，欢迎发送邮件至邮箱 bailj@tup.tsinghua.edu.cn，期待能够收到您的真挚反馈。

作 者
2024 年 3 月

CONTENTS

目录

第1章

Hadoop 大数据处理架构

本章主要介绍大数据的基本概念、大数据计算模式与典型系统、Hadoop 发展历程、Hadoop 优缺点、Hadoop 生态圈、在 VirtualBox 上搭建 Linux 操作系统、Hadoop 安装前的准备工作与 Hadoop 的安装与配置。

◆ 1.1 大数据的基本概念

1.1.1 大数据时代

随着物联网、移动互联网、智能终端、Web 2.0 和云计算等新兴信息技术的快速发展,以社交网络、社区、博客和电子商务为代表的新型应用得到广泛使用。这些应用不断产生大量的数据,且呈现出爆炸性增长的趋势。

动辄达到数百太字节甚至数十至数百拍字节规模的行业/企业大数据已远远超出了现有传统的计算技术和信息系统的处理能力,因此,寻求有效的大数据处理技术、方法和手段已成为现实大数据应用的迫切要求。

最早提出大数据时代到来的是全球知名咨询公司麦肯锡,麦肯锡称,数据已经渗透到当今每一个行业和业务职能领域,成为重要的生产因素。人们对于海量数据的挖掘和运用,预示着新一波生产率增长和消费者盈余浪潮的到来。

大数据时代的到来,推动了人工智能、机器学习、深度学习等技术的发展,也催生了各种新的商业模式和应用场景,如物联网、智能城市、智能医疗、智能制造等。

1.1.2 大数据定义

什么是大数据,不同的机构给出的定义也不相同。正所谓仁者见仁,智者见智。

维基百科给出的定义:大数据是指无法使用传统和常用的软件技术和工具在一定时间内完成获取、管理和处理的数据集。

麦肯锡全球研究所给出的定义:大数据是一种规模大到在获取、存储、管理、分析方面极大超出了传统软件工具能力范围的数据集合,具有海量的数据规模、快速的数据流转、多样的数据类型和价值密度低四大特征。

研究机构 Gartner 给出的定义:大数据是需要新处理模式才能具有更强的决

策力、洞察发现力和流程优化能力来适应其海量、高增长率和多样化的信息资产。

1.1.3　大数据的特征

一般认为,大数据主要具有以下 4 个方面的典型特征。

1. 数据量大（volume）

数据量大包括采集、存储和计算的量都非常大。大数据的起始计量单位至少是 PB (1000TB)、EB(100 万 TB)或 ZB(10 亿 TB)。搜索引擎每天都在收集和索引数百亿的网页内容,这些数据量非常大。根据国际数据公司(International Data Corporation,IDC)发布的报告 *DATA AGE* 2025 所提供的数据,2011 年全球创建和复制的数据规模为 1.8ZB,预计到 2025 年将达到惊人的 175ZB。国际权威机构 Statista 的统计和预测,到 2035 年,全球数据产生量将达到 2142ZB,全球数据量即将迎来更大规模的爆发。

2. 数据类型多（variety）

数据类型多是指种类和来源多样化,包括结构化、半结构化和非结构化数据。结构化数据,是指由二维表结构来逻辑表达和实现的数据,严格地遵循数据格式与长度规范,主要通过关系数据库进行存储和管理。非结构化数据,是数据结构不规则或不完整,没有预定义的数据模型,不方便用数据库二维表结构来表现的数据,包括办公文档、文本、图片、HTML、各类报表、图像和音频/视频信息等。半结构化数据,是结构化数据的一种形式,虽不符合关系数据库或其他数据表的形式关联起来的数据模型结构,但包含相关标记,用来分隔语义元素及对记录和字段进行分层,因此,又称自描述的结构数据。常见的半结构数据有 XML 数据和 JSON 数据。

3. 价值密度低（value）

在大数据时代,很多有价值的信息都是分散在海量数据中的。传统数据基本都是结构化数据,每个字段都是有用的,价值密度非常高。大数据时代,越来越多数据都是半结构化和非结构化数据,如网站访问日志,里面大量内容都是没价值的,真正有价值的比较少。再如社交媒体数据中包含大量用户的言论、图片、视频等,但其中只有很小一部分的数据对于企业的决策和分析具有实际价值。

4. 速度快（velocity）

第四个特征是数据的增长速度快、数据的处理速度快,快速度是大数据处理技术和传统的数据挖掘技术最大的区别。有的数据是爆发式增长,例如,欧洲核子研究中心的大型强子对撞机在工作状态下每秒产生 PB 级的数据。有的数据是涓涓细流式增长,但是由于用户众多,短时间内产生的数据量依然非常庞大,如单击流、日志、射频识别数据、全球定位系统(GPS)位置信息。在数据处理速度方面,有一个著名的"一秒定律",即要在秒级时间范围内给出分析结果,超过这个时间,数据就失去价值。正如 IBM 在一则广告中所讲的,一秒能发现得克萨斯州的电力中断,避免电网瘫痪;一秒能帮助一家全球性金融公司锁定行业欺诈,保障客户利益。

1.1.4　大数据思维

每个行业都有自己特有的思维方式,每种思维方式都是从相应行业的实践中总结出来的,是行之有效的方法论。大数据思维包括三个方面：全样思维、相关思维、容错思维。

1. 全样思维

随机采样就是等概率地从总体中采集试样,它强调的是随机性,比如,将分析对象全体分成若干个部分,随机地选取几个部分就是随机采样。在分析实践中,把根据采样分析做出相应结论的目标对象称为目标总体,而把实际被采集的对象称为母总体。但是这两者很少一致,随机采样就是尽可能缩小这一差别的一种手段。

大数据与小数据的根本区别在于大数据采用全样思维方式,人们可以采集和分析更多的数据,有时候甚至可以处理和某个特别现象相关的所有数据,而不再受制于随机采样。

2. 相关思维

在大数据时代,人们不再热衷于找因果关系,而是寻找事物之间的相关关系。所谓相关关系,就是当一个或几个相互联系的变量取一定的数值时,与之相对应的另一变量的值虽然不确定,但它仍按某种规律在一定的范围内变化。如蚂蚁搬家、燕子低飞等现象,通常都被认为是下雨的先兆,它是民间百姓经过长时间生活观察沉淀得出的结论。显然,下雨不是蚂蚁搬家、燕子低飞引起的,它们之间不是因果关系。相关关系也许不能准确地告诉我们某件事情为何会发生,但是它会提醒我们这件事情即将发生或正在发生。

3. 容错思维

在小数据年代,人们习惯了抽样。由于抽样从理论上讲结论就是不稳定的,一般来说,全样的样本数量比抽样样本数量多很多倍,为保证抽样得出的结论相对可靠,人们对抽样的数据精确度要求比较高。

在大数据时代,随着数据规模的扩大,和内容分析研究相关的数据非常多,对精确度的要求减弱。人们不再需要对一个现象刨根问底,只要掌握大体的发展方向即可;适当忽略微观层面上的精确度,会让人们在宏观层面更好地把握事物的发展方向。

◆ 1.2　大数据计算模式与典型系统

MapReduce 主要适合于进行大数据线下批处理,在面向低延迟、具有复杂数据关系和复杂计算的大数据问题时有很大的不适应性。事实上,现实世界中的大数据处理问题复杂多样,不存在单一的计算模式能涵盖所有不同的大数据计算需求。所谓大数据计算模式,是指根据大数据的不同数据特征和计算特征,从多样性的大数据计算问题和需求中提炼并建立的各种高层抽象(abstraction)和模型(model)。根据大数据处理多样性的需求,目前出现了多种典型和重要的大数据计算模式。与这些计算模式相适应,出现了很多对应的大数据计算系统和工具。

1.2.1　批处理计算模式与典型系统

批处理模式中使用的数据集通常符合 3 个特征:有界,批处理数据集代表数据的有限集合;持久,数据通常始终存储在某种类型的持久存储位置中;量大,批处理操作通常是处理极为海量数据集。批处理非常适合需要访问全套记录才能完成的计算工作。例如,在计算总数和平均数时,必须将数据集作为一个整体加以处理。

最适合于完成大数据批处理的计算模式是 MapReduce,MapReduce 是一个单输入、两阶段(Map 和 Reduce)的数据处理过程。MapReduce 采用"分而治之"的并行处理思想处理具有简单数据关系、易于划分的大规模数据：首先将大量重复的数据记录处理过程总结成 Map 和 Reduce 两个抽象的操作，然后把计算所涉及的诸多系统层细节都交给一个统一的并行计算框架去完成，以此极大地简化了开发者进行并行化程序设计的负担。

目前国内外的各个著名 IT 企业几乎都在使用 Hadoop 及其 MapReduce 处理引擎进行企业内大数据的计算处理。此外，Spark 系统也具备批处理计算的能力。

1.2.2　流式计算模式与典型系统

流处理系统会对进入系统的数据进行实时计算，避免造成数据堆积和丢失。相比批处理模式，这是一种截然不同的处理方式。流处理方式无须针对整个数据集执行操作，而是对通过系统传输的每个数据项执行操作。在流处理中，完整数据集只代表截至目前已经进入系统中的数据总量；工作数据集也许更相关，在特定时间只能代表某个单一数据项；处理工作是基于事件的，除非明确停止否则没有"尽头"，流处理结果随时可用，并会随着新数据的抵达继续更新。

很多行业的大数据应用，如电信、电力、道路监控等行业应用，以及互联网行业的访问日志处理，都同时具有高流量的流式数据和大量积累的历史数据，因而在提供批处理计算模式的同时，系统还需要具备高实时性的流式计算能力。

通用的流式计算系统包括 Twitter 公司的 Storm、Yahoo 公司的 S4，以及 Apache Spark Steaming。

1.2.3　迭代计算模式与典型系统

MapReduce 框架在批处理中性能优异，但也存在局限性：仅支持映射(Map)和归约(Reduce)两种任务；处理效率低效，Map 任务得到的中间结果写入磁盘，Reduce 任务得到的结果写入到 Hadoop 的分布式文件系统 HDFS 中，多个 Map 任务和 Reduce 任务之间通过 HDFS 交换数据，任务调度和启动开销大；Map 任务和 Reduce 任务均需要排序，但是有的任务处理完全不需要排序(如求最大值、求最小值等)，所以就造成了性能的低效；不适合迭代计算(如图计算)、交互式处理。

为了克服 Hadoop MapReduce 难以支持迭代计算的缺陷，工业界和学术界对 Hadoop MapReduce 进行了不少改进研究。一个具有快速和灵活的迭代计算能力的典型系统是 Spark，其采用了基于内存的 RDD 数据集模型实现快速的迭代计算。

1.2.4　图计算模式与典型系统

社交网络、Web 链接关系图等都包含大量具有复杂关系的图数据，这些图数据规模很大，常达到数十亿的顶点和上万亿的边数。用 MapReduce 计算模式处理这种具有复杂数据关系的图数据通常不能适应，为此，需要引入图计算模式。

图计算是以图论为基础的对现实世界的一种图结构的抽象表达，以及在这种数据结构上的计算模式。图计算就是研究在大规模图数据下，如何高效计算、存储和管理图数据等。图的分布式或者并行处理其实是把图拆分成很多的子图，然后分别对这些子图进行计算，计算的时候可以分别迭代进行分阶段的计算，即对图进行并行计算。

图计算有很多应用，比如，可以通过交易网络数据图来分析出哪些交易是欺诈交易，通过通信网络数据图来分析企业员工之间不正常的社交,通过用户-商品数据图来分析用户需求、做个性化推荐等。

目前已经出现了很多分布式图计算系统,其中较为典型的系统包括 Google 公司的 Pregel、Facebook 对 Pregel 的开源实现 Giraph、微软公司的 Trinity、Spark 下的 GraphX、CMU 的 GraphLab,以及由其衍生出来的目前性能最快的图数据处理系统 PowerGraph。

1.2.5　内存计算模式与典型系统

内存计算指的是将数据装入内存中处理,而尽量避免 I/O 操作的一种新型的以数据为中心的并行计算模式。在内存计算中,数据长久地存储于内存中,由应用程序直接访问。即使当数据量过大导致其不能完全存放于内存中时,从应用程序视角看,待处理数据仍是存储于内存当中的,用户程序同样只是直接操作内存,而由操作系统、运行时环境完成数据在内存和磁盘间的交换。

内存计算的典型系统有 Dremel、Hana、Spark 等。

◆　1.3　Hadoop 发展历程

Hadoop
发展历程

Hadoop 最早起源于 Doug Cutting 的搜索引擎项目 Nutch。Nutch 的设计目标是构建一个大型的全网搜索引擎,包括网页抓取、索引、查询等功能,但随着抓取网页数量的增加,遇到了严重的可扩展性问题——如何解决数十亿网页的存储和索引问题。

Google 为解决传统数据的存储容量、读写速度、计算效率等越来越无法满足用户的需求问题,提出了三个处理大数据的技术手段,分别是分布式文件系统(distributed file system,OFS)、MapReduce 分布式并行计算框架和 Bigtable 大型分布式数据库。在 Hadoop 中,Bigtable 的实现形式是基于列进行数据存储的分布式数据库 HBase。

2003—2004 年,Google 公布了部分谷歌文件系统(Google file system,GFS)和 MapReduce 的实现细节,受此启发的 Doug Cutting 等人实现了 DFS 和 MapReduce 机制,做出自己的 GFS 和 MapReduce 系统,即 HDFS 和 Hadoop MapReduce 系统,使 Nutch 性能飙升。

2008 年 1 月,Hadoop 已成为 Apache 顶级项目。在 Hadoop 平台上,用户可以在完全不了解底层实现细节的情形下,很容易地开发处理大数据的分布式程序。

下面回顾一下 Hadoop 的主要发展历程。

2011 年 12 月,Hadoop 1.0.0 版本发布,标志着 Hadoop 已经初具生产规模。

2012 年 5 月,Hadoop 2.0.0-alpha 版本发布,这是 Hadoop 2.x 系列中第一个(alpha)版本。与之前的 Hadoop 1.x 系列相比,Hadoop 2.x 版本中加入了另一种资源协调者(yet another yesource negotiator,YARN),YARN 成为了 Hadoop 的子项目。

2012 年 10 月,Impala 加入 Hadoop 生态圈。

2013 年 10 月,Hadoop 2.0.0 版本发布,标志着 Hadoop 正式进入 MapReduce v2.0 时代。

2014 年 2 月,Spark 开始代替 MapReduce 成为 Hadoop 的默认执行引擎,并成为 Apache 顶级项目。

2017年12月,Hadoop 3.0.0版本发布。Hadoop 3.0.0版本的新特性:使用擦除编码来提供容错能力,支持两个以上的名称节点(NameNode)。

2018年4月,推出3.1.0版本,这是Apache Hadoop 3.1系列的第一个版本。

2018年8月,推出3.1.1版本,这是Apache Hadoop 3.1系列的第一个稳定版本。

目前,Hadoop的最新版本是3.3.4。

注意:Hadoop高版本不一定包含低版本的特性,本书基于Hadoop 2.7.7版本讲述Hadoop编程。

◆ 1.4 Hadoop 优缺点

Hadoop是一个能够让用户轻松架构和使用的分布式计算平台,用户可以轻松地在Hadoop上开发和运行处理海量数据的应用程序,它主要有以下几个优点。

1. 高可靠性

Hadoop成立之初就是假设计算元素和存储会失败,能自动维护数据的多份副本,某个副本丢失可以自动恢复,并且在任务失败后能自动地重新部署计算任务。

2. 高扩展性

Hadoop是在可用的计算机集群中的计算节点间分配数据并完成计算任务的,为集群添加新的计算节点并不复杂,所以集群可以很容易进行节点的扩展,扩大集群。

3. 高效性

Hadoop能够在节点之间动态地移动数据,在数据所在的节点进行并行处理,并保证各个节点的动态负载平衡,使得数据处理速度非常快。

4. 高容错性

Hadoop的分布式文件系统HDFS在存储文件时,会在多个节点上存储文件的副本,当读取该文件出错或者某一节点宕机,系统会调用其他节点上的备份文件,保证程序顺利运行。如果启动的任务失败,Hadoop会重新运行该任务或启用其他任务来完成这个任务没有完成的部分。

5. 成本低

Hadoop是开源的,不需要支付任何费用即可下载并安装使用,节省了购买软件的成本。

HDFS的缺点:不适合大量小文件存储;不适合并发写入,不支持随机修改;不支持随机读等低延时的访问方式。

◆ 1.5 Hadoop 生态圈

Hadoop是较早用于大数据处理的分布式存储、分布式计算的软件框架。通过Hadoop,用户可以在不了解分布式底层细节的情况下,开发分布式程序,充分利用集群的存储能力和计算能力执行高速存储和运算。简单地说,Hadoop是一个平台,在它之上可以更容易地开发和运行处理大规模数据的软件。狭义的Hadoop包括HDFS分布式文件系统、MapReduce分布式计算框架和YARN资源管理系统。Hadoop生态系统,即以Hadoop为平台的各种应用框架,相互兼容,组成了一个独立的应用体系,又称生态圈,Hadoop 2.x 的生态系统如图 1-1 所示。

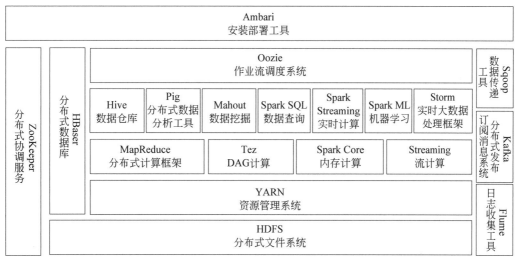

图 1-1　Hadoop 2.x 的生态系统

从图 1-1 中可以看出,Hadoop 2.x 的生态系统包含了很多子系统,下面介绍一些常见的子系统。

1. HDFS 分布式文件系统

Hadoop 的分布式文件系统 HDFS 是 Hadoop 生态系统的核心之一,是针对 GFS 的开源实现。HDFS 是 Hadoop 分布式计算中数据存储管理的基础。HDFS 是一个高度容错的系统,能检测和应对硬件故障。

2. MapReduce 分布式计算框架

MapReduce 是一种分布式计算模型,用以进行大数据量的并行计算。其中 Map 对数据集上的独立元素进行指定的操作,生成键值对形式的中间结果。Reduce 则对中间结果中相同键的所有值进行规约,以得到最终结果。MapReduce 这样的功能划分,非常适合在大量计算机组成的分布式并行环境里进行数据处理。

3. YARN 资源管理系统

YARN 是一种新的 Hadoop 资源管理系统,可为上层各种数据处理组件(包括 MapReduce、Spark、Storm、Pig 等)提供统一的资源管理和调度。它将资源管理和处理组件分开,可把它理解为大数据集群的操作系统。

4. Hive 数据仓库

Hive 是建立在 Hadoop 之上的分布式数据仓库工具,依赖于 HDFS 存储数据。数据仓库是一个面向主题的、集成的、相对稳定的、反映历史变化的数据集合,用于支持管理决策。Hive 可以将结构化的数据文件映射为一张数据库表,并提供简单的 SQL 查询功能,可以将 SQL 语句转换为 MapReduce 任务进行运行。使用 SQL 语言来快速实现简单的 MapReduce 统计,不必开发专门的 MapReduce 应用程序。

5. HBase 分布式数据库

HBase 是一个建立在 HDFS 之上的高可靠性、高性能、面向列、可伸缩的分布式数据库,是以 Google 的 Bigtable 实现的开源数据库,提供了对结构化、半结构化,甚至非结构化大数据的实时读写和随机访问能力。HBase 是基于列存储的,多个列组织为一个列族,每个列族都由几个文件保存,不同列族的文件是分离的。HBase 中的数据类型单一,所有的数据都是字符串。

6. ZooKeeper 分布式协调服务

ZooKeeper 是一个分布式的,开放源码的分布式应用程序协调服务,ZooKeeper 是 Google Chubby 的开源实现,是 Hadoop 和 Hbase 的重要组件。它是一个为分布式应用提供一致性服务的软件,分布式应用程序可以基于 ZooKeeper 实现诸如数据发布/订阅、负载均衡、命名服务、分布式协调/通知、集群管理、分布式锁和分布式队列等功能。

7. Sqoop 数据传递工具

Sqoop 是 SQL-to-Hadoop 的缩写,是一个 Hadoop 和关系数据库之间进行数据导入导出的工具。借助 Sqoop 可把一个关系数据库(如 MySQL、Oracle 等)中的数据导入 Hadoop 的 HDFS、Hive、Hbase 等数据存储系统中,也可以把这些存储系统中的数据导入关系数据库中。

8. Pig 分布式数据分析工具

Pig 是一个基于 Hadoop 的大规模数据分析工具,它提供的类 SQL 语言叫 Pig Latin,该语言的编译器会把类 SQL 的数据分析请求,转换为一系列经过优化处理的 MapReduce 任务。

9. Flume 日志收集工具

Flume 是一个分布式的海量日志采集、聚合和传输系统。Flume 将数据产生、数据传输、数据处理、数据处理结果写入目标路径的过程抽象为数据流。

10. Spark 分布式计算框架

Spark 是一种可高速处理 Hadoop 数据、基于内存的分布式并行计算框架,不同于 MapReduce,中间输出结果可以保存在内存中,不再需要读写 HDFS,因此 Spark 能更好地适用于数据挖掘与机器学习等需要迭代的 MapReduce 算法。Spark 也是一个生态圈,在计算方面比 MapReduce 要快很多倍,支持多种应用编程,包括结构化数据处理、实时计算、机器学习、图计算等。

11. Kafka 分布式发布订阅消息系统

Kafka 是一种高吞吐量的分布式发布订阅消息系统,它可以处理消费者在网站中的所有动作流数据。

12. Storm 实时大数据处理框架

Storm 是 Twitter 开源的分布式实时大数据处理框架,被业界称为实时版 Hadoop。它与 Spark Streaming 的最大区别在于它是逐个处理流式数据事件,而 Spark Streaming 是微批次处理,因此,它比 Spark Streaming 更实时。

◇ 1.6 在 VirtualBox 上搭建 Linux 操作系统

VirtualBox 是一款免费的、开源的虚拟机(在本软件里又称虚拟电脑)软件。本书下载的 VirtualBox 软件的版本为 VirtualBox-6.1.26,在 Windows 操作系统中安装 VirtualBox,

持续单击"下一步"按钮即可完成安装,安装完成并运行。在 VirtualBox 里可以创建多个虚拟电脑(这些虚拟电脑的操作系统可以是 Windows 也可以是 Linux),这些虚拟机共用物理机的 CPU、内存等。本节将介绍如何在 VirtualBox 上安装 Linux 操作系统。

1.6.1　创建 Master 节点

利用 VirtualBox 虚拟化软件创建 Master 节点,即一个虚拟电脑。

1. 为 VirtualBox 设置存储文件夹

创建虚拟电脑时,VirtualBox 会创建一个文件夹,用于存储这个虚拟电脑的所有数据。VirtualBox 启动后的界面,如图 1-2 所示。

图 1-2　VirtualBox 启动后的界面

选择"管理"→"全局设定"选项,弹出"VirtualBox－全局设定"对话框,在"默认虚拟电脑位置"下拉列表框中,选择"其它"选项,弹出"选择文件夹"对话框,选择想要存储虚拟电脑的位置,本书的存储位置为"E:\VirtualBox",单击"选择文件夹"按钮,如图 1-3 所示,单击 OK 按钮。

图 1-3　修改默认虚拟电脑位置

2. 在 VirtualBox 中创建虚拟电脑

启动 VirtualBox 软件,在界面右上方单击"新建"按钮,弹出"新建虚拟电脑"对话框,如图 1-4 所示,在"名称"文本框中输入虚拟电脑名称,名称填写 Master;在"类型"下拉列表框中选择 Linux 选项;在"版本"下拉列表框中选择要安装的 Linux 操作系统类型及位数,本书选择的是 Ubuntu 64-bit 系统。

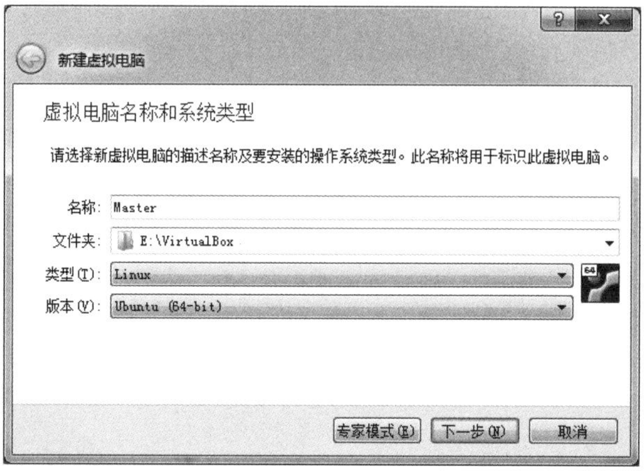

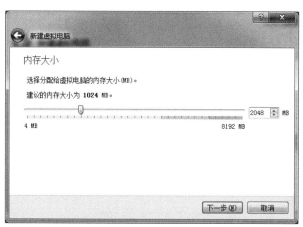

图 1-4　设置虚拟电脑名称和类型

单击"下一步"按钮,设置虚拟电脑内存大小。根据个人计算机配置给虚拟电脑设置内存大小,一般情况下没有特殊要求默认即可。本节将虚拟电脑内存设置为 248MB,如图 1-5 所示,拖动滑块至右侧文本框中的数字为 2048,或直接在文本框中输入数字 2048。

图 1-5　设置新建虚拟电脑内存大小

单击"下一步"按钮,设置虚拟硬盘,如图 1-6 所示,选中"现在创建虚拟硬盘"单选按钮。

单击"创建"按钮,弹出"创建虚拟硬盘"对话框,选择虚拟硬盘文件类型,本书选中"VDI(VirtualBox 磁盘映象)"单选按钮,如图 1-7 所示。

单击"下一步"按钮,设置虚拟硬盘文件的存放方式,如图 1-8 所示,如果磁盘空间较大,就选中"固定大小"单选按钮,这样可以获得较好的性能;如果硬盘空间比较紧张,就选中"动态分配"单选按钮。本书选中"固定大小"单选按钮。

单击"下一步"按钮,设置虚拟硬盘文件的存放位置和大小,默认保存位置为之前配置过

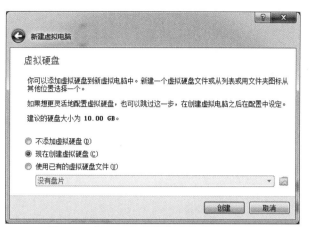

图 1-6　为 Master 虚拟电脑创建虚拟硬盘

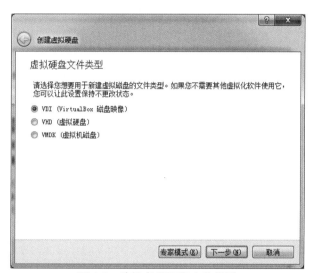

图 1-7　选择虚拟硬盘文件类型

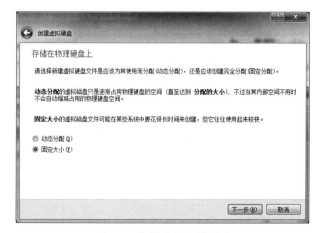

图 1-8　选择磁盘存放形式

的 VirtualBox 目录下，单击"选择虚拟硬盘文件保存的位置"按钮，弹出"选择虚拟硬盘文件保存的位置"对话框，选择一个容量充足的硬盘来存放它，单击"保存"按钮。然后拖动滑块至右侧文本框中的数字为 20.00，或直接在文本框中输入数字 20.00，如图 1-9 所示，单击"创建"按钮完成虚拟电脑的创建。然后，就可以在这个新建的虚拟电脑上安装 Linux 操作系统。

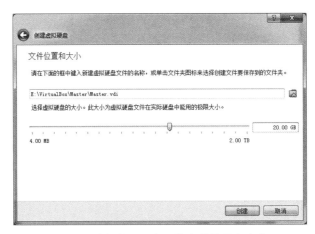

图 1-9　选择虚拟硬盘文件存放位置和大小

3. 在虚拟电脑上安装 Linux 操作系统

按照上面的步骤完成虚拟电脑的创建以后，会返回到如图 1-10 所示的界面。

图 1-10　虚拟电脑创建完成以后的界面

这时请勿直接单击"启动"按钮，否则，有可能会导致安装失败。选择刚刚创建的虚拟电脑，然后单击"设置"按钮打开如图 1-11 所示的"Master-设置"对话框。

选择左侧列表框中"存储"选项，然后选择"没有盘片"选项，单击右侧的小光盘图标，选择"选择虚拟盘"选项，弹出"选择一个虚拟光盘文件"对话框，选择之前下载的 Ubuntu 操作系统安装文件，本书选择的 Ubuntu 操作系统安装文件的版本是 ubuntu-20.04.3-desktop-amd64.iso，单击"打开"按钮，如图 1-12 所示。

图 1-11　"Master-设置"对话框

图 1-12　选择 Ubuntu 操作系统安装文件

单击 OK 按钮,在返回的界面中选择刚创建的虚拟电脑 Master,单击"启动"按钮,启动 Master 虚拟电脑。启动后会看到 Ubuntu 操作系统的安装对话框,如图 1-13 所示,在"欢迎"界面的左侧列表框中,安装语言选择"中文(简体)"选项。

单击"安装 Ubuntu"按钮,在如图 1-14 所示的"键盘布局"界面中,选择 English(US) 选项。

单击"继续"按钮,在"更新和其他软件"界面中,选中"正常安装"单选按钮,勾选"安装 Ubuntu 时下载更新""为图形或无线硬件,以及其他媒体格式安装第三方软件"复选框,设置如图 1-15 所示。

单击"继续"按钮,在"安装类型"界面中确认安装类型,本节选中"其他选项"单选按钮, 如图 1-16 所示。

单击"继续"按钮,在"安装类型"界面中,单击"新建分区表"按钮,在弹出的"要在此设备上创建新的空分区表吗?"对话框中单击"继续"按钮,返回如图 1-17 所示的界面中,选择"空闲"选项。

图 1-13　Ubuntu 操作系统的安装欢迎界面

图 1-14　键盘布局选择

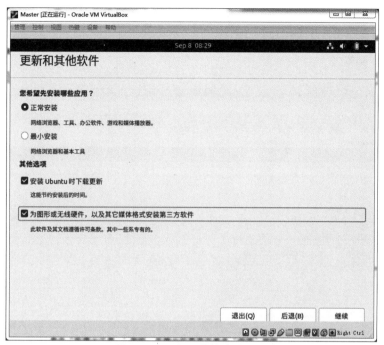

图 1-15　更新和其他软件界面

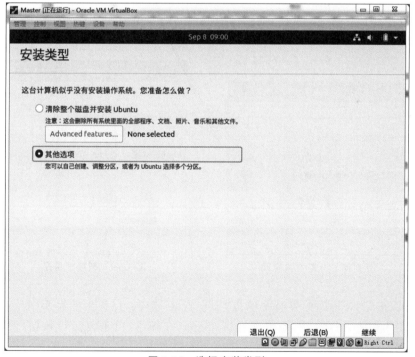

图 1-16　选择安装类型

　　单击"＋"按钮,弹出"创建分区"对话框,在"大小"文本框中输入数字 512,在"用于"下拉列表框中选择"交换空间"选项,设置交换空间的大小为 512MB,如图 1-18 所示。

图 1-17　选择"空闲"选项

单击 OK 按钮,在返回界面中选择"空闲"选项,然后单击"＋"按钮,弹出"创建分区"对话框,在"挂载点"下拉列表框中,选择"/"选项,创建根目录,如图 1-19 所示。

图 1-18　设置交换空间

图 1-19　创建根目录

单击 OK 按钮,在返回的界面中单击"现在安装"按钮,在弹出的界面中单击"继续"按钮。在"您在什么地方?"界面,采用默认值 shanghai 即可,单击"继续"按钮,"您是谁?"界面,如图 1-20 所示。

在图 1-20 中设置用户名和密码,然后单击"继续"按钮,安装过程正式开始,不要单击 Skip 按钮,等待自动安装完成。

图 1-20　"您是谁?"界面

1.6.2　克隆虚拟电脑

在 VirtualBox 系统中,可将已经安装配置好的虚拟电脑实例像复制文件那样复制得到相同的虚拟电脑系统,称为虚拟电脑克隆,具体实现步骤如下。

(1) 启动 VirtualBox,进入 VirtualBox 界面选择要导出的虚拟电脑,本节选择的是 Slave1 虚拟电脑如图 1-21 所示,然后选择左上角"管理"→"导出虚拟电脑"选项,如图 1-22 所示。弹出"导出虚拟电脑"对话框,单击"下一步"按钮,如图 1-23 所示。

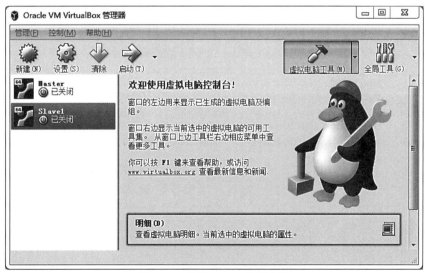

图 1-21　选择 Slave1 虚拟电脑

图 1-22　选择"管理"→"导出虚拟电脑"选项

图 1-23　"导出虚拟电脑"对话框

（2）单击"下一步"按钮,在"存储设置"界面中,单击"文件"文本框 右侧的"选择一个文件"按钮,弹出"选择一个文件"对话框,选择导出保存路径,单击"保存"按钮,如图 1-24,然后单击"下一步"按钮,在"虚拟电脑导出设置"界面中单击"导出"按钮,如图 1-25 所示。

（3）如图 1-26 所示,正在进行导出操作,导出结束后得到 Slave1.ova 文件。

（4）返回到 VirtualBox 界面,选择"管理"→"全局设定"选项,弹出"VirtualBox-全局设定"对话框,选择"常规"选项,在"默认虚拟电脑位置"下拉列表框中,选择"其它"选项,弹出"选择文件夹"对话框,选择想要存储导入的虚拟电脑的位置,本节的存储位置为"E:",单击

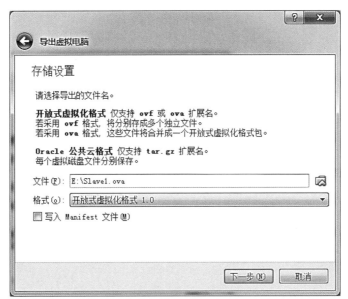

图 1-24 选择导出保存路径

图 1-25 "虚拟电脑导出设置"界面

"选择文件夹"按钮,如图 1-27 所示,单击 OK 按钮。

(5) 返回到 VirtualBox 界面选择"管理"→"导入虚拟电脑"选项,如图 1-28 所示,弹出 "导入虚拟电脑"对话框,单击"选择一个文件"按钮,弹出"选择一个虚拟电脑文件导入"对话 框,选择步骤(3)得到 Slave1.ova 文件,单击"打开"按钮,如图 1-29 所示,然后单击"下一步" 按钮在"虚拟电脑导入设置"界面中勾选"重新初始化所有网卡的 MAC 地址"复选框,如图 1-30 所示,最后单击"导入"按钮即可创建一个新的虚拟电脑。

图 1-26　导出操作

图 1-27　修改默认虚拟电脑位置

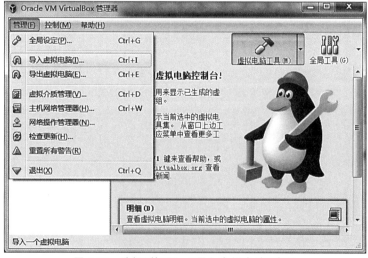

图 1-28　选择"管理"→"导入虚拟电脑"选项

图 1-29　选择 Slave1.ova 文件

图 1-30　勾选"重新初始化所有网卡的 MAC 地址"复选框

◇ 1.7　Hadoop 安装前的准备工作

Hadoop
安装前的
准备工作

本节使用在虚拟机（电脑）下安装的 Ubuntu 20.04 64 位操作系统作为安装 Hadoop 的 Linux 操作系统环境，安装的 Hadoop 版本号是 2.7.7。在安装 Hadoop 之前需要先创建

hadoop 用户、更新 APT、安装 SSH 和安装 Java 环境等。

1.7.1 创建 hadoop 用户

1. 创建 hadoop 用户

如果安装 Ubuntu 操作系统的时候不是用的"hadoop"用户,那么需要增加一个名为 hadoop 的用户,这样做是为了方便后续软件的安装。

首先打开一个终端(可以按 Ctrl+Alt+T 组合键),执行如下命令创建 hadoop 用户:

```
$ sudo useradd -m hadoop -s /bin/bash
```

这条命令创建了可以登录的 hadoop 用户,-m 表示自动创建用户的 home 目录,-s 指定 "/bin/bash"目录作为用户登录后所使用的 Shell。

sudo 是 Linux 系统管理指令,是允许系统管理员让普通用户执行一些或者全部 root 命令的一个工具,如 halt,reboot 等。这样不仅减少了 root 用户的登录和管理时间,同样也提高了安全性。当使用 sudo 命令时,就需要输入当前用户的密码。

接着执行如下命令为 hadoop 用户设置登录密码,可简单地将密码设置为 hadoop,以方便记忆,按提示输入两次密码:

```
$ sudo passwd hadoop
```

可为 hadoop 用户增加管理员权限,方便部署,避免一些对新手来说比较棘手的权限问题,执行如下命令:

```
$ sudo adduser hadoop sudo
```

最后执行 su hadoop 命令切换到用户 hadoop,或者注销当前用户,选择 hadoop 用户登录。

注意:打开虚拟机后,通过简单的设置可实现在 Ubuntu 与 Windows 操作系统之间互相复制与粘贴,具体实现过程:在虚拟机窗口中,选择"设备"→"共享粘贴板"→"双向"选项,如图 1-31 所示。

图 1-31 设备→共享粘贴板→双向

Ubuntu 操作系统装好之后,用户可以更改计算机的名称,只需要改 hostname 和 hosts 两个文件即可,具体过程如下。

```
$ sudo gedit /etc/hosts        #使用 gedit 编辑器修改 hosts 文件
```

本书将 hosts 文件里面的 bigdata-pc 改成 Master,然后保存并关闭文件。

```
$ sudo gedit /etc/hostname    #打开 hostname 文件
```

本书将 hostname 文件里面的 bigdata-pc 改成 Master,然后保存并关闭文件。

重启后就可以看到更改后的计算机名称。

一般的 Linux 操作系统基本上都会自带 gedit 文本编辑器,可以把它用来当成是一个集成开发环境(IDE)来使用,它会根据不同的语言高亮显示关键字和标识符。

2. 更新 apt

切换到 hadoop 用户后,先更新 apt 软件,后续会使用 apt 安装软件,如果没更新可能有一些软件安装不了,执行如下命令:

```
$ sudo apt-get update
```

1.7.2　安装 SSH、配置 SSH 无密码登录

安全外壳(secure shell,SSH),由 IETF 的网络小组(network working group)所制定。SSH 为建立在应用层基础上的安全协议。SSH 是目前较可靠、专为远程登录会话和其他网络服务提供安全性的协议。利用 SSH 协议可以有效防止远程管理过程中的信息泄露问题。SSH 是由客户端和服务端组成,客户端包含 ssh 程序,以及像远程复制(scp)、远程登录(slogin)、安全文件传输(sftp)等应用程序。SSH 的工作机制是本地的客户端发送一个连接请求到远程的服务端,服务端检查申请的包和 IP 地址再发送密钥给 SSH 的客户端,本地再将密钥发回给服务端,自此连接建立。

Hadoop 的名称节点需要通过 SSH 来启动 Slave 列表中各台主机的守护进程。由于 SSH 需要用户密码登录,但 Hadoop 并没有提供 SSH 输入密码登录的形式,因此,为了能够在系统运行中完成节点的免密码登录和访问,需要将 Slave 列表中各台主机配置为允许名称节点进行免密码登录。配置 SSH 的主要工作是创建一个认证文件,使得用户以 public key 方式登录,而不用手工输入密码。Ubuntu 操作系统默认已安装了 SSH client,此外还需要执行如下命令安装 SSH server:

```
$ sudo apt-get install openssh-server
```

安装后,可以执行如下命令登录本机:

```
$ ssh localhost
```

此时会有登录提示,要求用户输入 yes 以便确认进行连接。输入 yes,然后按提示输入 hadoop 用户登录密码,这样就可以登录到本机。但这样登录是需要每次输入密码的,下面将其配置成 SSH 无密码登录,配置步骤如下。

1. 执行如下命令生成密钥对

```
cd ~/.ssh/           #若没有该目录,需先执行一次 ssh localhost
ssh-keygen -t rsa    #生成密钥对,会有提示,都按 Enter 键即可
```

2. 执行如下命令加入授权

```
cat ./id_rsa.pub >> ./authorized_keys    #加入授权
```

此时,再执行 ssh localhost 命令,不用输入密码就可以直接登录了。

1.7.3　安装 Java 环境

(1)下载 jdk 到"/home/hadoop/下载"目录下:jdk-8u181-linux-x64.tar.gz。

（2）将 jdk 解压到/opt/jvm/文件夹中。

操作步骤：

```
$ sudo mkdir /opt/jvm                    #创建目录
$ sudo tar -zxvf /home/hadoop/下载/jdk-8u181-linux-x64.tar.gz -C /opt/jvm
```

（3）配置 jdk 的环境变量，执行 sudo gedit /etc/profile 命令，打开/etc/profile 文件，在文件末尾添加以下内容：

```
export JAVA_HOME=/opt/jvm/jdk1.8.0_181
export JRE_HOME=${JAVA_HOME}/jre
export CLASSPATH=.:${JAVA_HOME}/lib:${JRE_HOME}/lib
export PATH=${JAVA_HOME}/bin:$PATH
```

保存并关闭文件，执行如下命令使其立即生效：

```
$ source /etc/profile
```

查看是否安装成功：在终端执行 java -version 命令，出现如下所示的 java version 信息说明 jdk 安装成功。

```
$ java -version
java version "1.8.0_181"
Java(TM) SE Runtime Environment (build 1.8.0_181-b13)
Java HotSpot(TM) 64-Bit Server VM (build 25.181-b13, mixed mode)
```

1.7.4 Linux 操作系统下 Scala 版本的 Eclipse 的安装与配置

Eclipse 是一个开放源代码的、基于 Java 的可扩展开发平台。Eclipse 官方版是一个 IDE，可以通过安装不同的插件实现使用其他计算机语言编辑开发，如 C++、Python、Scala 等。如果要使用 Eclipse 开发 Scala 语言程序，就需要为 Eclipse 安装 Scala 插件、Maven 插件，安装这些插件的过程十分烦琐。本书安装 Scala 版本的 Eclipse，里面集成了 Eclipse、Scala 插件、Maven 插件。事实上安装的 jdk 也可用来开发 Java 程序。

1. 下载 Eclipse

下载 Scala 版本的 Eclipse 安装文件 eclipse-SDK-4.7.0-linux.gtk.x86_64.tar.gz。

注：如果 Ubuntu 操作系统是 64 位的，则需要下载 64 位。

2. 安装 Eclipse

将 eclipse-SDK-4.7.0-linux.gtk.x86_64.tar.gz 解压到/opt/jvm 文件夹中，命令如下：

```
$ sudo tar -zxvf ~/下载/eclipse-SDK-4.7.0-linux.gtk.x86_64.tar.gz -C /opt/jvm
```

3. 创建 Eclipse 桌面快捷方式图标

执行如下命令：

```
$ sudo gedit /usr/share/applications/eclipse.desktop    #创建并打开文件
```

在弹出的文本编辑器中输入以下内容：

```
[Desktop Entry]
Encoding=UTF-8
Name=Eclipse
Comment=Eclipse IDE
```

```
Exec=/opt/jvm/eclipse/eclipse
Icon=/opt/jvm/eclipse/icon.xpm
Terminal=false
StartupNotify=true
Type=Application
Categories=Application;Development;
```

然后,保存 eclipse.desktop 文件。

打开文件系统,在/usr/share/applications/目录下找到 eclipse.desktop 图标并右击,在弹出的快捷菜单中选择"复制到"选项,弹出"选择复制的目标位置"对话框,选择"桌面"选项,单击"选择"按钮,此时,eclipse.desktop 出现在桌面,然后右击 eclipse.desktop 图标选择"允许启动"选项,至此,Eclipse 的快捷方式就创建完毕了。

1.7.5　Eclipse 环境下 Java 语言程序开发实例

1. 运行 Eclipse

双击桌面上的 Eclipse 图标打开软件,如图 1-32 所示,首次启动 Eclipse 时会弹出提示用户为 Eclipse 选择一个工作空间的 Eclipse Launcher 对话框,所谓工作空间,是 Eclipse 存放源代码的目录,本书采用默认值/home/hadoop/workspace,今后创建的 Java 语言源程序就存放在该目录,勾选 Use this as the default and do not ask again 复选框,则今后使用 Eclipse 时不会再弹出对话框单击 Launcher 按钮,进入 Eclipse 软件界面。

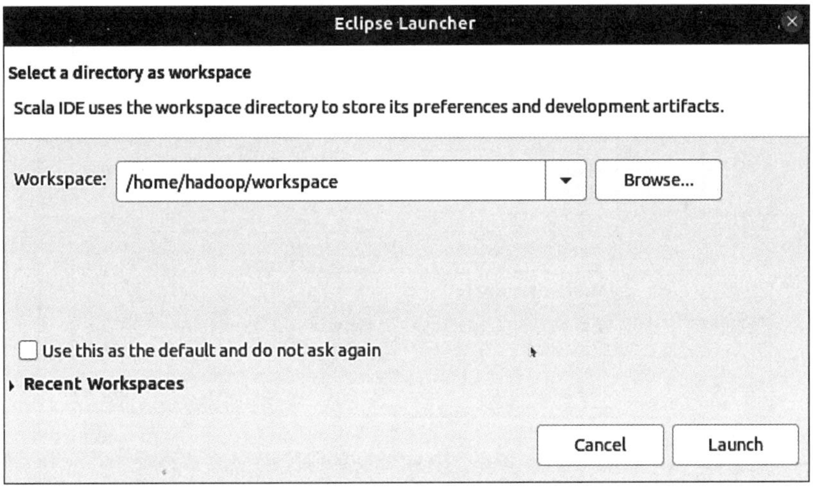

图 1-32　Eclipse Launcher 对话框

2. 新建 Java 工程

若要在 Eclipse 中编写 Java 语言代码,必须首先新建一个 Java 工程(Java Project)。选择 File→New→Other 选项,弹出 New 对话框,单击 Java 左侧的下三角按钮,双击 Java Project 选项,就会弹出 New Java Project 对话框,如图 1-33 所示,然后在 Project name 文本框中输入工程名称,本书输入的工程名称为 MainClassStructureProject,单击 Finish 按钮,就会在左边的工作空间中新建一个名为 MainClassStructureProject 的 Java 工程。

3. 新建 Java 类

然后单击 MainClassStructureProject 工程左侧的下三角按钮,找到 src 文件夹,右击

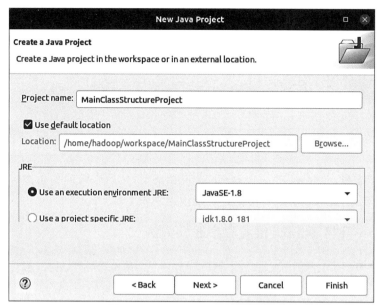

图 1-33　New Java Project 对话框

src 并在弹出的快捷菜单中选择 New→Other 选项,双击 Class 选项,弹出如图 1-34 所示的

图 1-34　New Java Class 对话框

New Java Class 对话框,在 Package 文本框中输入新建 Java 类的包名,在 Name 文本框中输入类名,本书输入的包名为 myclass.struct、类名为 MainClassStructure,勾选 public static void main(String[]args)复选框,然后单击 Finish 按钮完成 Java 类的新建。

4. 运行 Java 程序

在新建的 MainClassStructure 类中输入以下代码,如图 1-35 所示。

```
package myclass.struct;                           //定义包
public class MainClassStructure {
    static String s1="让我看看";                    //定义类的成员变量
    public static void main(String[] args) {       //定义主函数
        String s2="主类的结构";                      //定义局部变量
        System.out.print(s1);                      //输出成员变量的值
        System.out.print(s2);                      //输出局部变量的值
    }

}
```

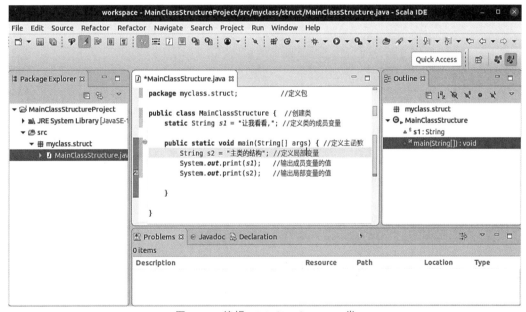

图 1-35　编辑 MainClassStructure 类

在工作空间中选择 MainClassStructure 类,右击,在弹出的快捷菜单中选择 Run As→Java Application 选项,即可运行 MainClassStructure 程序,在底部的 Console 面板中会看到程序运行的结果,如图 1-36 所示。

图 1-36　MainClassStructure 的运行结果

◈ 1.8 Hadoop 的安装与配置

1.8.1 下载 Hadoop 安装文件

Hadoop 可以通过 Hadoop 官网下载,一般选择下载最新的稳定版本,本书下载 hadoop-2.x.y.tar.gz 这个格式的文件,这是编译好的,另一个包含 src 的则是 Hadoop 源代码,需要进行编译才可使用。

若 Ubuntu 操作系统是使用虚拟机的方式安装,则使用虚拟机中的 Ubuntu 操作系统自带 Firefox 浏览器在网站中下载 hadoop-2.7.7.tar.gz,就能把 Hadoop 文件下载到虚拟机中。Firefox 浏览器默认会把下载文件都保存到当前用户的下载目录,即会保存到"/home/当前登录用户名/下载/"目录下。

下载安装文件之后,需要对安装文件进行解压。按照 Linux 操作系统的默认使用规范,用户安装的软件一般都是存放在/usr/local 目录下。使用 hadoop 用户登录 Linux 操作系统,打开一个终端执行如下命令:

```
$ sudo tar -zxf ~/下载/hadoop-2.7.7.tar.gz -C /usr/local    #解压到/usr/local 目录中
$ cd /usr/local/
$ sudo mv ./hadoop-2.7.7 ./hadoop         #将文件夹名改为 hadoop
$ sudo chown -R hadoop ./hadoop           #修改文件权限
```

其中"~/"表示的是"/home/hadoop/"这个目录。

Hadoop 解压后即可使用。执行如下命令来检查 Hadoop 是否可用,成功则会显示 Hadoop 版本信息:

```
$ cd /usr/local/hadoop
$ ./bin/hadoop version          #显示 Hadoop 版本信息
Hadoop 2.7.7
Subversion Unknown -r c1aad84bd27cd79c3d1a7dd58202a8c3ee1ed3ac
Compiled by stevel on 2018-07-18T22:47Z
Compiled with protoc 2.5.0
From source with checksum 792e15d20b12c74bd6f19a1fb886490
This command was run using /usr/local/hadoop/share/hadoop/common/hadoop-common
-2.7.7.jar
```

相对路径与绝对路径:本文后续出现的./bin/…和./etc/…等包含./的路径,均为相对路径,以/usr/local/hadoop 为当前目录。例如,在/usr/local/hadoop 目录中执行./bin/hadoop version 命令等同于执行/usr/local/hadoop/bin/hadoop version 命令。

1.8.2 Hadoop 单机模式配置

Hadoop 默认的模式为非分布式模式(独立、本地),解压后无须进行其他配置就可运行,非分布式即单 Java 进程。Hadoop 单机模式只在一台机器上运行,存储采用本地文件系统,而不是 HDFS。不需要任何守护进程(daemon),所有的程序都在单个 JVM 上执行。在单机模式下调试 MapReduce 程序非常高效方便,这种模式适用于开发阶段调试。

在单机模式下,Hadoop 不会启动 NameNode、数据点节(DataNode)、JobTracker、TaskTracker 等守护进程,Map 任务和 Reduce 任务作为同一个进程的不同部分来执行。

Hadoop 附带了丰富的例子程序,执行如下命令可以查看所有的例子程序:

```
$ cd /usr/local/hadoop
$ ./bin/hadoop jar ./share/hadoop/mapreduce/hadoop-mapreduce-examples-2.7.7.jar
An example program must be given as the first argument.
Valid program names are:
  aggregatewordcount: An Aggregate based map/reduce program that counts the
words in the input files.
  aggregatewordhist: An Aggregate based map/reduce program that computes the
histogram of the words in the input files.
  bbp: A map/reduce program that uses Bailey-Borwein-Plouffe to compute exact
digits of Pi.
  dbcount: An example job that count the pageview counts from a database.
  distbbp: A map/reduce program that uses a BBP-type formula to compute exact
bits of Pi.
  grep: A map/reduce program that counts the matches of a regex in the input.
  join: A job that effects a join over sorted, equally partitioned datasets
  multifilewc: A job that counts words from several files.
  pentomino: A map/reduce tile laying program to find solutions to pentomino
problems.
  pi: A map/reduce program that estimates Pi using a quasi-Monte Carlo method.
  randomtextwriter: A map/reduce program that writes 10GB of random textual data
per node.
  randomwriter: A map/reduce program that writes 10GB of random data per node.
  secondarysort: An example defining a secondary sort to the reduce.
  sort: A map/reduce program that sorts the data written by the random writer.
  sudoku: A sudoku solver.
  teragen: Generate data for the terasort
  terasort: Run the terasort
  teravalidate: Checking results of terasort
  wordcount: A map/reduce program that counts the words in the input files.
  wordmean: A map/reduce program that counts the average length of the words in
the input files.
  wordmedian: A map/reduce program that counts the median length of the words in
the input files.
  wordstandarddeviation: A map/reduce program that counts the standard deviation
of the length of the words in the input files.
```

上述命令执行后,显示了所有例子程序的简介信息,包括 wordcount、terasort、join、grep 等。这里选择运行单词计数 wordcount 程序,单词计数是最简单也是最能体现 MapReduce 思想的程序之一,可以称为 MapReduce 版"Hello World"。单词计数主要完成功能是统计一系列文本文件中每个单词出现的次数。可以先在/usr/local/hadoop 目录下创建一个文件夹 input,创建或复制一些文件到该文件夹下,然后运行 wordcount 程序,将 input 文件夹中的所有文件作为 wordcount 程序的输入,最后,把统计结果输出到/usr/local/hadoop/output 文件夹中。完成上述操作需要执行如下命令:

```
$ cd /usr/local/hadoop
$ mkdir input   #创建文件夹
$ gedit ./input/YouHaveOnlyOneLife      #创建并打开 YouHaveOnlyOneLife 文件
```

在 YouHaveOnlyOneLife 文件里面输入如下内容,然后保存并关闭文件:

```
There are moments in life when you miss someone so much that you just want to pick
them from your dreams and hug them for real! Dream what you want to dream;go where
you want to go;be what you want to be,because you have only one life and one chance
to do all the things you want to do.
$gedit ./input/happiness        #创建并打开 happiness 文件
```

在 happiness 文件里面输入如下内容,然后保存并关闭文件:

```
When the door of happiness closes, another opens, but often times we look so long
at the closed door that we don't see the one which has been opened for us. Don't go
for looks, they can deceive. Don't go for wealth, even that fades away. Go for
someone who makes you smile because it takes only a smile to make a dark day seem
bright. Find the one that makes your heart smiles.
$./bin/hadoop jar ./share/hadoop/mapreduce/hadoop-mapreduce-examples-*.jar
wordcount ./input ./output      #运行 wordcount 程序
$cat ./output/*                 #查看运行结果
Don't    2
Dream    1
Find     1
Go       1
There    1
When     1
...
where    1
which    1
who      1
you      8
your     2
```

为了节省篇幅,这里省略了中间部分结果。

注意:Hadoop 默认不会覆盖结果文件,因此,再次运行上面实例会提示出错。如果要再次运行,需要先执行如下命令把 output 文件夹删除:

```
$rm -r ./output
```

1.8.3 Hadoop 伪分布式模式配置

Hadoop 可以在单个节点(一台机器)上以伪分布式的方式运行,同一个节点既作为名称节点,也作为数据节点,读取的是分布式文件系统 HDFS 的文件。

1. 修改配置文件

需要配置相关文件,才能够让 Hadoop 以伪分布式模式运行。Hadoop 的配置文件位于/usr/local/hadoop/etc/hadoop/目录中,进行伪分布式模式配置时,需要修改 2 个配置文件,即 core-site.xml 和 hdfs-site.xml。

可以使用 gedit 编辑器打开 core-site.xml 文件:

```
$sudo gedit /usr/local/hadoop/etc/hadoop/core-site.xml
```

core-site.xml 文件的初始内容如下:

```
<configuration>
</configuration>
```

输入以下内容,修改 core-site.xml 文件后,保存并关闭文件:

```
<configuration>
    <property>
        <name>hadoop.tmp.dir</name>
        <value>file:/usr/local/hadoop/tmp</value>
        <description>Abase for other temporary directories.</description>
    </property>
    <property>
        <name>fs.defaultFS</name>
        <value>hdfs://localhost:9000</value>
    </property>
</configuration>
```

在上面的配置文件中，hadoop.tmp.dir 参当我用于保存临时文件。fs.defaultFS 参数用于指定 HDFS 的访问地址，其中 9000 是端口号。

同样，需要修改配置文件 hdfs-site.xml，下面使用 gedit 编辑器打开 hdfs-site.xml 文件：

```
$ sudo gedit /usr/local/hadoop/etc/hadoop/hdfs-site.xml
```

hdfs-site.xml 文件的初始内容如下：

```
<configuration>
</configuration>
```

输入以下内容，修改 hdfs-site.xml 文件后，保存并关闭文件：

```
<configuration>
    <property>
        <name>dfs.replication</name>
        <value>1</value>
    </property>
    <property>
        <name>dfs.namenode.name.dir</name>
        <value>file:/usr/local/hadoop/tmp/dfs/name</value>
    </property>
    <property>
        <name>dfs.datanode.data.dir</name>
        <value>file:/usr/local/hadoop/tmp/dfs/data</value>
    </property>
</configuration>
```

在 hdfs-site.xml 文件中，dfs.replication 参数用于指定副本的数量，HDFS 出于可靠性和可用性的考虑，对一份数据通常冗余存储多份，以便其中一份数据发生故障时其他数据仍然可用。但由于这里采用伪分布式模式，总共只有一个节点，因此，只能有 1 个副本，设置 dfs.replication 的值为 1。dfs.namenode.name.dir 参数用于设定名称节点的元数据的保存目录，dfs.datanode.data.dir 参数用于设定数据节点的数据的保存目录。

注意：Hadoop 的运行方式（如运行在单机模式下还是运行在伪分布式模式下）是由配置文件决定的，启动 Hadoop 时会读取配置文件，然后根据配置文件决定运行在什么模式下。因此，如果需要从伪分布式模式切换回单机模式，只需要删除 core-site.xml 中的配置项。

2. 执行名称节点格式化

修改配置文件以后，要执行名称节点的格式化，命令如下：

```
$cd /usr/local/hadoop
$./bin/hdfs namenode - format
```

3. 启动 Hadoop

执行如下命令启动 Hadoop：

```
$cd /usr/local/hadoop
$./sbin/start-dfs.sh
```

注意：启动 Hadoop 时，如果出现 localhost：Error：JAVA_HOME is not set and could not be found.这样的错误，需要修改 hadoop-env.sh 文件，将其中的 JAVA_HOME 替换为绝对路径，具体实现过程如下：

```
$sudo gedit /usr/local/hadoop/etc/hadoop/hadoop-env.sh        #打开文件
```

将"export JAVA_HOME=＄{JAVA_HOME}"修改为如下所示的内容：

```
export JAVA_HOME=/opt/jvm/jdk1.8.0_181
```

4. 使用 Web 界面查看 HDFS 信息

Hadoop 成功启动后，可以打开 Firefox 浏览器，在地址栏中输入 http：//localhost：50070，按 Enter 键，就可以查看名称节点信息如图 1-37 所示、数据节点信息如图 1-38 所示，还可以在线查看 HDFS 中的文件。

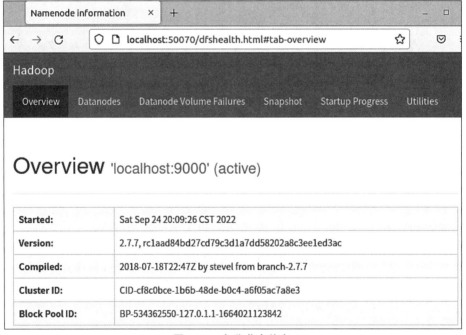

图 1-37　名称节点信息

5. 运行 Hadoop 伪分布式实例

要使用 HDFS，首先需要在 HDFS 中创建用户目录，命令如下：

```
$cd /usr/local/hadoop
$./bin/hdfs dfs -mkdir -p /user/hadoop
```

接着把本地文件系统的/usr/local/hadoop/etc/hadoop 目录中的所有 XML 文件作为

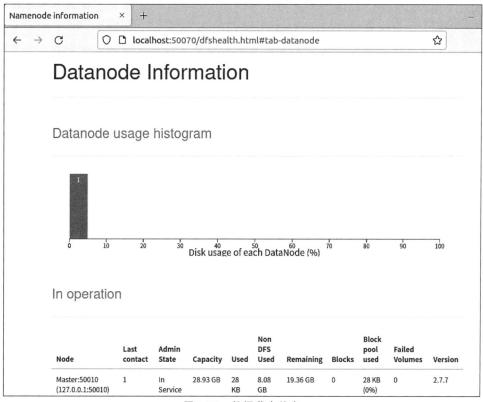

图 1-38　数据节点信息

后面运行 Hadoop 中自带的 wordCount 程序的输入文件,复制到分布式文件系统 HDFS 中的/user/hadoop/input 目录下,命令如下:

```
$ cd /usr/local/hadoop
$ ./bin/hdfs dfs -mkdir input        #在 HDFS 的 hadoop 用户目录下创建 input 目录
$ ./bin/hdfs dfs -put ./etc/hadoop/*.xml input   #把本地文件复制到 input 目录中
```

现在可以运行 Hadoop 中自带的 wordCount 程序,命令如下:

```
$ ./bin/hadoop jar ./share/hadoop/mapreduce/hadoop-mapreduce-examples-*.jar
wordcount input output
```

运行结束后,可以通过执行如下命令查看 HDFS 中 output 文件夹下的内容:

```
$ ./bin/hdfs dfs -cat output/*
```

需要强调的是,Hadoop 运行程序时,输出目录不能存在,否则会提示错误信息。因此,若要再次执行 wordcount 程序,需要执行如下命令删除 HDFS 中的 output 文件夹:

```
$ ./bin/hdfs dfs -rm -r output        #删除 output 文件夹
```

6. 关闭 Hadoop

如果要关闭 Hadoop,可以执行如下命令:

```
$ cd /usr/local/hadoop
$ ./sbin/stop-dfs.sh
```

7. 配置 PATH 环境变量

在启动 Hadoop 时,都是先进入/usr/local/hadoop 目录中,再执行./sbin/start-dfs.sh

命令,实际上等同于执行/usr/local/hadoop/sbin/start-dfs.sh 命令。实际上,通过配置 PATH 环境变量,可以在执行命令时,不用带上命令本身所在的路径。例如,打开一个终端,在任何一个目录下执行 ls 命令时,都没有带上 ls 命令的路径,实际上,执行 ls 命令时,是执行/bin/ls 这个程序,之所以不需要带上路径,是因为 Linux 操作系统已经把 ls 命令的路径加入 PATH 环境变量中,当执行 ls 命令时,系统是根据 PATH 这个环境变量中包含的目录位置,逐一进行查找,直至在这些目录位置下找到匹配的 ls 程序(若没有匹配的程序,则系统会提示该命令不存在)。

同样可以把 start-dfs.sh、stop-dfs.sh 等命令所在的目录/usr/local/hadoop/sbin 加入环境变量 PATH 中,这样,以后在任何目录下都可以直接执行 start-dfs.sh 命令启动 Hadoop,不用带上命令路径。具体操作方法是,首先使用 gedit 编辑器打开~/.bashrc 这个文件,然后在这个文件的最前面位置加入如下一行内容:

```
export PATH=$PATH:/usr/local/hadoop/sbin
```

如果要继续把其他命令的路径也加入 PATH 环境变量中,也需要修改~/.bashrc 这个文件,在上述路径的后面用英文冒号“:”隔开,把新的路径加到后面即可。

添加后,执行 source ~/.bashrc 命令使设置生效。然后在任何目录下只要直接执行 start-dfs.sh 命令就可启动 Hadoop。停止 Hadoop 只要执行 stop-dfs.sh 命令。

1.8.4 Hadoop 分布式模式配置

考虑机器的性能,本书简单使用两个虚拟机来搭建分布式集群环境:一个虚拟机作为 Master 节点,另一个虚拟机作为 Slave1 节点。由 3 个及以上节点构建分布式集群,也可以采用类似的方法完成安装部署。

Hadoop 集群的安装配置大致包括以下步骤。

(1) 在 Master 节点上创建 hadoop 用户、安装 SSH 服务端、安装 Java 环境。

(2) 在 Master 节点上安装 Hadoop,并完成配置。

(3) 在 Slave1 节点上创建 hadoop 用户、安装 SSH 服务端、安装 Java 环境。

(4) 将 Master 节点上的/usr/local/hadoop 目录复制到 Slave1 节点上。

(5) 在 Master 节点上开启 Hadoop。

根据 1.7 和 1.8 节的内容完成步骤(1)~(3),然后继续下面的操作。

1. 网络配置

由于本分布式集群搭建是在两个虚拟机上进行,需要将两个虚拟机的网络连接方式都改为“桥接网卡”模式,打开 VirtualBox 软件,选择 Master 虚拟电脑,单击“设置”按钮,弹出“Master-设置”对话框,选择“网络”选项,在“连接方式”下拉列表框中,选择“桥接网卡”选项,如图 1-39 所示,以实现两个节点的互联。一定要确保各个节点的 MAC 地址不能相同,否则会出现 IP 地址冲突。单击 OK 按钮,同样的操作,设置 Slave1 虚拟电脑的网络。

网络配置完成以后,执行 ifconfig 命令查看两个虚拟机的 IP 地址,本书所用的 Master 节点的 IP 地址为 192.168.1.13,所用的 Slave1 节点的 IP 地址为 192.168.1.14。

在 Master 节点上执行如下命令修改 Master 节点中的/etc/hosts 文件:

```
#sudo gedit /etc/hosts
```

图 1-39　网络连接方式设置

在 hosts 文件中增加如下两条 IP 地址和主机名映射关系,即集群中两个节点与 IP 地址的映射关系:

```
192.168.1.13   Master
192.168.1.14   Slave1
```

需要注意的是,hosts 文件中只能有一个 127.0.0.1,其对应的主机名为 localhost,如果有多余 127.0.0.1 映射,应删除。修改后需要重启 Master 节点。

参照 Master 节点的配置方法,修改 Slave1 节点中的/etc/hosts 文件,在 hosts 文件中增加如下两条 IP 地址和主机名映射关系:

```
192.168.1.13   Master
192.168.1.14   Slave1
```

修改完成以后,重启 Slave1 节点。

这样就完成了 Master 节点和 Slave1 节点的配置,然后需要在两个节点上测试是否能相互 ping 通,如果 ping 不通,后面就无法顺利配置成功。

```
$ping Slave1 -c 3   #在 Master 上 ping 三次 Slave1,否则要按 Ctrl+C 组合键中断 ping 命令
$ping Master -c 3   #在 Slave1 上 ping 三次 Master
```

在 Master 节点上 ping 三次 Slave1,如果 ping 通的话,则会显示如下信息:

```
PING Slave1 (192.168.1.14) 56(84) bytes of data.
64 比特,来自 Slave1 (192.168.1.14): icmp_seq=1 ttl=64 时间=2.34 毫秒
64 比特,来自 Slave1 (192.168.1.14): icmp_seq=2 ttl=64 时间=1.25 毫秒
64 比特,来自 Slave1 (192.168.1.14): icmp_seq=3 ttl=64 时间=0.777 毫秒
---Slave1 ping 统计 ---
已发送 3 个包,已接收 3 个包,0%包丢失,耗时 2188 毫秒
rtt min/avg/max/mdev =0.777/1.454/2.338/0.653 ms
```

2. SSH 无密码登录 Slave1 节点

必须要让 Master 节点可以 SSH 无密码登录 Slave1 节点。首先,生成 Master 节点的公

钥,具体命令如下:

```
$ cd ~/.ssh
$ rm ./id_rsa*        #删除之前生成的公钥(如果已经存在)
$ ssh-keygen -t rsa   #Master 生成公钥,执行后,遇到提示信息,一直按 Enter 键就可以,
```

Master 节点生成公钥的界面如图 1-40 所示。

```
hadoop@Master:~/.ssh$ ssh-keygen -t rsa
Generating public/private rsa key pair.
Enter file in which to save the key (/home/hadoop/.ssh/id_rsa):
Enter passphrase (empty for no passphrase):
Enter same passphrase again:
Your identification has been saved in /home/hadoop/.ssh/id_rsa
Your public key has been saved in /home/hadoop/.ssh/id_rsa.pub
The key fingerprint is:
SHA256:rKcsynCQ7648zsNvn0QLlzpEld++O68uWS9XbQDD31E hadoop@Master
The key's randomart image is:
+---[RSA 3072]----+
|       ..  .      E|
|       ..    +   . |
|        .    + . . |
| ..    .o .   o . |
|o o + S      o   |
| o. = .. o   . o |
|o o oo o. + o . . |
|oO .+..= + o      |
|o*Xo.+o o+B.      |
+----[SHA256]-----+
```

图 1-40　Master 节点生成公钥的界面

为了让 Master 节点能够无密码 SSH 登录本机,需要在 Master 节点上执行如下命令:

```
$ cat ./id_rsa.pub >> ./authorized_keys
```

执行上述命令后,可以执行 ssh Master 命令来验证一下,遇到提示信息,输入 yes 即可,测试成功的界面如图 1-41 所示,执行 exit 命令返回原来的终端。

```
hadoop@Master:~/.ssh$ ssh Slave1
Welcome to Ubuntu 20.04.3 LTS (GNU/Linux 5.11.0-27-generic x86_64)

 * Documentation:  https://help.ubuntu.com
 * Management:      https://landscape.canonical.com
 * Support:         https://ubuntu.com/advantage

373 updates can be applied immediately.
248 of these updates are standard security updates.
To see these additional updates run: apt list --upgradable

New release '22.04.1 LTS' available.
Run 'do-release-upgrade' to upgrade to it.

Your Hardware Enablement Stack (HWE) is supported until April 2025.
Last login: Sat Aug  6 10:28:14 2022 from 127.0.0.1
```

图 1-41　ssh Master 测试成功的界面

接下来在 Master 节点将上述生成的公钥传输到 Slave1 节点:

```
$ scp ~/.ssh/id_rsa.pub hadoop@Slave1:/home/hadoop/
```

上面的命令中,scp(secure copy),用于在 Linux 操作系统上进行远程复制文件。执行 scp 命令时会要求输入 Slave1 节点上 hadoop 用户的密码,输入完成后会提示传输完毕,执

行过程如下所示：

```
hadoop@Master:~/.ssh$scp ~/.ssh/id_rsa.pub hadoop@Slave1:/home/hadoop/
The authenticity of host 'slave1 (192.168.1.14)' can't be established.
ECDSA key fingerprint is SHA256:uRhbJZHOmxyUeKjohHnpBP1yyXcMiW9JKoUCsyLyS+M.
Are you sure you want to continue connecting (yes/no/[fingerprint])? yes
Warning: Permanently added 'slave1,192.168.1.14' (ECDSA) to the list of known hosts.
hadoop@slave1's password:
id_rsa.pub                               100%   567   129.7KB/s   00:00
```

接着在 Slave1 节点上将 SSH 公钥加入授权：

```
$mkdir ~/.ssh        #若~/.ssh 不存在,可通过该命令进行创建
$cat ~/id_rsa.pub >>~/.ssh/authorized_keys
```

执行上述命令后,在 Master 节点上就可以无密码 SSH 登录到 Slave1 节点,可在 Master 节点上执行如下命令进行检验：

```
$ ssh Slave1
```

执行 ssh Slave1 命令的效果如图 1-42 所示。

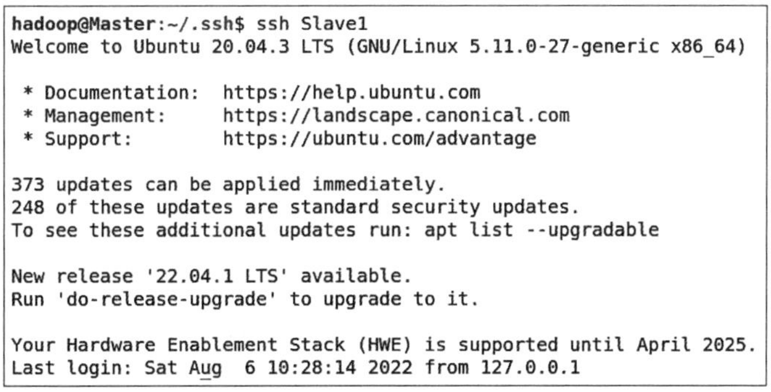

```
hadoop@Master:~/.ssh$ ssh Slave1
Welcome to Ubuntu 20.04.3 LTS (GNU/Linux 5.11.0-27-generic x86_64)

 * Documentation:  https://help.ubuntu.com
 * Management:     https://landscape.canonical.com
 * Support:        https://ubuntu.com/advantage

373 updates can be applied immediately.
248 of these updates are standard security updates.
To see these additional updates run: apt list --upgradable

New release '22.04.1 LTS' available.
Run 'do-release-upgrade' to upgrade to it.

Your Hardware Enablement Stack (HWE) is supported until April 2025.
Last login: Sat Aug  6 10:28:14 2022 from 127.0.0.1
```

图 1-42　执行 ssh Slave1 命令的效果

3. 配置 PATH 环境变量

在 Master 节点上配置 PATH 环境变量,以便在任意目录中可直接执行 hadoop、hdfs 等命令。执行 gedit ～/.bashrc 命令,打开～/.bashrc 文件,在 export PATH＝$PATH:/usr/local/hadoop/sbin:后面添加 hadoop、hdfs 等命令所在的/usr/local/hadoop/bin 路径,添加后变为如下所示的内容。

```
export PATH=$PATH:/usr/local/hadoop/sbin:/usr/local/hadoop/bin
```

保存后执行 source ～/.bashrc 命令使配置生效。

4. 配置分布式环境

配置分布式环境时,需要修改/usr/local/hadoop/etc/hadoop 目录下 7 个文件,具体包括 slaves、core-site.xml、hdfs-site.xml、mapred-site.xml、yarn-site.xml、yarn-env.sh 和 mapred-env.sh 文件。

1）修改 slaves 文件

需要把所有数据节点的主机名写入该文件,每行一个,默认为 localhost(即把本机作为数据节点),所以,在伪分布式配置时,就采用了这种默认的配置,使得节点既作为名称节点又作为数据节点。在进行分布式配置时,可以保留 localhost,让 Master 节点既作为名称节

点又作为数据节点,或者删除 localhost 这一行,让 Master 节点仅作为名称节点使用。执行 gedit/usr/local/hadoop/etc/hadoop/slaves 命令,打开/usr/local/hadoop/etc/hadoop/slaves 文件,由于只有一个 Slave 节点 Slave1,本书让 Master 节点既作为名称节点又作为数据节点,因此,在文件中添加如下两行内容:

```
localhost
Slave1
```

2)修改 core-site.xml 文件

core-site.xml 文件用来配置 Hadoop 集群的通用属性,包括指定名称节点的地址、指定使用 Hadoop 临时文件的存放路径等。把 core-site.xml 文件修改为如下内容:

```
<configuration>
    <property>
        <name>hadoop.tmp.dir</name>
        <value>file:/usr/local/hadoop/tmp</value>
        <description>Abase for other temporary directories.</description>
    </property>
    <property>
        <name>fs.defaultFS</name>
        <value>hdfs://Master:9000</value>
    </property>
</configuration>
```

3)修改 hdfs-site.xml 文件

hdfs-site.xml 文件用来配置分布式文件系统 HDFS 的属性,包括指定 HDFS 保存数据的副本数量,指定 HDFS 中 NameNode 的存储位置,指定 HDFS 中 DataNode 的存储位置等。本书让 Master 节点既作为名称节点又作为数据节点,此外还有一个 Slave 节点 Slave1,即集群中有两个数据节点,所以 dfs.replication 的值设置为 2。把 hdfs-site.xml 文件修改为如下内容:

```
<configuration>
        <property>
                <name>dfs.namenode.secondary.http-address</name>
                <value>Master:50090</value>
        </property>
        <property>
                <name>dfs.replication</name>
                <value>2</value>
        </property>
        <property>
                <name>dfs.namenode.name.dir</name>
                <value>file:/usr/local/hadoop/tmp/dfs/name</value>
        </property>
        <property>
                <name>dfs.datanode.data.dir</name>
                <value>file:/usr/local/hadoop/tmp/dfs/data</value>
        </property>
</configuration>
```

接下来配置 YARN。

4）修改 mapred-site.xml 文件

在/usr/local/hadoop/etc/hadoop 目录下有一个 mapred-site.xml.template 文件，需要修改文件名称，把它重命名为 mapred-site.xml，执行如下命令：

```
$cd /usr/local/hadoop/etc/hadoop
$mv mapred-site.xml.template mapred-site.xml
$gedit mapred-site.xml          #打开 mapred-site.xml 文件
```

然后把 mapred-site.xml 文件修改为如下内容：

```
<configuration>
        <! --指定 MapReduce 运行在 YARN 上-->
        <property>
                <name>mapreduce.framework.name</name>
                <value>yarn</value>
        </property>
        <property>
                <name>mapreduce.jobhistory.address</name>
                <value>Master:10020</value>
        </property>
        <property>
                <name>mapreduce.jobhistory.webapp.address</name>
                <value>Master:19888</value>
        </property>
</configuration>
```

5）修改 yarn-site.xml 文件

YARN 是 MapReduce 的调度框架。yarn-site.xml 文件用于配置 YARN 的属性，包括指定 namenodeManager 获取数据的方式，指定 resourceManager 的地址。把 yarn-site.xml 文件修改为如下内容：

```
<configuration>
        <! --指定 YARN 的 ResourceManager 的地址-->
        <property>
                <name>yarn.resourcemanager.hostname</name>
                <value>Master</value>
        </property>
        <! --指定 Reduce 获取数据的方式-->
        <property>
                <name>yarn.nodemanager.aux-services</name>
                <value>mapreduce_shuffle</value>
        </property>
</configuration>
```

6）配置 yarn-env.sh 文件

```
export JAVA_HOME=/opt/jvm/jdk1.8.0_181
```

7）配置 mapred-env.sh 文件

```
export JAVA_HOME=/opt/jvm/jdk1.8.0_181
```

上述 7 个文件配置完成后，需要把 Master 节点上的/usr/local/hadoop 文件夹复制到各个节点上。如果之前运行过伪分布式模式，建议在切换到集群模式之前先删除在伪分布模式下生成的临时文件。具体来说，在 Master 节点上实现上述要求的执行命令如下：

```
$ cd /usr/local
$ sudo rm -r ./hadoop/tmp                            #删除 Hadoop 临时文件
$ sudo rm -r ./hadoop/logs/ *                        #删除日志文件
$ tar -zcf ~/hadoop.master.tar.gz ./hadoop          #先压缩再复制
$ cd ~
$ scp ./hadoop.master.tar.gz Slave1:/home/hadoop
```

然后在 Slave1 节点上执行如下命令：

```
$ sudo rm -r /usr/local/hadoop                       #删掉旧的(如果存在)
$ sudo tar -zxf ~/hadoop.master.tar.gz -C /usr/local
$ sudo chown -R hadoop /usr/local/hadoop
```

Hadoop 集群包含两个基本模块：分布式文件系统 HDFS 和分布式计算框架 MapReduce。首次启动 Hadoop 集群时,需要先在 Master 节点上格式化分布式文件系统 HDFS,命令如下：

```
$ hdfs namenode -format
```

HDFS 分布式文件系统格式化成功后,就可以执行启动命令来启动 Hadoop 集群了。Hadoop 是主从架构,启动时由主节点带动从节点,所以启动集群的操作需要在主节点 Master 节点上完成。在 Master 节点上启动 Hadoop 集群的命令如下：

```
$ start-dfs.sh
Starting namenodes on [Master]
Master: starting namenode, logging to
/usr/local/hadoop/logs/hadoop-hadoop-namenode-Master.out
localhost: starting datanode, logging to
/usr/local/hadoop/logs/hadoop-hadoop-datanode-Master.out
Slave1: starting datanode, logging to
/usr/local/hadoop/logs/hadoop-hadoop-datanode-Slave1.out
Starting secondary namenodes [Master]
Master: starting secondarynamenode, logging to
/usr/local/hadoop/logs/hadoop-hadoop-secondarynamenode-Master.out
$ start-yarn.sh                        #启动 YARN
starting yarn daemons
starting resourcemanager, logging to
/usr/local/hadoop/logs/yarn-hadoop-resourcemanager-Master.out
localhost: starting nodemanager, logging to
/usr/local/hadoop/logs/yarn-hadoop-nodemanager-Master.out
Slave1: starting nodemanager, logging to
/usr/local/hadoop/logs/yarn-hadoop-nodemanager-Slave1.out
$ mr-jobhistory-daemon.sh start historyserver       #启动 Hadoop 历史服务器
starting historyserver, logging to
/usr/local/hadoop/logs/mapred-hadoop-historyserver-Master.out
```

Hadoop 自带了一个历史服务器,可以通过历史服务器查看已经运行完的 MapReduce 作业记录,比如,用了多少个 Map、用了多少个 Reduce、作业提交时间、作业启动时间、作业完成时间等信息。默认情况下,Hadoop 历史服务器是没有启动的。

通过执行 jps 命令可以查看各个节点所启动的进程。如果已经正确启动,则在 Master 节点上可以看到 DataNode、NameNode、ResourceManager、SecondaryNameNode、JobHistoryServer 和 NodeManage 进程,就表示主节点进程启动成功,如下所示：

```
$jps
3843 NodeManager
3589 SecondaryNameNode
3717 ResourceManager
4216 Jps
4152 JobHistoryServer
3244 NameNode
3373 DataNode
```

在 Slave1 节点的终端执行 jps 命令,在打印结果中可以看到 DataNode 和 NodeManager 进程,就表示从节点进程启动成功,如下所示:

```
$jps
2674 NodeManager
2772 Jps
2539 DataNode
```

在 Master 节点上启动 Firefox 浏览器,在地址栏中输入 http://master:50070,检查名称节点和数据节点是否正常。UI 页面如图 1-43 所示。通过 HDFS 名称节点的 Web 界面,用户可以查看 HDFS 中各个节点的分布信息,浏览名称节点上的存储、登录等日志。此外,还可以查看整个集群的磁盘总容量、HDFS 已经使用的存储空间量、非 HDFS 已经使用的存储空间量、HDFS 剩余的存储空间量等信息,以及查看集群中的活动节点数和宕机节点数。

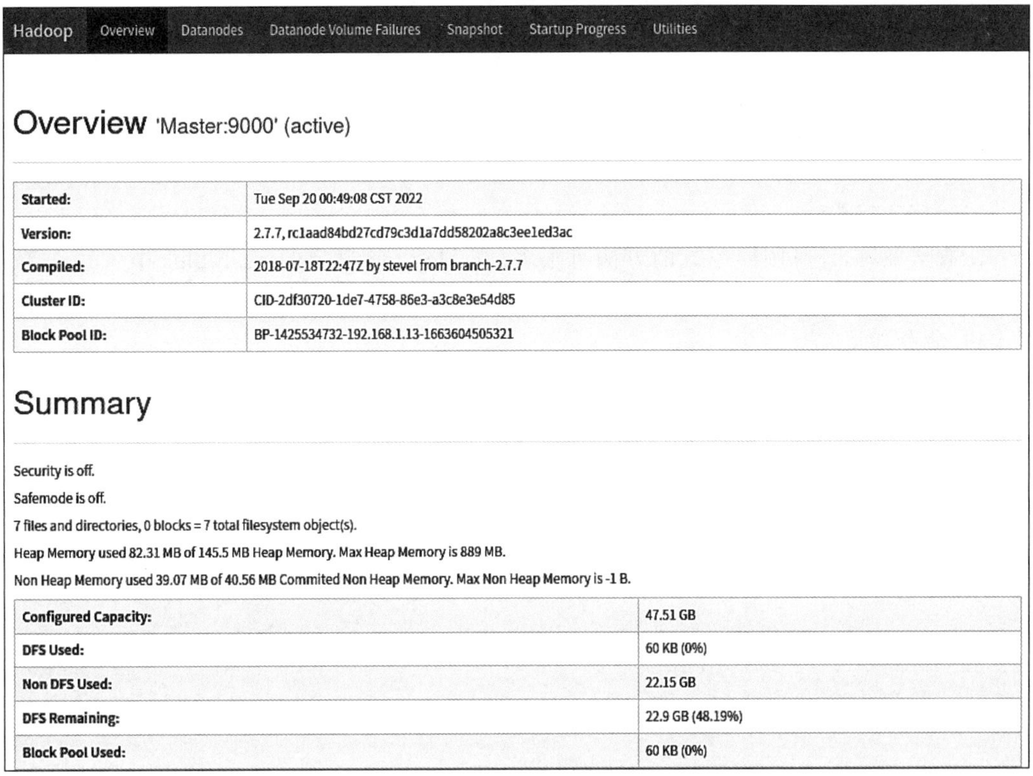

| Hadoop | Overview | Datanodes | Datanode Volume Failures | Snapshot | Startup Progress | Utilities |

Overview 'Master:9000' (active)

Started:	Tue Sep 20 00:49:08 CST 2022
Version:	2.7.7, rc1aad84bd27cd79c3d1a7dd58202a8c3ee1ed3ac
Compiled:	2018-07-18T22:47Z by stevel from branch-2.7.7
Cluster ID:	CID-2df30720-1de7-4758-86e3-a3c8e3e54d85
Block Pool ID:	BP-1425534732-192.168.1.13-1663604505321

Summary

Security is off.

Safemode is off.

7 files and directories, 0 blocks = 7 total filesystem object(s).

Heap Memory used 82.31 MB of 145.5 MB Heap Memory. Max Heap Memory is 889 MB.

Non Heap Memory used 39.07 MB of 40.56 MB Commited Non Heap Memory. Max Non Heap Memory is -1 B.

Configured Capacity:	47.51 GB
DFS Used:	60 KB (0%)
Non DFS Used:	22.15 GB
DFS Remaining:	22.9 GB (48.19%)
Block Pool Used:	60 KB (0%)

图 1-43　Hadoop 集群信息 UI 界面

关闭 Hadoop 集群,需要在 Master 节点执行如下命令:

```
$stop-yarn.sh
$stop-dfs.sh
$mr-jobhistory-daemon.sh stop historyserver
```

此外,还可以全部启动或者全部停止 Hadoop 集群。

启动命令:start-all.sh

停止命令:stop-all.sh

5. 执行分布式实例

执行分布式实例过程与执行伪分布式实例过程一样,首先创建 hadoop 用户在 HDFS 上的用户主目录,命令如下:

```
$hdfs dfs -mkdir -p /user/hadoop
```

其次在 HDFS 中创建一个 input 目录,并把/usr/local/hadoop/etc/hadoop 目录中的配置文件作为输入文件复制到 input 目录中,命令如下:

```
$hdfs dfs -mkdir input
$hdfs dfs -put /usr/local/hadoop/etc/hadoop/*.xml input
```

然后运行 MapReduce 作业,命令如下:

```
$ hadoop jar /usr/local/hadoop/share/hadoop/mapreduce/hadoop - mapreduce -
examples-*.jar grep input output 'dfs[a-z.]+'
$hdfs dfs -cat output/*        #查看 HDFS 中 output 文件夹下的内容
```

执行完毕后的输出结果如下所示:

```
1    dfsadmin
1    dfs.replication
1    dfs.namenode.secondary.http
1    dfs.namenode.name.dir
1    dfs.datanode.data.dir
```

6. 运行 PI 程序

在数学领域,计算圆周率 π 的方法有很多,在 Hadoop 自带的 examples 中就存在着一种利用分布式系统计算圆周率的方法,下面通过运行程序来检查 Hadoop 集群是否安装配置成功,命令如下。

```
$ hadoop jar /usr/local/hadoop/share/hadoop/mapreduce/hadoop - mapreduce -
examples-*.jar pi 10 100
```

Hadoop 的命令类似 Java 命令,通过 jar 指定要运行的程序所在的 jar 包 hadoop-mapreduce-examples-*.jar。参数 pi 表示需要计算的圆周率 π。再看后面的两个参数,第一个 10 指的是要运行 10 次 map 任务,第二个参数指的是每个 map 的任务次数,执行结果如下所示:

```
$ hadoop jar /usr/local/hadoop/share/hadoop/mapreduce/hadoop - mapreduce -
examples-*.jar pi 10 100
Job Finished in 85.12 seconds
Estimated value of Pi is 3.14800000000000000000
```

如果以上的验证都没有问题,说明 Hadoop 集群配置成功。

◇ 1.9　习　　题

1. 简述大数据的 4 个特征。
2. 简述主要的大数据处理技术。
3. 简述 Hadoop 的发行版本。
4. 简述 Hadoop 的生态体系。

第2章

HDFS 分布式文件系统

Hadoop 提供了一个分布式文件系统 HDFS 来管理众多服务器上的数据。本章主要介绍 HDFS 基本特征、HDFS 存储架构及组件功能、HDFS 文件读写流程、HDFS 的 Shell 操作和 HDFS 编程实践。

◇ 2.1 HDFS 基本特征

HDFS 是 Apache Hadoop 项目的核心组件之一,是一个分布式文件系统。HDFS 被设计成在由普通的商用服务器节点构成的集群上即可运行,具有强大的容错能力。在编程方式上,除了 API 的名称不一样以外,通过 HDFS 读写文件和通过本地文件系统读写文件在代码上基本类似,非常易于编程。HDFS 具有以下 6 个基本特征。

1. 分布式存储

HDFS 基于大量分布节点上的本地文件系统,构成一个逻辑上具有巨大容量的分布式文件系统。HDFS 将文件分成若干个数据块,并将这些数据块存储在不同的节点上,从而实现数据的分布式存储。

2. 流式数据访问

HDFS 支持流式数据访问,可以在不同的节点上对文件进行分块读写,从而实现高效的数据访问。

3. 冗余存储

为了保证数据的可靠性,HDFS 将每个数据块进行多次复制,并将这些复制的数据块存储在不同的节点上,从而实现冗余存储。当某个节点发生故障时,可以从其他节点中获取相同的数据块。

4. 高容错性

HDFS 具有高度容错性,可以在某个节点发生故障时自动恢复,保证数据的可靠性。

5. 数据一致性

HDFS 通过名称节点和数据节点之间的心跳(heartbeat)消息,保证数据的一致性。

6. 简单的文件模型

HDFS 采用"一次写入、多次读取"的简单文件模型,支持大量数据的一次写入，多次读取；支持在文件的末端进行追加数据，而不支持在文件的任意位置进行修改。

◆ 2.2　HDFS 存储架构及组件功能

2.2.1　HDFS 存储架构

　　HDFS 是建立在一组分布式服务器节点的本地文件系统之上的分布式文件系统。HDFS 采用 Master/Slave 主从架构来存储数据，这种架构主要由 4 个部分组成，分别为客户端(Client)、名称节点、数据节点和第二名称节点(SecondaryNameNode)。一个 HDFS 集群是由一个名称节点和一定数目的数据节点组成的。HDFS 存储架构如图 2-1 所示。名称节点是一个中心服务器，负责管理文件系统的名字空间及客户端对文件的访问。一个数据节点运行一个数据节点进程，负责管理它所在节点上的数据存储。名称节点和数据节点共同协调完成分布式的文件存储服务。

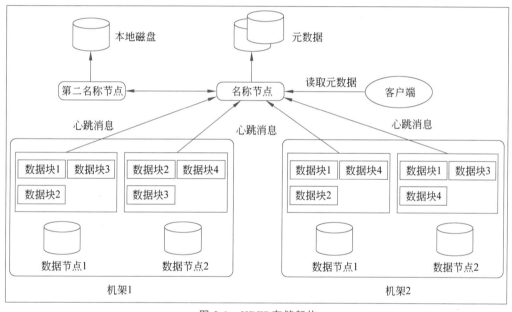

图 2-1　HDFS 存储架构

2.2.2　数据块

　　在传统的文件系统中，为了提高磁盘读写效率，一般以数据块为单位，而不是以字节为单位，数据块是磁盘读写的最小单位。文件系统的数据块大小通常是几千字节，而磁盘的数据块通常是 512B。

　　HDFS 同样有数据块的概念，但它是一个更大的单元，Hadoop 2.x 版本默认的数据块大小是 128MB。如同单一磁盘的文件系统中的文件，HDFS 中的文件被分解成数据块大小的若干数据块，独立保存在各单元中。与单一磁盘文件系统中的文件不同的是，如果 HDFS 中的文件比一个数据块小，则该文件不会占用该数据块的整个存储空间。例如，一个 1MB 的文件存储在 128MB 的数据块中，它只使用数据块的 1MB 的存储空间而不是 128MB 的存储空间。如果没有特别指明,本书的数据块指的均是 HDFS 的数据块。

HDFS 使用数据块存储有以下两个好处。

(1) 文件存储不受单一磁盘大小的限制。无须将文件的所有数据块保存在同一个磁盘上,它们可以使用集群上的若干个磁盘共同存储。

(2) 简化了存储系统的存储过程。由于数据块是固定大小,存储系统根据数据块大小可以简单地计算出在给定的磁盘上可以存储多少个数据块,从而简化了存储管理。数据块适合通过复制方式提高容错性和可用性,例如,将每一个数据块都复制到一些物理分离的机器(通常是 3 个)上,可防止数据块和磁盘毁坏等。

2.2.3　数据节点

HDFS 的名称节点用于存储并管理元数据,数据节点用于存储文件的数据块。为了防止数据丢失,一个数据块会在多个数据节点中进行冗余备份,每个数据块默认有 3 个副本,而一个数据节点最多只存储文件的一个数据块的一个备份。数据节点负责处理文件系统用户具体的数据读写请求,同时也处理名称节点对数据块的创建、删除指令。数据节点上存储了数据块 ID 和数据块内容,以及它们的映射关系。

一个 HDFS 集群可能包含上千个数据节点,这些数据节点定时和名称节点进行通信,接受名称节点的指令。为了减轻名称节点的负担,名称节点上并不永久保存每个数据节点上都有哪些数据块的信息,而是通过数据节点启动时的上报来更新名称节点上的映射表。数据节点和名称节点建立连接后,就会不断地向名称节点进行信息反馈,反馈信息中也包含了名称节点对数据节点的一些命令操作情况,如删除数据块或者把数据块复制到另一个数据节点。

注意:名称节点不会主动向数据节点发起请求。

数据节点也作为服务器接受来自客户端的访问,处理数据块读写请求。数据节点之间还会相互通信,执行数据块复制任务。同时,在客户端执行写操作的时候,数据节点之间需要相互配合,以保证写操作的一致性。数据节点会通过心跳消息定时向名称节点发送所存储的数据块信息。

因为虽然所有文件的数据块都存储在数据节点中,但客户端并不知道某个数据块的具体位置信息,所以不能直接通过数据节点进行数据块的相关操作,所有这些位置信息都存储在名称节点中。因此,当客户端需要执行数据块的创建、复制和删除等操作时,需要首先访问名称节点以获取数据块的位置信息,然后访问指定的数据节点来执行相关操作,具体的文件操作最终由客户端进程完成而非数据节点。

2.2.4　名称节点

在 HDFS 中,名称节点是一个中心服务器,负责管理整个文件系统的命名空间(名字空间)和元数据,以及处理来自客户端的文件访问请求。名称节点保存了文件系统的如下 3 种元数据。

(1) 命名空间,即整个分布式文件系统的目录结构。

(2) 数据块与文件名的映射表。

(3) 每个数据块副本的位置信息,每一个数据块默认有 3 个副本。

元数据信息包括以下内容。

（1）文件的 owership 和 permission。

（2）文件包含哪些数据块。

（3）数据块保存在哪个数据节点（由数据节点启动时上报）上。

HDFS 的元数据镜像文件（FsImage）用于维护文件系统树，以及文件树中所有的文件和文件夹的元数据。HDFS 的操作日志文件（EditLog）用于记录文件的创建、删除、重命名等操作，每次保存 FsImage 之后到下次保存之间的所有 HDFS 操作，将会记录在 EditLog 文件中。和名称节点相关的文件还包括 FsTime，用来保存最近一次检查点（checkpoint）的时间。FsImage、EditLog 和 FsTime 均保存在 Linux 操作系统的文件系统中。

HDFS 对外提供了命名空间，让用户的数据可以存储在文件中，但在内部，文件可能被分成若干个数据块。HDFS 中的文件命名遵循了传统的"目录/子目录/文件"格式。通过命令行或者 API 可以创建目录，并且将文件保存在目录中。命名空间由名称节点管理，在名称节点上可以执行文件操作，如打开、关闭、重命名等，此外名称节点也负责向数据节点分配数据块并建立数据块和数据节点的对应关系。

名称节点只是监听客户端事件及数据节点事件，而不会主动发起请求。客户端事件通常包括目录和文件的创建、读写、重命名和删除，以及文件列表信息获取等。数据节点事件主要包括数据块信息的汇报、心跳消息、出错信息等。当名称节点监听到这些请求时便对它们响应，并将相应的处理结果返回到请求端。

2.2.5　第二名称节点

Hadoop 中使用第二名称节点来备份名称节点的元数据，以便在名称节点失效时能从第二名称节点恢复出名称节点上的元数据。名称节点中保存了整个文件系统的元数据，而第二名称节点只是周期性（周期的长短是可以配置的）保存名称节点的元数据，这些元数据包括 FsImage 数据和 EditLog 数据。FsImage 相当于 HDFS 的检查点，名称节点启动时会读取 FsImage 的内容到内存，并将其与 EditLog 日志中的所有修改信息合并生成新的 FsImage；在名称节点运行过程中，所有关于 HDFS 的修改都将写入 EditLog。这样，如果名称节点失效，可以通过第二名称节点中保存的 FsImage 和 EditLog 数据恢复出名称节点最近的状态，尽量减少损失。

2.2.6　心跳消息

HDFS 按照 Master/Slave 架构设计了名称节点和数据节点，名称节点存储各个数据节点位置信息和数据块信息，名称节点周期性向管理的各个数据节点发送心跳消息，而收到心跳消息的数据节点则需要回复。名称节点周期性地接收数据节点发送的心跳消息。当名称节点无法接收到数据节点的心跳消息时，名称节点会将该数据节点标记为宕机，名称节点不会再给该数据节点发送任何 I/O 操作。数据节点的宕机可能导致数据副本的复制。一般引发重新复制副本有多种原因，如数据节点不可用、数据副本损坏、数据节点上的磁盘错误或者复制因子增大。

2.2.7 客户端

客户端(代表用户)并不能算是 HDFS 的一部分,但客户端是用户和 HDFS 通信最常见也是最方便的渠道,而且部署的 HDFS 都会提供客户端。

客户端为用户提供了一种可以通过与 Linux 操作系统中的 Shell 类似的方式访问 HDFS 的数据。客户端支持最常见的操作,如打开、读取、写入等,而且命令的格式也和 Shell 十分相似,方便开发者和管理员操作。

客户端通过与名称节点和数据节点交互来访问 HDFS 中的文件。客户端提供了一个类似可移植操作系统接口(Portable Operating System Interface,POSIX)的文件系统接口供用户调用。

2.3 HDFS 读写文件流程

在一个集群中采用单一的名称节点可极大地简化系统的架构,简化操作流程。虽然名称节点记录了 HDFS 的元数据,但是在客户端程序访问文件时,实际的文件数据流并不会通过名称节点传送,而是从名称节点获得所需访问数据块的存储位置信息后,直接去访问对应的数据节点获取数据。这样设计有两个好处:一是可以允许一个文件的数据能同时在不同数据节点上并发访问,提高访问数据的速度;二是可以极大地减少名称节点的负担,避免名称节点成为访问数据的瓶颈。

HDFS 的基本文件访问过程如下。

(1)用户通过客户端将文件名发送至名称节点。

(2)名称节点接收到文件名之后,在 HDFS 的目录中检索文件名对应的数据块,再根据数据块信息找到保存数据块的数据节点地址,将这些地址返回给客户端。

(3)客户端接收到这些数据节点地址之后,与这些数据节点并行地进行数据传输操作,同时将操作结果的相关日志(如数据读写是否成功、修改后的数据块信息等)提交到名称节点。

2.3.1 HDFS 读文件流程

当客户端需要读取文件时,先向名称节点发起读请求,名称节点收到请求后,会将请求文件的数据块在数据节点中的具体位置(元数据信息)返回给客户端,客户端根据文件数据块的位置,直接找到相应的数据节点发起读请求。

HDFS 读文件流程如图 2-2 所示,HDFS 内部的执行过程如下。

(1)客户端首先调用 DistributedFileSystem 对象的 open()函数打开文件,然后 DistributeFileSystem 会创建输入流 DFSInputStream。

(2)输入流通过 ClientProtocal.getBlockLocations()函数远程调用名称节点,获得文件的第一批数据块的位置,同一数据块按照副本数会返回多个位置,距离客户端近的排在前面;然后,DistributedFileSystem 会利用输入流 DFSInputStream 来实例化 FSDataInputStream,返回给客户端,同时返回数据块的数据节点地址。

(3)获得输入流 DFSInputStream 对象后,客户端调用 read()函数开始读取数据,通过

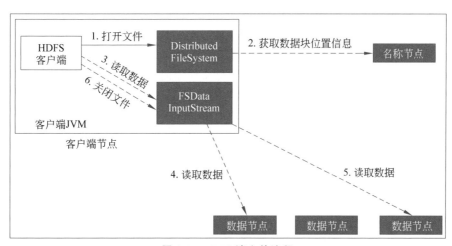

图 2-2　HDFS 读文件流程

DFSInputStream 可以方便地管理数据节点和名称节点数据流。DFSInputStream 会找出离客户端最近的数据节点建立连接并读取数据。

（4）数据从数据节点源源不断地流向客户端，如果第一个数据块的数据读完了，就会关闭指向第一个数据块的数据节点连接。输入流通过 getBlockLocations（）函数查找下一个数据块（如果客户端缓存中已经包含了该数据块的位置信息，就不需要调用该函数）读取数据。

（5）如果第一批数据块都读完了，DFSInputStream 就会去名称节点获取下一批数据块的位置，然后继续读，如果所有的数据块都读完，则调用 FSDataInputStream 的 close（）函数，关闭输入流。

注意：在读取数据的过程中，如果客户端与数据节点通信时出现错误，就会尝试连接包含此数据块的下一个数据节点。

2.3.2　HDFS 写文件流程

HDFS 写文件流程如图 2-3 所示，HDFS 内部的执行过程如下。

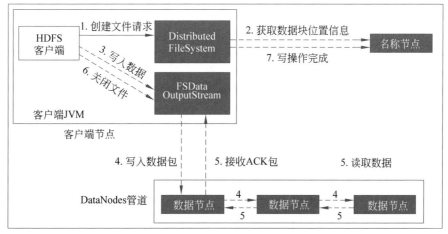

图 2-3　HDFS 写文件流程

（1）客户端通过调用 DistributedFileSystem 对象的 create()函数向名称节点发出写文件请求。

（2）DistributedFileSystem 对象使用远程过程调用（RPC）调用连接到名称节点，并启动新的文件创建，但是此时的文件创建操作不与文件任何块相关联。创建前，名称节点会做各种校验，如文件是否存在、客户端有无权限去创建等。如果校验通过，名称节点就会记录下新文件（创建一条新的记录），否则就会抛出 I/O 异常到客户端。

（3）一旦名称节点创建一条新的记录，返回一个 FSDataOutputStream 类型的对象到客户端，客户端使用它写入数据到 HDFS。和读文件的时候相似，FSDataOutputStream 被封装成 DFSOutputStream，DFSOutputStream 可以协调名称节点和数据节点。客户端写入数据，DFSOutputStream 会把数据切成一个个数据包，这些数据包连接排队到一个队列被称为 DataQueue。

（4）名为 DataStreamer 的组件接受、处理 DataQueue，DataStreamer 请求名称节点分配新的块（block）用来存储数据包，并问询名称节点这个新的 block 最适合存储在哪几个数据节点里，比如，重复数是 3，那么就找到 3 个最适合的数据节点，把它们排成一个管道（pipeline）。客户端把数据包以流的方式写入管道的第一个数据节点，第一个数据节点又把数据包输出到第二个数据节点中，以此类推。

（5）DFSOutputStream 还有一个叫 Ack Queue 的队列，由数据节点等待确认的数据包组成，当管道中的所有数据节点都表示已经收到的时候，这时 Ack Queue 才会把对应的等待确认的数据包移除掉。

（6）客户端完成写数据后，调用 close()函数关闭写入流。

2.4 HDFS 的 Shell 操作

HDFS 的
Shell 操作

HDFS 提供了多种数据操作方式，其中，命令行的形式是最简单的，也是许多开发者最容易掌握的方式。Shell 是指一种应用程序，这个应用程序提供了一个界面，通过接收用户输入的 Shell 命令执行相应的操作，访问 HDFS 提供的服务。

HDFS 支持多种 Shell 命令，如 hadoop fs、hadoop dfs 和 hdfs dfs 都是 HDFS 最常用的 Shell 命令，这 3 个命令既有相同点又有区别。

（1）hadoop fs：适用于任何不同的文件系统，如本地文件系统和 HDFS。

（2）hadoop dfs：只能适用于 HDFS。

（3）hdfs dfs：跟 hadoop dfs 命令的作用一样，也只能适用于 HDFS。

2.4.1 查看命令使用方法

登录 Linux 操作系统，打开一个终端，启动 Hadoop，命令如下：

```
$ cd /usr/local/hadoop
$ ./sbin/start-dfs.sh
```

在 1.8 节中为 Hadoop 配置了 PATH 环境变量，因此，可在任意目录下执行 start-dfs.sh 命令启动 Hadoop，以及在任意目录中可直接执行 hdfs 等命令。

关闭 Hadoop，命令如下：

```
$./sbin/stop-dfs.sh
```

可以在终端执行如下命令,查看 hdfs dfs 命令总共支持哪些操作。

```
$cd /usr/local/hadoop
$./bin/hdfs dfs        #也可以不加./bin/直接执行 hdfs dfs 命令
```

上述命令执行后,会显示类似如下的结果(这里只列出部分命令):

```
[-appendToFile <localsrc>... <dst>]
[-cat [-ignoreCrc] <src>...]
[-checksum <src>...]
[-chgrp [-R] GROUP PATH...]
[-chmod [-R] <MODE[,MODE]... | OCTALMODE>PATH...]
[-chown [-R] [OWNER][:[GROUP]] PATH...]
[-copyFromLocal [-f] [-p] [-l] <localsrc>... <dst>]
[-copyToLocal [-p] [-ignoreCrc] [-crc] <src>... <localdst>]
[-count [-q] [-h] <path>...]
[-cp [-f] [-p | -p[topax]] <src>... <dst>]
[-createSnapshot <snapshotDir>[<snapshotName>]]
[-deleteSnapshot <snapshotDir><snapshotName>]
[-df [-h] [<path>...]]
[-du [-s] [-h] <path>...]
[-expunge]
[-find <path>... <expression>...]
[-get [-p] [-ignoreCrc] [-crc] <src>... <localdst>]
[-getfacl [-R] <path>]
[-getfattr [-R] {-n name | -d} [-e en] <path>]
[-getmerge [-nl] <src><localdst>]
[-help [cmd ...]]
[-ls [-d] [-h] [-R] [<path>...]]
[-mkdir [-p] <path>...]
[-moveFromLocal <localsrc>... <dst>]
[-moveToLocal <src><localdst>]
[-mv <src>... <dst>]
[-put [-f] [-p] [-l] <localsrc>... <dst>]
```

可以看出,hdfs dfs 命令的统一格式是类似 hdfs dfs -ls 这种格式,即在"-"后面跟上具体的操作。

可以查看某个命令的用法,例如,当需要查询 cp 命令的具体用法时,可以执行如下命令:

```
$./bin/hdfs dfs -help cp   #也可以直接执行 hdfs dfs -help cp 命令,后面都采用这种执行方式
```

输出的结果如下:

```
-cp [-f] [-p | -p[topax]] <src>... <dst>:
  Copy files that match the file pattern <src>to a destination.  When copying
  multiple files, the destination must be a directory. Passing -p preserves status
  [topax] (timestamps, ownership, permission, ACLs, XAttr). If -p is specified
  with no <arg>, then preserves timestamps, ownership, permission. If -pa is
  specified, then preserves permission also because ACL is a super-set of
  permission. Passing -f overwrites the destination if it already exists. raw
  namespace extended attributes are preserved if (1) they are supported (HDFS
  only) and, (2) all of the source and target pathnames are in the /.reserved/raw
```

```
hierarchy. raw namespace xattr preservation is determined solely by the presence
(or absence) of the /.reserved/raw prefix and not by the -p option.
```

2.4.2 HDFS 常用的 Shell 操作

HDFS 支持的操作命令很多,下面给出常用的部分。

1. 创建目录命令 mkdir

mkdir 命令用于在指定路径下创建目录(文件夹),其语法格式如下:

```
hdfs dfs -mkdir [-p] <paths>
```

其中-p 参数表示创建子目录时先检查路径是否存在,如果不存在,则创建相应的各级目录。

需要注意的是,Hadoop 系统安装好以后,第一次使用 HDFS 时,需要首先在 HDFS 中创建用户目录。本书全部采用 hadoop 用户登录 Linux 操作系统,因此,需要在 HDFS 中为 hadoop 用户创建一个用户主目录,命令如下:

```
$ cd /usr/local/hadoop
$ ./bin/hdfs dfs -mkdir -p /user/hadoop
```

该命令表示在 HDFS 中创建一个/user/hadoop 目录,/user/hadoop 目录就成为 hadoop 用户在 HDFS 中对应的用户主目录。

下面可以执行如下命令创建一个 input 目录:

```
$ ./bin/hdfs dfs -mkdir input
```

在创建 input 目录时,采用了相对路径形式,实际上,这个 input 目录在 HDFS 中的完整路径是/user/hadoop/input。如果要在 HDFS 的根目录下创建一个名称为 input 的目录,则需要执行如下命令:

```
$ ./bin/hdfs dfs -mkdir /input
```

2. 列出指定目录下的内容命令 ls

ls 命令用于列出指定目录下的内容,其语法格式如下:

```
hdfs dfs -ls[-d] [-h] [-R] <paths>
```

各项参数说明如下。

-d:将目录显示为普通文件。

-h:使用便于用户读取的单位信息格式,优化文件大小显示。

-R:递归显示所有子目录的信息。

示例命令如下:

```
$ hdfs dfs -ls /user/hadoop       #显示 HDFS 中/user/hadoop 目录下的内容
Found 1 items
drwxr-xr-x   -hadoop supergroup   0 2022-09-20 08:40 /user/hadoop/input
```

3. 上传文件命令 put

put 命令用于从本地文件系统向 HDFS 中上传文件,其语法格式如下:

```
hdfs dfs -put? [-f] [-p] [本地地址] [hadoop 目录]
```

功能:将单个或多个文件从本地文件系统上传到 HDFS 文件系统中。

各项参数说明如下。

-p：保留访问和修改时间、所有权和权限。

-f：覆盖目标文件（如果已经存在）。

使用 gedit 编辑器，在本地 Linux 操作系统的文件系统/home/hadoop/目录下创建一个文件 myLocalFile.txt。

```
$gedit /home/hadoop/myLocalFile.txt
```

在文件中可以随便输入一些字符，如输入如下三行：

```
Hadoop
Spark
Hive
```

可以执行如下命令把本地文件系统中的文件/home/hadoop/myLocalFile.txt 上传到 HDFS 的/user/hadoop/input 目录下：

```
$hdfs dfs -put /home/hadoop/myLocalFile.txt input
```

可以执行 ls 命令查看一下文件是否成功上传到 HDFS 中，具体如下：

```
$hdfs dfs -ls input
```

该命令执行后，如果显示类似如下的信息则表明成功上传：

```
Found 1 items
-rw-r--r--   1 hadoop supergroup     18 2023-02-20 20:46 input/myLocalFile.txt
```

4. 从 HDFS 中下载文件到本地文件系统命令 get

下面把 HDFS 中的 myLocalFile.txt 文件下载到本地文件系统中"/home/hadoop/下载"这个目录下并更名为 myLocalFile1.txt，命令如下：

```
$hdfs dfs -get input/myLocalFile.txt /home/hadoop/下载/myLocalFile1.txt
```

5. HDFS 的复制命令 cp

cp 命令用于把 HDFS 中一个目录下的一个文件复制到 HDFS 中另一个目录下，其语法格式如下：

```
hdfs dfs -cp URI[URI...] <dest>
```

把 HDFS 的/user/hadoop/input/ myLocalFile.txt 文件复制到 HDFS 的另外一个目录/input 中（注意，这个 input 目录位于 HDFS 根目录下）的命令如下：

```
$hdfs dfs -cp input/myLocalFile.txt /input
```

下面执行如下命令查看 HDFS 中/input 目录下的内容：

```
$hdfs dfs -ls /input
```

该命令执行后，如显示类似如下的信息表明复制成功：

```
Found 1 items
-rw-r--r--   2 hadoop supergroup     18 2022-09-20 09:02 /input/myLocalFile.txt
```

将文件从源路径复制到目标路径，这个命令允许有多个源路径，此时目标路径必须是一个目录。

6. HDFS 的查看文件内容命令 cat

cat 命令用于查看文件内容，其语法格式如下：

```
hdfs dfs -cat URI[URI...]
```

下面执行 cat 命令查看 HDFS 中的 myLocalFile.txt 文件的内容：

```
$hdfs dfs -cat input/myLocalFile.txt
Hadoop
Spark
Hive
```

7. HDFS 移动文件命令 mv

mv 命令用于将文件从源路径移动到目标路径,这个命令允许有多个源路径,此时目标路径必须是一个目录,该命令的语法格式如下：

```
hdfs dfs -mv URI[URI...] <dest>
```

下面执行 mv 命令将 HDFS 中 input 目录下的 myLocalFile.txt 文件移动到 HDFS 中的 output 目录下：

```
$hdfs dfs -mkdir output      #在 HDFS 中创建 output 目录
$hdfs dfs -mv input/myLocalFile.txt output
$hdfs dfs -ls output         #列出 output 目录下的内容
Found 1 items
-rw-r--r--    2 hadoop supergroup    18 2022-09-20 08:57 output/myLocalFile.txt
```

8. 显示文件大小命令 du

du 命令用来显示目录中所有文件大小,当只指定一个文件时,显示此文件的大小,示例如下：

```
$hdfs dfs -du  /user/hadoop/output
18  /user/hadoop/output/myLocalFile.txt
```

9. 追加文件内容命令 appendToFile

appendToFile 命令用于追加一个文件到已经存在的文件末尾,其语法格式如下：

```
hdfs dfs -appendToFile  <localsrc>... <dst>
```

在/home/hadoop 目录下的 data.txt 文件的内容如下：

```
众鸟高飞尽,孤云独去闲。
相看两不厌,只有敬亭山。
```

下面的命令将 data.txt 文件的内容追加到 HDFS 中的 myLocalFile.txt 文件的末尾：

```
$hdfs dfs -appendToFile /home/hadoop/data.txt output/myLocalFile.txt
$hdfs dfs -cat output/myLocalFile.txt   #查看文件内容
Hadoop
Spark
Hive
众鸟高飞尽,孤云独去闲。
相看两不厌,只有敬亭山。
```

注意：HDFS 中的文件不能进行修改,但可以进行追加。

10. 从本地文件系统中复制文件到 HDFS 中命令 copyFromLocal

copyFromLocal 命令用于从本地文件系统中复制文件到 HDFS 中,其语法格式如下：

```
hdfs dfs -copyFromLocal  <localsrc>URI
```

下面的命令将本地文件/home/hadoop/data.txt 复制到 HDFS 中的 input 目录下：

```
$hdfs dfs -copyFromLocal  /home/hadoop/data.txt input
$hdfs dfs -ls input         #执行 ls 命令可看到 data.txt 文件已经存在
Found 1 items
-rw-r--r--    2 hadoop supergroup        74 2022-09-20 09:26 input/data.txt
```

11. 从 HDFS 中复制文件到本地文件系统命令 copyToLocal

copyToLocal 命令用于将 HDFS 中的文件复制到本地文件系统,下面的命令将 HDFS 中的文件 myLocalFile.txt 复制到本地文件系统/home/hadoop 目录下,并重命名为 LocalFile100.txt:

```
$hdfs dfs -copyToLocal output/myLocalFile.txt /home/hadoop/LocalFile100.txt
```

12. 从 HDFS 中删除文件命令 rm

rm 命令用于删除 HDFS 中的文件和目录,执行 rm 命令删除文件的示例如下:

```
$hdfs dfs -rm output/myLocalFile.txt
```

执行 rm 命令删除一个目录的示例如下:

```
$hdfs dfs -rm -r output
```

上面命令中,r 参数表示删除 output 目录及其子目录下的所有内容。

13. 创建空文件命令 touchz

创建空文件之前需要退出 Hadoop 安全模式,然后才能创建空文件。

```
$hdfs dfsadmin -safemode leave         #离开安全模式
Safe mode is OFF
$hdfs dfs -touchz data.txt             #创建空文件
$hdfs dfs -ls                          #列出当前 HDFS 用户目录下的内容
Found 2 items
-rw-r--r--    2 hadoop supergroup        0 2022-09-20 16:15 data.txt
drwxr-xr-x    -hadoop supergroup         0 2022-09-20 09:26 input
```

2.4.3　HDFS 管理员命令

HDFS 命令分为用户命令(dfs 等)、管理员命令(dfsadmin 等)。dfsadmin 是一个多任务的工具,可以使用它来获取 HDFS 的状态信息,以及在 HDFS 上执行一系列管理操作,调用格式为"hdfs dfsadmin -具体的命令"。

1. 查看集群资源占用情况

在管理 HDFS 集群的时候,需要定时监控集群内名称节点与数据节点的情况,防止因节点故障导致集群无法提供服务。report 命令就是用来查看集群的名称节点与数据节点的资源占用情况,示例如下:

```
$hdfs dfsadmin -report
Configured Capacity: 51012911104 (47.51 GB)     #配置容量,指名称节点的整体空间
Present Capacity: 24569901170 (22.88 GB)        #可用容量,指名称节点的可用空间
DFS Remaining: 24569810944 (22.88 GB)           #Hadoop 文件系统的剩余空间
DFS Used: 90226 (88.11 KB)                      #Hadoop 文件系统的已用空间
DFS Used%: 0.00%                                #Hadoop 文件系统的已用空间百分比
Under replicated blocks: 0                      #正在复制副本的数据块数量
Blocks with corrupt replicas: 0                 #副本内损坏的数据块数量
Missing blocks: 0                               #丢失的数据块数量
```

```
Missing blocks (with replication factor 1): 0      #丢失的数据块(带复制因子 1)数量

-----------------------------------------------
Live datanodes (2):

Name: 192.168.1.13:50010 (Master)                  #数据节点的具体 IP
Hostname: Master                                   #数据节点名称
Decommission Status : Normal                       #节点运行情况,目前正常
Configured Capacity: 20451246080 (19.05 GB)        #配置容量,指数据节点的整体空间
DFS Used: 57344 (56 KB)                            #Hadoop 文件系统的已用空间
Non DFS Used:15285977088(14.24GB)             #非 Hadoo 文件系统已用空间如本地存放的数据
DFS Remaining: 4100382720 (3.82 GB)                #Hadoop 文件系统的可用空间
DFS Used%: 0.00%
DFS Remaining%: 20.05%
Configured Cache Capacity: 0 (0 B)                 #指 Hadoop 文件系统的缓存配置容量
Cache Used: 0 (0 B)
Cache Remaining: 0 (0 B)
Cache Used%: 100.00%                                #文件缓存已用空间百分比
Cache Remaining%: 0.00%
Xceivers: 1                                        #数据节点用于传输数据的线程数
Last contact: Tue Sep 20 15:23:43 CST 2022         #最后心跳消息连接时间


Name: 192.168.1.14:50010 (Slave1)
Hostname: Slave1
Decommission Status : Normal
Configured Capacity: 30561665024 (28.46 GB)
DFS Used: 32882 (32.11 KB)
Non DFS Used: 8516145038 (7.93 GB)
DFS Remaining: 20469428224 (19.06 GB)
DFS Used%: 0.00%
DFS Remaining%: 66.98%
Configured Cache Capacity: 0 (0 B)
Cache Used: 0 (0 B)
Cache Remaining: 0 (0 B)
Cache Used%: 100.00%
Cache Remaining%: 0.00%
Xceivers: 1
Last contact: Tue Sep 20 15:23:43 CST 2022
```

从上面的输出结果可以看出:名称节点的信息主要为节点的空间使用情况及数据块信息统计;数据节点的信息主要为节点的文件空间及缓存空间的使用情况及运行状态。

2. 节点刷新

当集群有新增或删除节点时,执行 refreshNodes 命令进行刷新。

```
$hdfs dfsadmin -refreshNodes
Refresh nodes successful
```

3. 网络拓扑

执行 printTopology 命令查看集群网络拓扑。

```
$hdfs dfsadmin -printTopology
Rack: /default-rack
```

```
192.168.1.13:50010 (Master)
192.168.1.14:50010 (Slave1)
```

4. 安全模式

安全模式是名称节点的一种状态,在这种状态下,名称节点不接受对名字空间的更改(只读);不复制或删除块。名称节点在启动时自动进入安全模式,当配置块的最小百分数满足最小副本数的条件时,会自动离开安全模式。enter 命令是进入安全模式,leave 命令是离开安全模式,get 命令获取当前运行模式。

```
$hdfs dfsadmin - safemode enter      #进入安全模式
Safe mode is ON
$hdfs dfsadmin - safemode get        #获取当前运行模式
Safe mode is ON
$hdfs dfsadmin - safemode leave      #离开安全模式
Safe mode is OFF
```

2.4.4　HDFS 的 Java API 操作

HDFS 在应用中主要是客户端的开发,其核心步骤是用 HDFS 提供的 API 构造一个 HDFS 的客户端对象,然后通过该客户端对象操作 HDFS 上的文件,如进行文件的上传、下载、目录的创建、文件的删除等各种文件操作。下面将介绍 HDFS 常用的 Java API。HDFS 中的文件操作涉及的主要类如表 2-1 所示。

表 2-1　HDFS 中的文件操作涉及的主要类

类　名　称	作　　用
org.apache.hadoop.con.Configuration	该类的对象封装了客户端或者服务器的配置
org.apache.hadoop.fs.FileSystem	该类的对象是一个文件系统对象,可以用该对象的一些方法来对文件进行操作
org.apache.hadoop.fs.FileStatus	用于向客户端展示系统中文件和目录的元数据,具体包括文件大小、块大小、副本信息、所有者、修改时间等
org.apache.hadoop.fs.FSDatalnputStream	文件输入流,用于读取 Hadoop 文件
org.apache.hadoop.fs.FSDataOutputStream	文件输出流,用于写入 Hadoop 文件
org.apache.hadoop.fs.Path	用于表示 Hadoop 文件系统中的文件或者目录的路径

通过 FileSystem 对象的一些函数可以对文件进行操作,FileSystem 对象的常用函数如表 2-2 所示。

表 2-2　FileSystem 对象的常用方法

函　数　名　称	函　数　描　述
copyFromLocalFile(Path src, Path dst)	从本地磁盘复制文件到 HDFS
copyToLocalFile(Path src, Path dst)	从 HDFS 复制文件到本地磁盘
mkdirs(Path f)	建立子目录
rename(Path src, Path dst)	重命名文件或文件夹
delete(Path f)	删除指定文件

◈ 2.5 案例实战 1：修改文件名

Hadoop 采用 Java 语言开发，提供了 Java API 与 HDFS 进行交互。实际上，在 2.4 节中介绍的 Shell 命令在执行时会被系统转换成 Java API 调用。为了提高程序编写和调试效率，本书采用 Eclipse 工具编写 Java 语言程序。

2.5.1 在 Eclipse 中创建项目

Eclipse 启动以后，选择 File→New→Other 选项，弹出 New 对话框，双击 Java Project 选项，弹出 New Java Project 对话框，如图 2-4 所示，然后在 Project name 文本框中输入工程名称，本书输入的工程名称为 HadoopExample，勾选 Use default location 复选框，将 Java 工程的所有文件都保存到/home/hadoop/workspace/HadoopExample 目录下，然后单击 Next 按钮。

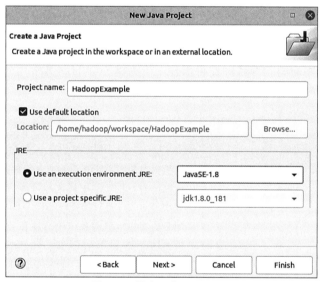

图 2-4 创建一个 Java 工程

2.5.2 为项目添加需要用到的 JAR 包

单击 Next 按钮后，进入如图 2-5 所示的 Java Settings 界面。

需要在 Java Settings 界面中加载该 Java 工程所需要用到的 JAR 包，这些 JAR 包中包含可以访问 HDFS 的 Java API，以及 MapReduce 的 Java API。这些 JAR 包都位于 Linux 操作系统的 Hadoop 安装目录下，对于本书而言，就是在/usr/local/hadoop/share/hadoop 目录下。单击对话框中的 Libraries 选项卡，然后单击右侧的 Add External JARs 按钮，会弹出如图 2-6 所示的 JAR Selection 对话框。

在图 2-6 所示的对话框中，上面有一排目录按钮（即 usr、local、hadoop、share、hadoop、mapreduce、lib），当单击某个目录按钮时，就会在下面列出该目录的内容。

为了编写一个能够与 HDFS、MapReduce 交互的 Java 语言应用程序，一般需要向 Java

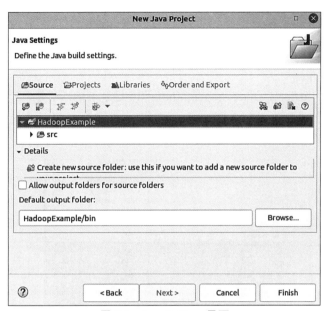

图 2-5　Java Settings 界面

工程中添加以下 JAR 包。

（1）/usr/local/hadoop/share/hadoop/common 目录下的 hadoop-common-2.7.7.jar 和 hadoop-nfs-2.7.7.jar。

如果要把/usr/local/hadoop/share/hadoop/common 目录下的 hadoop-common-2.7.7.jar 和 hadoop-nfs-2.7.7.jar 添加到当前的 Java 工程中，可以进入 common 目录，然后界面会显示 common 目录下的所有内容，如图 2-7 所示，在界面中选择 hadoop-common-2.7.7.jar 和 hadoop-nfs-2.7.7.jar，然后单击 OK 按钮，就可以把这两个 JAR 包添加到当前 Java 工程中。

图 2-6　JAR Selection 对话框

图 2-7　选择 common 目录下的两个 JAR 包

然后按照上述添加 JAR 包类似的操作方法，可以再次单击 Add External JARs 按钮，把剩余的其他 JAR 包都添加进来。

需要注意的是，当需要选择某个目录下的所有 JAR 包时，可以按 Ctrl＋A 组合键进行全选操作。

（2）/usr/local/hadoop/share/hadoop/common/lib 目录下的所有 JAR 包。

（3）/usr/local/hadoop/share/hadoop/hdfs 目录下的 hadoop-hdfs-2.7.7.jar 和 hadoop-hdfs-nfs-2.7.7.jar。

（4）/usr/local/hadoop/share/hadoop/hdfs/lib 目录下的所有 JAR 包。

（5）/usr/local/hadoop/share/hadoop/mapreduce 目录下的 hadoop-mapreduce-client-app-2.7.7.jar 等 JAR 包,具体如图 2-8 所示。

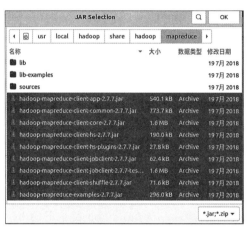

图 2-8　添加 mapreduce 目录下的 JAR 包

（6）/usr/local/hadoop/share/hadoop/mapreduce/lib 目录下的所有 JAR 包。

全部添加完毕后,就可以单击 Finish 按钮,完成 Java 工程 HadoopExample 的创建。

2.5.3　编写 Java 语言应用程序

下面编写一个 Java 语言应用程序,用来重命名 HDFS 中的文件。

在 Eclipse 工作窗口左侧的 Package Explorer 面板中找到创建好的 HadoopExample 工程,如图 2-9 所示。

接着右击 HadoopExample 工程,在弹出的快捷菜单中选择 New→Other 选项,在弹出的 New 对话框中,双击 Class,弹出 New Java Class 对话框,如图 2-10 所示,在 Name 文本框中输入新建的 Java 类文件的名称,本节采用名称 Rename,其他都可以采用默认设置。

然后在图 2-10 中,单击 Finish 按钮,返回如图 2-11 所示的窗口。

可以看出,Eclipse 自动创建了一个名为 Rename.java 的源代码文件,在该文件中输入以下代码:

```
import org.apache.hadoop.conf.Configuration;
import org.apache.hadoop.fs.FileSystem;
import org.apache.hadoop.fs.Path;
public class Rename{
    public static void main(String[] args) throws Exception {
        Configuration conf=new Configuration();
        conf.set("fs.defaultFS", "hdfs://localhost:9000");
                                                //这里基于伪分布式模式运行
        conf.set("fs.hdfs.impl", "org.apache.hadoop.hdfs.DistributedFileSystem");
```

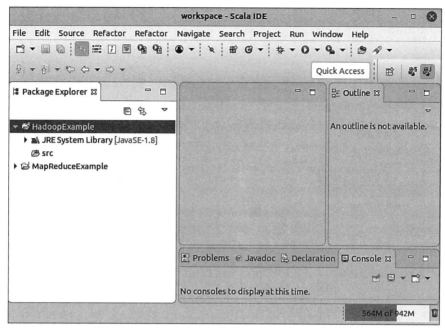

图 2-9　Eclipse 工作窗口中的 Package Explorer 面板

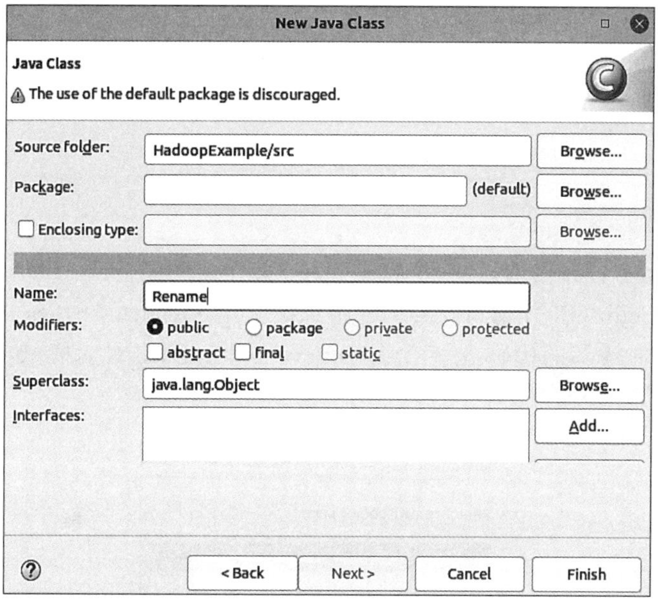

图 2-10　New Java Class 对话框

```
        FileSystem fs =FileSystem.get(conf);
        Path frpaht=new Path("/input/myLocalFile.txt");      //旧的文件名
        Path topath=new Path("/input/myLocalFile1.txt");     //新的文件名
        boolean isRename=fs.rename(frpaht, topath);
        String result=isRename? "成功":"失败";
        System.out.println("文件重命名结果为:"+result);
    }
}
```

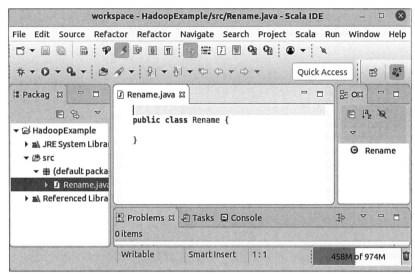

图 2-11　新建一个类文件后的 Eclipse 窗口

该程序用来重命名 HDFS 文件的名字,其中有一行代码:

```
Path frpaht=new Path("/input/myLocalFile.txt")
```

这行代码给出了需要被重命名的文件名称是/input/myLocalFile.txt,没有给出路径全称,表示是采用了相对路径,实际上就是重命名当前登录 Linux 操作系统的 hadoop 用户在 HDFS 中对应的用户目录下的 input 目录下的 myLocalFile.txt 文件,也就是重命名 HDFS 中的/user/hadoop/input 目录下的 myLocalFile.txt 文件。

2.5.4　编译运行程序

在开始编译运行程序之前,请一定确保 Hadoop 已启动运行。

可以直接在 Eclipse 工作窗口的菜单栏中选择 Run→Run As→Java Application 选项编译运行在 2.5.3 节中编写的代码,然后会弹出 Save and Launch 对话框,如图 2-12 所示,提示保存文件。

图 2-12　Save and Launch 对话框

单击 OK 按钮保存,执行结束后,在下方的 Console 面板输出程序执行的结果如图 2-13

所示,文件重命名成功。

```
Problems  Tasks  Console 
<terminated> Rename [Java Application] /opt/jvm/jdk1.8.0_181/bin/java (2022年9月20日 下午11:09:39)
log4j:WARN Please initialize the log4j system properly.
log4j:WARN See http://logging.apache.org/log4j/1.2/faq.html#noconfig for more info.
文件重命名结果为: 成功
```

图 2-13　运行结果窗口

```
$hdfs dfs -ls /input    #运行程序后再查看,可看到文件名已经更改
Found 1 items
-rw-r--r--   2 hadoop supergroup    0 2022-09-20 23:09 input/myLocalFile1.txt
```

2.5.5　应用程序的部署

下面介绍如何把 Java 语言应用程序生成 JAR 包,部署到 Hadoop 平台上运行。首先,在 Hadoop 安装目录下新建一个名称为 myapp 的文件夹,用来存储所编写的 Hadoop 应用程序,可以在 Linux 操作系统的终端中执行如下命令:

```
$cd /usr/local/hadoop
$mkdir myapp
```

然后在 Eclipse 工作窗口左侧的 Package Explorer 面板中,右击 HadoopExample 工程,在弹出的快捷菜单中选择 Export 选项,如图 2-14 所示。

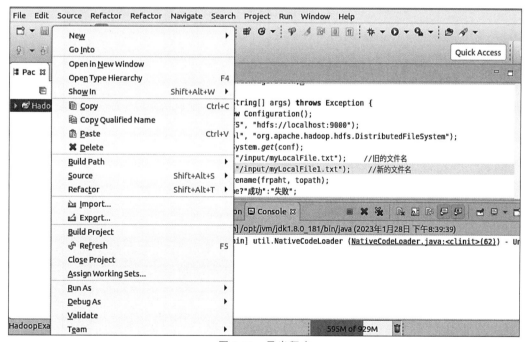

图 2-14　导出程序

选择 Export 选项后,弹出 Export 对话框,如图 2-15 所示。

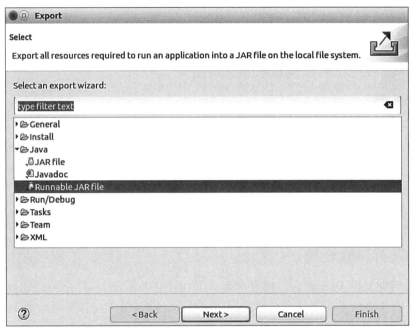

图 2-15　Export 对话框

在图 2-15 所示的对话框中单击 Java 左侧的下三角按钮,选择 Runnable JAR file 选项,然后单击 Next 按钮,弹出 Runnable JAR File Export 对话框,如图 2-16 所示。在该对话框中,Launch configuration 用于设置生成的 JAR 包被部署启动时运行的主类,需要在下拉列

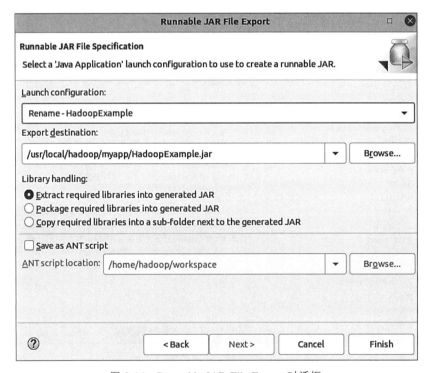

图 2-16　Runnable JAR File Export 对话框

表框中选择刚才配置的类 Rename-HadoopExample。单击 Export destination 文本框右侧的 Browse 按钮，在弹出的对话框中，输入要保存 JAR 包的文件名，选择保存目录，本节设置为/usr/local/hadoop/myapp/ HadoopExample.jar，单击 OK 按钮。在 Library handling 下面选中 Extract required libraries into generated JAR 单选按钮，然后单击 Finish 按钮，会弹出 Runnable JAR File Export 对话框的一个提示信息，如图 2-17 所示。

图 2-17　提示信息

可以忽略该对话框的提示信息，直接单击 OK 按钮，启动打包过程。打包过程结束后，会弹出 Runnable JAR File Export 对话框的一个警告信息，如图 2-18 所示。

图 2-18　警告信息

可以忽略该对话框的警告信息，直接单击 OK 按钮。至此，已经顺利把 HadoopExample 工程打包生成了 HadoopExample.jar。可以到 Linux 操作系统中查看一下生成的 HadoopExample.jar 文件，可以在终端中执行如下命令：

```
$ls /usr/local/hadoop/myapp
HadoopExample.jar
```

可以看到/usr/local/hadoop/myapp 目录下已经存在一个 HadoopExample.jar 文件。现在就可以在 Linux 操作系统中，执行 hadoop jar 命令运行程序，命令如下：

```
$hadoop jar /usr/local/hadoop/myapp/HadoopExample.jar
文件重命名结果为：失败
```

命令执行结束后，在屏幕上显示执行结果"文件重命名结果为：失败"，这是因为前面在 Eclipse 中运行程序时已经对文件重命名了，所以这里显示"文件重命名结果为：失败"。至此，重命名 HDFS 文件的程序，就顺利部署完成了。

◇ 2.6　案例实战 2：文件读取、上传和下载

下面给出使用 Java API 读取文件、上传文件和下载文件的示例。

2.6.1 读取文件内容

利用 IOUtils.copyBytes()函数读取文件内容的代码如下。

```java
import java.io.IOException;
import org.apache.hadoop.conf.Configuration;
import org.apache.hadoop.fs.FSDataInputStream;
import org.apache.hadoop.fs.FileSystem;
import org.apache.hadoop.fs.Path;
import org.apache.hadoop.io.IOUtils;

public class readileHDFSFile {
    public static void main(String[] args)  throws Exception{
        Configuration conf =new Configuration();
        //这里指定使用 HDFS 文件系统
        conf.set("fs.defaultFS","hdfs://localhost:9000");
        //通过如下的方式进行客户端身份的设置
        System.setProperty("HADOOP_USER_NAME","hadoop");
        //通过 FileSystem 的静态方法获取文件系统客户端对象
        FileSystem fs =FileSystem.get(conf);
        FSDataInputStream inputStream =null;
        try{
            inputStream =fs.open(new Path("/user/hadoop/input/data.txt"));
            IOUtils.copyBytes(inputStream, System.out,2048,false);
        } finally {
            IOUtils.closeStream(inputStream);
        }
    }
}
```

运行上述程序文件,在控制 Consde 面板输出的结果如下:

```
2021001,LiMing,male,18,ruanjian
2021002,LiTao,male,19,ruanjian
2021003,LiuTao,female,18,dashuju
2021004,WangFei,female,20,shuxue
```

2.6.2 文件上传和下载

采用 FileSystem 类自带的 copyFromLocalFile()函数上传本地文件系统中的文件到 HDFS 文件系统中和采用 FileSystem 类自带的 copyToLocalFile()函数从 HDFS 中下载文件到本地的代码如下。

```java
import org.apache.hadoop.conf.Configuration;
import org.apache.hadoop.fs.FileSystem;
import org.apache.hadoop.fs.Path;

public class FileUpDownload {
    public static void main(String[] args)  throws Exception{
        Configuration conf =new Configuration();
        //这里指定使用 HDFS 文件系统
        conf.set("fs.defaultFS","hdfs://localhost:9000");
        //通过如下的方式进行客户端身份的设置
```

```
        System.setProperty("HADOOP_USER_NAME","hadoop");
        //通过 FileSystem 的静态方法获取文件系统客户端对象
        FileSystem fs =FileSystem.get(conf);
        //上传一个文件 data.txt 到 HDFS 中的 input 目录下
        fs.copyFromLocalFile(new Path("/home/hadoop/data.txt"),
new Path("/user/hadoop/input"));
        //将 HDFS 中的 data.txt 复制到本地/home/hadoop 目录下,并重命名为 data1.txt
        fs.copyToLocalFile(false, new Path("/user/hadoop/input/data.txt"), new
Path("/home/hadoop/data1.txt"), true);
        }
}
```

运行上述程序文件后,将把本地文件系统/home/hadoop 目录下的 data.txt 文件上传到 HDFS 上的/user/hadoop/input 目录下。

```
$hdfs dfs -ls input  #查看 input 目录下的内容,可看到已存在 data.txt
Found 1 items
-rw-r--r--   3 hadoop supergroup        129 2023-02-23 22:30 input/data.txt
```

此外,把上传到 HDFS 中的 data.txt 复制到本地/home/hadoop 目录下,并重命名为 data1.txt。

◆ 2.7　习　　题

1. 描述一下 HDFS 读文件流程。

2. 概述 HDFS 存储架构。

3. 把本地文件系统的"/home/hadoop/文件名.txt"上传到 HDFS 中的当前用户目录的 input 目录下。

4. 描述一下名称节点对元数据的管理。

5. 通过 Java API 实现上传文件至 HDFS 中。

6. HDFS 的系统架构是如何保证数据安全的?

第3章

YARN 资源管理

YARN 是 Hadoop 的资源管理器,负责为应用提供服务器运算资源,相当于一个分布式的操作系统平台,而 MapReduce 等运算程序则相当于运行在操作系统之上的应用程序。本章主要介绍 YARN 基础架构和 YARN 常用命令。

◆ 3.1 YARN 概述

YARN 概述

YARN 是一种通用的 Hadoop 资源管理器和调度平台,负责为运算程序提供服务器运算资源,相当于一个分布式的操作系统平台,而 MapReduce 等运算程序则相当于运行在操作系统之上的应用程序。YARN 是 Hadoop 2.x 版本中的一个新特性。它的出现其实是为了解决 MapReduce 1.x 版本编程框架的不足,提高集群环境下的资源利用率,这些资源包括内存、磁盘、网络和 I/O 等。

YARN 的另一个目标就是拓展 Hadoop,使得它不仅可以支持 MapReduce 计算,还能很方便地支持如 Hive、HBase、Pig、Spark 等应用。因而,在 YARN 中,作业(job)概念被换成了 Application,因为在新的 Hadoop 2.x 中,运行的应用不只是 MapReduce 应用。YARN 这种新的架构设计能够使得各种类型的应用运行在 Hadoop 系统中,并通过 YARN 从系统层面进行统一的管理,各种应用就可以互不干扰地运行在同一个 Hadoop 系统中,共享整个集群资源。

◆ 3.2 YARN 基础架构

和 Hadoop 1.x 系列版本相比,在 Hadoop 2.x 系列版本中,加入了 YARN,MapReduce 1.0 升级为 MapReduce 2.0,MapReduce 2.0 架构(又称 YARN 架构)如图 3-1 所示。

YARN 主要由资源管理器(ResourceManager,RM)、节点管理器(NodeManager,NM)、应用管理(ApplicationMaster,App Mstr)和容器(Container)等组件构成。

3.2.1 Container

Container 是 YARN 对计算机计算资源的抽象,是一个逻辑资源单位,它封装了某个节点上的多维度资源,如内存、CPU、磁盘、网络等,当 App Mstr 向资源管理器申请资源时,资源管理器为 App Mstr 返回的资源便是用 Container 表示的。

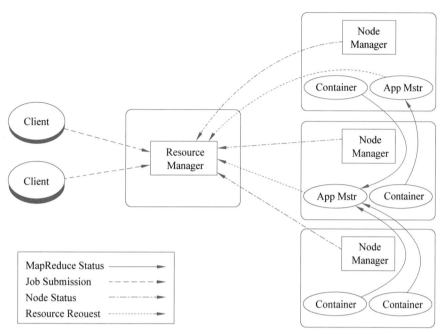

图 3-1　YARN 基础架构

YARN 会为每个任务分配一个 Container，且该任务只能使用该 Container 中约定的资源。

任何一个用户应用必须运行在一个或多个 Container 中，ResourceManager 只负责告诉 App Mstr 哪些 Container 可以用，App Mstr 还需要联系 NodeManager 请求分配具体的 Container。需要注意的是，Container 是一个动态资源划分单位，是根据应用程序的需求动态生成的。

3.2.2　ResourceManager

ResourceManager 负责对各个 NodeManger 上的资源进行统一管理和调度。当用户提交一个应用程序时，需要提供一个用以跟踪和管理这个程序的 App Mstr，它负责向 ResourceManager 申请资源，并要求 NodeManger 启动可以占用一定资源的任务。

ResourceManager 会为每一个 Application 启动一个 App Mstr，App Mstr 分散在各个 NodeManager 节点上。

ResourceManager 主要由两个组件构成：资源调度器（Scheduler）和应用程序管理器（ApplicationManager，ASM）。Scheduler 主要负责协调集群中各个应用的资源分配，负责分配节点上的 Container 资源。

ApplicationManager 主要管理整个系统中所有应用程序，接收应用程序的提交请求，为应用分配第一个 Container 来运行 App Mstr，包括应用程序提交、与 Scheduler 协商资源以启动 App Mstr、监控 App Mstr 运行状态并在失败时重新启动它等。

3.2.3　NodeManager

YARN 集群每个节点都运行一个 NodeManager 进程，NodeManager 的职责如下。
（1）管理节点上的资源和任务。

（2）接收 ResourceManager 的请求，分配 Container 给应用的某个任务。

（3）接收并处理来自 App Mstr 的 Container 启动、停止等各种请求，管理每个 Container 的生命周期，监控每个 Container 的资源使用（如内存、CPU 等）情况，并通过心跳消息向 ResourceManager 汇报本节点资源（如 CPU、内存等）的使用情况和 Container 的运行状态。

（4）执行 YARN 上面应用的一些额外的服务，如 MapReduce 的 shuffle 过程。

当一个计算节点启动时，NodeManager 会向 ResourceManager 进行注册并告知 ResourceManager 自己有多少资源可用。在运行期，通过 NodeManager 和 ResourceManager 协同工作，这些信息会不断被更新并保障整个集群发挥出最佳状态。

3.2.4 Application Master

系统中运行的每个应用，都会对应一个 App Mstr 实例，它的主要功能是向 ResourceManager 申请资源并进一步分配给内部任务，和 NodeManager 协同工作来运行应用的各个任务并跟踪它们的状态及监控各个任务的执行，遇到失败的任务还负责重启它。

3.2.5 Client

Client（客户端）就是提交程序向 YARN 申请资源的地方，可以是 MapReduce、Spark 等。

3.3 YARN 常用命令

Hadoop 的 YARN 命令具有广泛的使用范围，它可以管理大量的 Hadoop 任务，例如，获取和杀死正在运行的应用程序、获取作业和守护程序日志，甚至管理 ResourceManager 的上下线。

3.3.1 YARN 启动与停止

在启动 YARN 之前，先启动 Hadoop 集群。

执行下面命令启动 Hadoop：

```
$ cd /usr/local/hadoop
$ ./sbin/start-dfs.sh
```

执行下面的命令启动 YARN：

```
$ ./sbin/start-yarn.sh
$ jps
2737 SecondaryNameNode
3031 NodeManager
2535 DataNode
2903 ResourceManager
2363 NameNode
```

启动后执行 jps 命令查看运行的进程，发现 ResourceManager 和 NodeManager 两个进程就表明 YARN 正常启动了。

3.3.2 用户命令

用户命令主要包括 application、applicationattempt、classpath、container、jar、logs、node、queue 和 version。下面仅给出几个最常用的命令的用法。

1. application

application 命令的语法格式如下：

```
yarn application [options]
```

常用的命令选项如下。

-appStates <States>：与-list 一起使用，可根据输入的用逗号分隔的应用程序状态列表来过滤应用程序。应用程序状态包括：ALL、NEW、NEW_SAVING、SUBMITTED、ACCEPTED、RUNNING、FINISHED、FAILED 和 KILLED。

-appTypes <Types>：与-list 一起使用，可以根据输入的用逗号分隔的应用程序类型列表来过滤应用程序。

-help：展示所有命令选项的帮助信息。

-list：列出 RM 中的应用程序。

-kill <ApplicationId>：终止应用程序。

-status <ApplicationId>：打印应用程序的状态。

```
$yarn application -list -appStates ALL  #查看状态为 ALL 的 Application 列表
Total number of applications (application-types: [ ] and states: [NEW, NEW_
SAVING, SUBMITTED, ACCEPTED, RUNNING, FINISHED, FAILED, KILLED]):2
          Application-Id          Application-Name          Application-Type
     User       Queue                State          Final-State
Progress                   Tracking-URL
application_1663853681771_0002            word count            MAPREDUCE
    hadoop      default         FINISHED         SUCCEEDED
  100%    http://Master:19888/jobhistory/job/job_1663853681771_0002
application_1663853681771_0001            word count            MAPREDUCE
    hadoop      default         FINISHED         SUCCEEDED
  100%    http://Master:19888/jobhistory/job/job_1663853681771_0001
$yarn application -status application_1663853681771_0001 #查看应用的统计报告
Application Report :
    Application-Id : application_1663853681771_0001
    Application-Name : word count
    Application-Type : MAPREDUCE
    User : hadoop
    Queue : default
    Start-Time : 1663854043426
    Finish-Time : 1663854076698
    Progress : 100%
    State : FINISHED
    Final-State : SUCCEEDED
    Tracking-URL : http://Master:19888/jobhistory/job/job_1663853681771_0001
    RPC Port : 32881
    AM Host : Master
    Aggregate Resource Allocation : 110663 MB-seconds, 67 vcore-seconds
    Diagnostics :
```

2. jar

运行 JAR 文件,用户可以将写好的 MapReduce 应用代码打包成 JAR 文件,用这个命令去运行它。执行 jar 命令运行 x.jar 的语法格式如下:

```
yarn jar x.jar [mainClass] 参数...
$cd /usr/local/hadoop
$start-dfs.sh                        #启动 Hadoop
$start-yarn.sh                       #启动 yarn
$hdfs dfs -rm -r output              #如果 output 文件夹存在,先删除
```

本地文件/home/hadoop/Education.txt 中的内容是 Education is not the filling of a pail but the lighting of a fire,将该文件上传到 HDFS 的 input 目录下,命令如下:

```
$hdfs dfs -put /home/hadoop/Education.txt input
```

执行 yarn jar 命令运行系统自带的词频统计应用 wordcount,命令如下:

```
$cd /usr/local/hadoop
$ yarn jar ./share/hadoop/mapreduce/hadoop - mapreduce - examples - 2.7.7.jar
wordcount input output
```

查看 HDFS 中 output 目录中的文件中的词频统计结果:

```
$hdfs dfs -cat output/*
Education    1
a    2
but    1
filling    1
fire    1
is    1
lighting    1
not    1
of    2
pail    1
the    2
```

3. applicationattempt

applicationattempt 用来打印应用程序尝试的报告,该命令的语法格式如下:

```
yarn applicationattempt [options]
```

常用的命令选项如下。

help:查看帮助。

-list <Application ID>:获取应用程序尝试的列表。

-status <Application Attempt ID>:打印应用程序尝试的状态。

```
$yarn applicationattempt -help    #查看帮助
usage: applicationattempt
-help
-list <Application ID>
-status <Application Attempt ID>
```

查看应用 application_1663853681771_0001 所有的 attempt 的命令如下:

```
$yarn applicationattempt -list application_1663853681771_0001
22/09/22 22:59:06 INFO client.RMProxy: Connecting to ResourceManager at Master/
192.168.1.13:8032
```

```
Total number of application attempts :1
        ApplicationAttempt-Id                    State
AM-Container-Id                      Tracking-URL
appattempt_1663853681771_0001_000001              FINISHED
container_1663853681771_0001_01_000001
http://Master:8088/proxy/application_1663853681771_0001/
```

查看具体某一个 application attemp 的报告的命令如下：

```
$ yarn applicationattempt -status appattempt_1663853681771_0001_000001
Application Attempt Report :
    ApplicationAttempt-Id : appattempt_1663853681771_0001_000001
    State : FINISHED
    AMContainer : container_1663853681771_0001_01_000001
    Tracking-URL : http://Master:8088/proxy/application_1663853681771_0001/
    RPC Port : 32881
    AM Host : Master
    Diagnostics :
```

4. container

container 命令用来打印应用所使用的 Container 的统计信息，语法格式如下：

```
yarn container [options]
```

常用的命令选项如下。

-help：获取使用帮助。

-list <Application AttemptID>：应用程序尝试的 Containers 列表。

-status <ContainerID>：打印 Container 的状态。

```
$ yarn container -help        #查看使用帮助
usage: container
-help
-list <Application Attempt ID>
-status <Container ID>
```

查看某一个 application attemp 下所有的 Container 的命令如下：

```
$ yarn container -list appattempt_1663853681771_0001_000001
22/09/22 23:09:48 INFO client.RMProxy: Connecting to ResourceManager at Master/
192.168.1.13:8032
Total number of containers :0
Container-Id       Start Time      Finish Time      State      Host       Node
Http Address
```

3.3.3　管理命令

下列这些管理命令对 Hadoop 集群的管理员是非常有用的。

1. daemonlog

daemonlog 命令针对指定的守护进程，获取/设置日志级别，语法格式如下：

```
#打印运行在<host:port>的守护进程的日志级别
yarn daemonlog -getlevel <host:httpport><classname>
#设置运行在<host:port>的守护进程的日志级别
yarn daemonlog -setlevel <host:httpport><classname><level>
```

2. nodemanager

nodemanager 命令启动 NodeManager。

```
$ yarn nodemanager
23/01/29 14:53:24 INFO nodemanager.NodeManager: STARTUP_MSG:
/******************************************************
STARTUP_MSG: Starting NodeManager
STARTUP_MSG:    host =Master/127.0.1.1
STARTUP_MSG:    args =[]
STARTUP_MSG:    version =2.7.7
```

3. resourcemanager

resourcemanager 命令用于启动 ResourceManager,语法格式如下:

```
yarn resourcemanager [-format-state-store]
```

参数-format-state-store 的具体形式如下。

-refreshQueues:重载队列的 ACL,状态和调度器特定的属性,ResourceManager 将重载 mapred-queues 配置文件。

-refreshUserToGroupsMappings:刷新用户到组的映射。

-refreshSuperUserGroupsConfiguration:刷新用户组的配置。

-refreshAdminAcls:刷新 ResourceManager 的 ACL 管理。

-refreshServiceAclResourceManager:重载服务级别的授权文件。

-getGroups [username]:获取指定用户所属的组。

```
$ yarn resourcemanager -getGroups hadoop
23/01/29 15:06:48 INFO resourcemanager.ResourceManager: STARTUP_MSG:
/******************************************************
STARTUP_MSG: Starting ResourceManager
STARTUP_MSG:    host =Master/127.0.1.1
STARTUP_MSG:    args =[-getGroups, hadoop]
```

◇ 3.4 习　　题

1. YARN 是什么?

2. 什么是 YARN 的 ResourceManager?

3. 什么是 YARN 的 NodeManager?

4. YARN 运行应用程序的命令是什么?

MapReduce 分布式计算框架

Hadoop MapReduce 是 Google MapReduce 的一个开源实现，Hadoop MapReduce 是一种用于大数据并行处理的计算框架和平台，是目前分布式计算模型中应用较为广泛的一种。本章主要介绍 MapReduce 工作原理、MapReduce 工作机制、MapReduce 编程类、MapReduce 编程实现词频统计。

4.1 MapReduce 工作原理

MapReduce
工作原理

4.1.1 MapReduce 并行编程核心思想

MapReduce 是一种编程模型，用于大规模数据集（大于 1TB）的并行运算。MapReduce 的核心思想是"分而治之"。所谓"分而治之"就是将待求解的复杂问题，分解成等价的规模较小的若干部分，然后逐个解决，分别求得各部分的结果，把各部分的结果汇总得到整个问题的结果。

MapReduce 将复杂的运行于 Hadoop 集群上的并行计算过程抽象为 Map 和 Reduce 两个计算过程，分别对应一个函数，这两个函数由应用程序开发者负责具体实现，开发者不需要处理并行编程中的其他各种复杂问题，如分布式存储、工作调度、负载均衡、容错处理、网络通信等，这些问题全部由 MapReduce 框架负责处理，因而 MapReduce 编程变得非常容易，极大地方便了开发者在不会分布式并行编程的情况下，将自己的程序运行在分布式系统上。

在 MapReduce 中，一个存储在分布式文件系统中的大规模数据集会被切分成许多独立的小数据块，这些小数据块被分别提交给多个 Map 任务并行处理，Map 任务处理后所生成的结果作为多个 Reduce 任务的输入，由 Reduce 任务处理生成最终结果并将其写入分布式文件系统。

MapReduce 设计的一个理念是"计算向数据靠拢"，而不是"数据向计算靠拢"，因为移动数据需要大量的网络传输开销，尤其是在大规模数据处理环境下，所以移动计算要比移动数据更有利。基于这个理念，只要有可能，MapReduce 框架就会将 Map 程序就近地在 HDFS 数据所在的节点上运行，即将计算节点和存储节点合并为一个节点，从而减少节点间的数据移动开销。

4.1.2 Map 函数和 Reduce 函数

MapReduce 编程模型的核心是 Map 函数和 Reduce 函数，这两个函数由应用程序开发者负责具体实现。MapReduce 的 Map 函数和 Reduce 函数的核心思想源自于函数式编程的 map()函数和 reduce()函数。在 Python 语言的函数式编程中,map()和 reduce()函数的具体用法如下。

1. map()函数

map(func,seq1[,seq2,…]):第一个参数接受一个函数名,后面的参数接受一个或多个可迭代的列表,将 func()函数依次作用在列表 seq1[,seq2,…]同一位置处的元素上,得到一个由所有返回值组成的新列表。

(1) 当 map()函数只有一个列表 seq 时,返回一个由函数 func()作用于 seq 的每个元素上所得到的返回值组成的新列表。

```
>>>L=[1,2,3,4,5]
>>>list(map((lambda x: x+5), L))    #将列表 L 中的每个元素加 5
[6, 7, 8, 9, 10]
>>>def f(x):
    return x * 2
>>>L=[1, 2, 3, 4, 5]
>>>list(map(f, L))
[2, 4, 6, 8, 10]
```

(2) 当调用 map()函数时传递多个列表时,每个列表的同一位置的元素传入多元的 func()函数(有几个序列,func 就应该是几元函数),所得到的返回值组成 map()函数返回值列表中的元素。

```
>>>def add(a, b):                 #定义一个二元函数
    return a+b
>>>a=[1, 2, 3]
>>>b=[4, 5, 6]
>>>list(map(add, a, b))           #将 a,b 两个列表同一位置的元素相加求和
[5, 7, 9]
>>>list(map(lambda x , y : x ** y, [2, 4, 6],[3, 2, 1]))
[8, 16, 6]
>>>list(map(lambda x , y, z : x +y +z, (1, 2, 3), (4, 5, 6), (7, 8, 9)))
[12, 15, 18]
```

(3) 当调用 map()函数时传递多个列表时,若每个列表的元素数量不一样多,则会根据最少元素的列表进行 map()函数计算。

```
>>>list1 =[1, 2, 3, 4, 5, 6, 7]          #7 个元素
>>>list2 =[10, 20, 30, 40, 50, 60]       #6 个元素
>>>list3 =[100, 200, 300, 400, 500]      #5 个元素
>>>list(map(lambda x, y, z : x**2 +y +z, list1, list2, list3))
[111, 224, 339, 456, 575]
```

2. reduce()函数

reduce()函数在库 functools 里,如果要使用它,要从这个库里导入。reduce()函数的语法格式:

```
reduce(function, sequence[, initializer])
```

参数说明如下。

function:有两个参数的函数名。

sequence:列表对象。

initializer：可选,初始参数。

（1）不带初始参数 initializer 的 reduce() 函数：reduce(function, sequence),先将列表 sequence 的第 1 个元素作为 function() 函数的第 1 个参数,列表 sequence 的第 2 个元素作为 function() 函数第 2 个参数进行 function() 函数运算,然后将得到的返回结果作为下一次 function() 函数运算的第 1 个参数,并将列表 sequence 的第 3 个元素作为 function() 函数的第 2 个参数进行 function() 函数运算,得到的结果再与列表 sequence 的第 4 个元素进行 function() 函数运算,依次进行下去直到 sequence 中的所有元素都得到处理。

【例 4-1】　不带初始参数 initializer 的 reduce() 函数使用举例。

```
>>>from functools import reduce
>>>def add(x,y):
    return x+y
>>>reduce(add, [1, 2, 3, 4, 5])      #计算列表中元素的和:1+2+3+4+5
15
>>>reduce(lambda x, y: x * y, range(1, 11))   #求得 10 的阶乘
3628800
```

（2）带初始参数 initializer 的 reduce() 函数：reduce(function, sequence, initializer),先将初始参数 initializer 作为 function() 函数的第 1 个参数,列表 sequence 的第 1 个元素作为 function() 函数的第 2 个参数进行 function() 函数运算,然后将得到的返回结果的作为下一次 function() 函数运算的第 1 个参数,并将列表 sequence 的第 2 个元素作为 function() 的第 1 个参数进行 function() 函数运算,得到的结果再与列表 sequence 的第 3 个元素进行 function() 函数运算,依次进行下去直到列表 sequence 中的所有元素都得到处理。

【例 4-2】　带初始参数 initializer 的 reduce() 函数使用举例。

```
>>>from functools import reduce
>>>reduce(lambda x, y: x +y, [2, 3, 4, 5, 6], 1)
21
```

Hadoop 的 MapReduce 模型的 Map 函数和 Reduce 函数在函数式编程的 map() 和 reduce() 函数基础上进行了细微的扩展,Map 函数和 Reduce 函数接收键值对<key, value>类型的数据,同时这些函数的每一个输出也都是一个键值对<key, value>类型的数据。

◆ 4.2　MapReduce 工作机制

MapReduce 的执行流程如图 4-1 所示,将一个大数据文件通过一定的数据划分方法,划分成多个较小的具有同样计算过程的数据块,数据块以<key1, value1>键值对的形式表示,数据块之间不存在依赖关系,将这些数据块分给不同的 Map 任务(执行 map() 函数)去处理,每个 Map 任务通常运行在存储数据的节点上,也就是"计算向数据靠拢",而不是传统计算模式的"数据向计算靠拢"。这是因为移动大量数据需要的网络传输开销太大,同时也极大地降低了数据处理的效率,所以 MapReduce 框架和 HDFS 是运行在一组相同的节点上的。当 Map 任务执行结束后,会生成新的以<key2, value2>键值对形式表示的许多中间结果(保存在本地存储中,如本地磁盘)。然后,这些中间结果通过 shuffle 操作被划分成和 Reduce 任务数相等的多个分区,不同的分区被分发给不同的 Reduce 任务(执行 reduce() 函数)进行处理,具有相同 key2 的<key2, value>键值对会被发送到同一个 Reduce 任务那

里,Reduce 任务对中间结果进行汇总计算得到新的键值对作为最终结果,并输出到分布式
文件系统中。

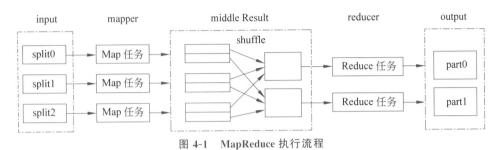

图 4-1　MapReduce 执行流程

不同的 Map 任务之间不会进行通信,不同的 Reduce 任务之间也不会发生任何信息交
换,用户不能显示地从一个计算节点向另一个计算节点发送消息,所有的数据交换都是通过
MapReduce 框架自身去实现的。

4.2.1　Map 任务工作机制

Map 任务作为 MapReduce 工作流程的前半部分,它主要经历了 6 个阶段,Map 任务的
运行过程如图 4-2 所示。

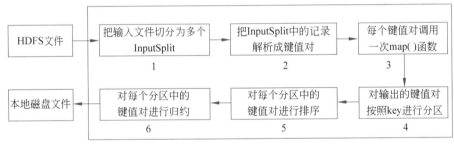

图 4-2　Map 任务的运行过程

关于 Map 任务这 6 个阶段的介绍如下。

(1) 把输入文件按照一定的标准切分为逻辑上的多个输入切片(InputSplit),InputSplit
是 MapReduce 对文件进行处理和运算的输入单位,只是一个逻辑概念,Map 任务并没有对
文件进行实际切割,每个 InputSplit 只是记录了要处理的数据的位置和长度。每个
InputSplit 的大小是固定的,InputSplit 默认的大小与数据块的大小是相同的。如果数据块
的大小是默认值 64MB,输入文件有两个,一个是 32MB,另一个是 72MB。那么小的文件是
一个 InputSplit,大文件会分为两个数据块,那么是两个 InputSplit,两个文件一共产生三个
InputSplit。

(2) 把 InputSplit 中的文本按照一定的规则解析成键值对,默认规则是把每一行解析
成一个键值对,键表示每行首字符相对于文件首的偏移值,值就是该行文本。

(3) 对第(2)阶段中解析出来的每一个键值对调用 map()函数进行处理,map()函数由
用户编程实现。如果有 1000 个键值对,就会调用 1000 次 map()函数。每一次调用 map()
函数都会输出零个或者多个键值对。

(4) 为了让 Reduce 任务可以并行处理 Map 任务输出的键值对,需要对 Map 任务输出

的键值对按照一定的规则进行分区(partition)。分区是基于键进行的,比如,键表示省份(如河北、河南、山东等),那么就可以按照不同省份进行分区,同一个省份的键值对划分到一个分区中。分区的数量等于 Reduce 任务的数量,默认只有一个 Reduce 任务。

(5) 对每个分区中的键值对进行排序。首先,按照键进行排序,对于键相同的键值对,按照值进行排序,如三个键值对<2,2>、<1,3>、<2,1>,那么排序后的结果是<1,3>、<2,1>、<2,2>。如果有第 6 阶段,那么进入第 6 阶段;如果没有,直接输出到本地磁盘上。

(6) 对每个分区中的数据进行规约处理,也就是 reduce()函数处理。键相同的键值对会调用一次 reduce()函数,得到<key,value-list>形式的中间结果,value-list 为键相同的 value 组成的列表。归约后的数据输出到本地磁盘上。本阶段默认是没有的,需要用户自己增加这一阶段的代码。

4.2.2　Reduce 任务工作机制

Reduce 任务的执行过程主要经历了 4 个阶段,分别是 copy 阶段、merge 阶段、sort 阶段和 reduce 阶段,如图 4-3 所示。

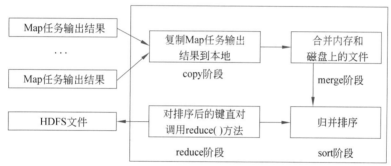

图 4-3　Reduce 任务的运行过程

关于 Reduce 任务的 4 个阶段的介绍如下。

(1) copy 复制阶段。Reduce 任务会主动复制 Map 任务输出的键值对,Map 任务可能会有很多。如果复制所生成的文件大小超过一定阈值,则将文件写到磁盘上,否则直接放到内存中。

(2) merge 合并阶段。在远程复制 Map 任务输出的同时,Reduce 任务启动了两个后台线程对内存和磁盘上的文件进行合并,以防止内存使用过多或磁盘上文件过多。

(3) sort 排序阶段。按照 MapReduce 语义,用户自定义 reduce()函数,其接收的输入数据是按 key 进行聚集的一组数据。Hadoop 采用了基于排序的策略将 key 相同的数据聚在一起。由于各个 Map 任务已经实现对自己的处理结果进行了局部排序,因此,Reduce 任务只需对所有数据进行一次归并排序即可。

(4) reduce 归约阶段。对排序后的键值对< key, value-list>调用 reduce()函数,键相等的键值对调用一次 reduce()函数,每次调用会产生零个或者多个键值对,最后把这些输出的键值对写入 HDFS 文件中。

在对 Map 任务、Reduce 任务的分析过程中,会看到很多阶段都出现了键值对,容易混淆,下面对键值对进行编号,如图 4-4 所示。

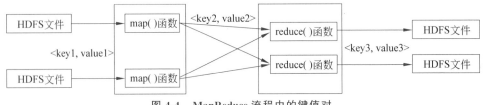

图 4-4 MapReduce 流程中的键值对

在图 4-4 中,对于 map()函数,输入的键值对定义为<key1,value1>。在 map()函数中处理后,输出的键值对定义为<key2,value2>。reduce()函数接收<key2,value2>,处理后,输出键值对<key3,value3>。在下文讨论键值对时,可能把<key1,value1>简写为<k1,v1>,<key2,value2>简写为<k2,v2>,<key3,value3>简写为<k3,v3>。

◆ 4.3 MapReduce 编程类

在 Java 语言中想把一个对象通过流进行读写,需要把它序列化和反序列化。Hadoop 的读写都是通过流来实现的,Hadoop 的对象读写操作也需要序列化。Java 语言的序列化是一个重量级序列化框架,一个对象被序列化后,会附带很多额外的信息(如各种校验信息、header、继承体系等),不便于在网络中高效传输。因此,Hadoop 没有沿用 Java 语言的数据类型,而是自己封装了一套数据类型,基本上都是 Writable 接口的实现类。常用的 Java 语言数据类型对应的 Hadoop 数据序列化类型如表 4-1 所示。

表 4-1 Java 语言数据类型对应的 Hadoop 数据序列化类型

Java 语言数据类型	Hadoop 数据序列化类型
boolean	BooleanWritable
byte	ByteWritable
int	IntWritable
float	FloatWritable
long	LongWritable
fouble	DoubleWritable
dtring	Text
map	MapWritable
array	ArrayWritable
byte[]	BytesWritable

序列化就是把内存中的对象,转换成字节序列(或其他数据传输协议)以便于存储到磁盘(持久化)和网络传输。反序列化就是将收到字节序列(或其他数据传输协议)或者是磁盘的持久化数据,转换成内存中的对象。

两种类型之间的相互转换:Hadoop 类型转换成 Java 语言数据类型用 get()转换方法;

Java 语言数据类型转换成 Hadoop 类型用 set()方法,具体示例如下。

```
int a =6;
IntWirteble  b =new IntWirteble();
b.set(a);                    //往 b 中传值
a +=b.get();                 //a 需要获取 b 的值并且相加
```

如果要编写一个 MapReduce 程序,需要借助 MapReduce 提供的一些编程类(组件)来实现,下面针对 MapReduce 编程中用到的常用类进行介绍。

4.3.1　InputFormat 数据输入格式类

在编写 MapReduce 程序的时候,作业可调用如下方法设置读取输入文件的格式:

```
job.setInputFormatClass(KeyVakueTextInputFormat.class)
```

这条语句保证了输入文件会按照预设的输入格式 KeyVakueTextInputFormat 被读取。所有的输入格式类都继承于抽象类 InputFormat,例如,用于读取普通文件的 FileInputFormat 子类、用于读取数据库文件的DBInputFromat 子类、用于读取 HBase 数据库的 TableInputFormat 子类等。

FileInputFormat 是所有基于文件进行数据输入的基类,是一个抽象类,其中主要是对 getSplits()方法进行了实现,用于从 HDFS 文件系统中读取文件并切片,返回一个文件所有的切片组成的列表,每个切片记录了文件的位置信息和长度信息。FileInputFormat 类并未对 createRecordReader 方法进行实现。FileInputFormat 类中的 getSplits()方法的代码如下。

```
public List<InputSplit>getSplits(JobContext job) throws IOException {
    //计算切片的最大和最小值,这两个值将用来计算切片的大小
    //这两个值可以通过 mapred.min.split.size 和 mapred.max.split.size 来设置
    long minSize =Math.max(getFormatMinSplitSize(), getMinSplitSize(job));
    long maxSize =getMaxSplitSize(job);

    // 生成逻辑切片
    //用 splits 链表来存储计算得到的 InputSplit 结果
    List<InputSplit>splits =new ArrayList<InputSplit>();
    // files 链表存储由 listStatus()方法获取的输入文件列表
    List<FileStatus>files =listStatus(job);
    for (FileStatus file : files) {
        Path path =file.getPath();
        FileSystem fs =path.getFileSystem(job.getConfiguration());
        long length =file.getLen();
        //获取该文件所有的 block 信息列表[hostname, offset, length]
        BlockLocation[] blkLocations =fs.getFileBlockLocations(file, 0,length);
        //判断文件是否可分割,通常是可分割的,但如果文件是压缩的,将不可分割
        if ((length ! =0) && isSplitable(job, path)) {
            long blockSize =file.getBlockSize();
            // 计算切片大小,也就是保证在 minSize 和 maxSize 之间
            //且如果 minSize<=blockSize<=maxSize,则设为 blockSize
            long splitSize =computeSplitSize(blockSize, minSize, maxSize);
            long bytesRemaining =length;
            //循环切片,当剩余数据与切片大小比值大于 SPLIT_SLOP 时
            //继续切,小于等于时,停止切片
```

```
            while (((double) bytesRemaining) / splitSize >SPLIT_SLOP) {
                int blkIndex =getBlockIndex(blkLocations, length-bytesRemaining);
                splits.add(new FileSplit(path, length -bytesRemaining,
                        splitSize, blkLocations[blkIndex].getHosts()));
                bytesRemaining -=splitSize;
            }
            //处理余下的数据
            if (bytesRemaining ! =0) {
                splits.add(new FileSplit(path, length -bytesRemaining,
                        bytesRemaining,
                        blkLocations[blkLocations.length -1].getHosts()));
            }
        } else if (length ! =0) {    //不可分割,整块返回
            splits.add(new FileSplit(path, 0, length, blkLocations[0]
                    .getHosts()));
        } else {   // 对于长度为 0 的文件,创建空 Hosts 列表,返回
            splits.add(new FileSplit(path, 0, length, new String[0]));
        }
    }
    // 设置输入文件数量
    job.getConfiguration().setLong(NUM_INPUT_FILES, files.size());
    return splits;
}
```

对上述代码中的部分内容做出如下解释。

```
long minSize =Math.max(getFormatMinSplitSize(), getMinSplitSize(job));
long maxSize =getMaxSplitSize(job);
```

这里是获取 InputSplit 的 size 的最小值和最大值,最小值 minSize 是通过取 getFor-matMinSplitSize()方法和 getMinSplitSize(job)方法中的较大值得到的,getFormatMin-SplitSize()方法的源码如下:

```
protected long getFormatMinSplitSize() {
    return 1;
}
```

直接返回 1,单位是 B。

返回的是从配置文件中读取 mapred.min.split.size 属性的 value 值,属性 mapred.min.split.size 是需要用户自己添加配置的,配置在 mapred-site.xml 文件中。因此,minSize 的值取决于用户配置的 mapred.min.split.size 和 1B 中的较大值。

InputSplit 的最大值 maxSize 的大小是由 getMaxSplitSize(job)方法确定的,源码如下:

```
public static long getMaxSplitSize(JobContext context) {
    return context.getConfiguration().getLong("mapred.max.split.size",Long.MAX_VALUE);
}
```

若 mapred.max.split.size 属性值读取不到,则返回 Long.MAX_VALUE,否则返回mapred.max.split.size 属性的值。

```
long splitSize =computeSplitSize(blockSize, minSize, maxSize);
```

确定 InputSplit 的大小,computeSplitSize 方法源码如下:

```
protected long computeSplitSize(long blockSize, long minSize,long maxSize) {
  return Math.max(minSize, Math.min(maxSize, blockSize));
}
```

blockSize 是 HDFS 的默认块大小。

获取到 splitSize 后,文件将被切分成大小为 splitSize 的 InputSplit,最后剩下不足 splitSize 的数据块单独成为一个 InputSplit。

文件切分的核心代码如下。

```
long bytesRemaining =length;
while (((double) bytesRemaining)/splitSize >SPLIT_SLOP) {
  int blkIndex =getBlockIndex(blkLocations, length-bytesRemaining);
   splits. add ( new FileSplit ( path, length - bytesRemaining, splitSize,
blkLocations[blkIndex].getHosts()));
  bytesRemaining -=splitSize;
}
if (bytesRemaining ! =0) {
  splits. add ( new FileSplit (path, length - bytesRemaining, bytesRemaining,
blkLocations[blkLocations.length-1].getHosts()));
}
```

其中,bytesRemaining 表示的是切分后,剩余的待切分的文件大小,初始值就是文件大小 length,splitSize 就是 InputSplit 的大小,SPLIT_SLOP 是一个常量值,定义如下:

```
private static final double SPLIT_SLOP =1.1;
```

意思就是当剩余文件大小 bytesRemaining 与 splitSize 的比值还大于 1.1 的时候,就继续切分,否则,剩下的直接作为一个 InputSplit。

```
splits. add ( new FileSplit ( path, length - bytesRemaining, bytesRemaining,
blkLocations[blkLocations.length-1].getHosts()));
```

这里四个参数表示的意思是当前 InputSplit 所在的(路径,起始位置,大小,所在的节点(host)列表)

从切片获取记录的工作由 FileInputFormat 类的具体子类来完成。FileInputFormat 类的子类不同,从切片获取记录的方式不同。

FileInputFormat 类 的 常 用 子 类 有: TextInputFormat、CombineFileInputFormat、KeyValueTextInputFormat、NLlineInputFormat、SequenceFileInputFormat 和 自 定 义 InputFormat 等。

1. TextInputFormat 类

TextInputFormat 是默认的 FileInputFormat 实现类,按行读取每条记录。每条记录是一行输入,键是该行在整个文件中的起始字节偏移量,值是这行的内容,不包括换行符和回车符。

比如,一个切片包含了如下 4 条文本记录:

```
Hello Hadoop
Hello HDFS
Hello Spark
Hello Scala
```

每条记录表示为以下键值对:

```
(0, Hello Hadoop)
(13, Hello HDFS)
(24, Hello Spark)
(36, Hello Scala)
```

很明显,键并不是行号。一般情况下,很难取得行号,因为文件按字节而不是按行切分。

2. KeyValueTextInputFormat 类

每一行均为一条记录,按照指定的分隔符分割每行,被分隔符分割为 key 和 value。如果一行当中存在多个指定分隔符,则只有第一个有效。可以在驱动类中通过如下方式设置分隔符:

```
conf.set(KeyValueLineRecordReader.KEY_VALUE_SEPERATOR, " ");
```

默认分隔符是 tab(\t)。

比如,输入是一个包含 4 条记录的切片。其中——>表示一个(水平方向的)制表符。

```
line1——>Hello Hadoop
line2——>Hello HDFS
line3——>Hello Spark
line4——>Hello Scala
```

每条记录表示为以下键值对:

```
(line1, Hello Hadoop)
(line2, Hello HDFS)
(line3, Hello Spark)
(line4, Hello Scala)
```

此时的键是每行排在制表符之前的 Text 序列。

3. NlineInputFormat 类

如果使用 NlineInputFormat 类,对每个 InputSplit 是按 NlineInputFormat 指定的行数 N 来划分的。即输入文件的总行数/N=切片数,如果不整除,切片数=商+1。

比如,输入文件的总行数为 4。

```
Hello Hadoop
Hello HDFS
Hello Spark
Hello Scala
```

如果 N 是 2,共分成两个切片,每个切片包含两行。切片 1 的每条记录表示为以下键值对:

```
(0, Hello Hadoop)
(13, Hello HDFS)
```

这里的键和值与 TextInputFormat 生成的一样。

4. CombineTextInputFormat 类

CombineTextInputFormat 类用于处理小文件过多的场景,它可以将多个小文件从逻辑上切分到一个切片中。CombineTextInputFormat 类在形成切片过程中分为虚拟存储过程和切片过程两个过程。

4.3.2　Mapper 类

1. Mapper 类简介

Mapper 类是实现 Map 任务的一个抽象基类,Mapper 类的主要作用是将输入的数据进行处理,输出键值对供 Reduce 任务使用。Mapper 类中最常用的方法是 map()方法,默认情况下,Mapper 基类中的 map()方法是没有做任何处理的,在实际数据处理时,需要创建 Mapper 抽象类的子类并重写 map()方法。

Mapper 基类代码如下:

```
public class Mapper<KEYIN, VALUEIN, KEYOUT, VALUEOUT>{
  public abstract class Context implements MapContext< KEYIN, VALUEIN, KEYOUT,
VALUEOUT>{}
/* setup()方法用于 Mapper 类实例化用户程序时,做一些初始化工作,如创建一个全局数据结
构,打开一个全局文件,或者建立数据库连接等 */
protected void setup(Context context) throws IOException, InterruptedException {}
/* map()方法承担主要的数据处理工作, key 是传入 map()方法的键,value 是键 key 对应的
value,context 该参数记录了作业运行的上下文信息,如作业配置信息、InputSplit 信息、任务
ID */
protected void map(KEYIN key, VALUEIN value, Context context) throws IOException,
InterruptedException {context.write((KEYOUT) key, (VALUEOUT) value);}
//cleanup()方法做收尾工作,如关闭文件或者执行 map()方法后的键值对的分发等
protected void cleanup(Context context) throws IOException, InterruptedException {}
public void run(Context context) throws IOException, InterruptedException {
  setup(context);
    try {
      while (context.nextKeyValue()) {
        map(context.getCurrentKey(), context.getCurrentValue(), context);
      }
    } finally {
      cleanup(context);
    }
  }
}
```

由上面的代码,可以看到,当调用到 map()方法时,通常会先执行一个 setup()方法,最后会执行一个 cleanup()方法。而默认情况下,这两个方法的内容都是空的。run()方法提供了 setup()方法→map()方法→cleanup()方法的执行模板。

MapReduce 框架为作业中的每一个 InputSplit 生成一个独立的 Map 任务,每个切片经过框架处理会变成多个键值对,这些键值对都存储在 Context 对象中,该对象具有 nextKeyValue()、getCurrentKey()、getCurrentValue()、write()方法。

可见 Mapper 类真正的执行逻辑位于 run()方法中,setup()方法和 cleanup()方法都是空的,分别在任务执行前后进行调用。默认的 map()方法中实际上未进行真正有价值的处理,只是将输入的键值对原封不动地通过 context.write()方法出去了,所以通常开发者都会根据实际应用重写 map()方法。

2. 创建 Mapper 类的子类 WordCountMapper 实现文档词频统计

下面编写 Mapper 类的一个子类 WordCountMapper 实现文档词频统计,样例代码如下:

```
import java.io.IOException;
import org.apache.hadoop.io.IntWritable;
import org.apache.hadoop.io.LongWritable;
import org.apache.hadoop.io.Text;
import org.apache.hadoop.mapreduce.Mapper;
public static class WordCountMapper extends Mapper< LongWritable, Text, Text,
IntWritable>
{ //前两个参数为输入 key 和 value 的数据类型,后两个参数为输出 key 和 value 的数据类型
    //定义一个静态常量 one 并将它的值初始化为 1
  private final static IntWritable one =new IntWritable(1);
   //定义一个静态 Text 类的引用 word
   private Text word =new Text();
    //完成词频统计的 map 方法
   public void map(LongWritable key, Text value, Mapper< LongWritable, Text,
Text, IntWritable>.Context context) throws IOException, InterruptedException
    {
      StringTokenizer itr =new StringTokenizer(value.toString());
       while(itr.hasMoreTokens())
       {  word.set(itr.nextToken());
          context.write(word, one);
       }
    }
}
```

上述代码中的 map(LongWritable key，Text value，Mapper＜LongWritable，Text，Text，IntWritable＞.Context context)方法有三个参数,含义如下。

LongWritable key：输入文件中每一行的起始位置。即从输入文件中解析出的＜key,value＞对中的 key 值。

Text value：输入文件中每一行的内容。即从输入文件中解析出的＜key,value＞对中的 value 值。

Mapper＜LongWritable，Text，Text，IntWritable＞.Context context：程序上下文,用来传递数据及其他运行状态信息,map 中的 key、value 写入 context,传递给 Reducer 任务进行 reduce()函数处理。

4.3.3 Combiner 合并类

通常,每个 Map 任务可能产生大量的输出,Combiner 作用就是对 Map 任务的输出先做一次局部汇总,以减少传输给 Reduce 任务的数据量,节省网络资源。很多 MapReduce 程序受限于集群上可用的带宽,所以它会尽量最小化需要在 Map 任务和 Reduce 任务之间传输的中间数据。

Combiner 类的父类就是 Reducer,Combiner 类和 Reducer 类的区别主要在于运行位置,Combiner 类在每一个 Map 任务所在的节点运行,Reducer 类是在接收全局所有 Map 任务的输出结果后执行。

下面给出 MapReduce 求班级成绩最大值的示例。

21 班的成绩数据读取是由两个 Map 任务完成的。

第一个 Map 任务输出
(21,80);(21,90);(21,85)
第二个 Map 任务输出
(21,85);(21,88)
而 Reduce 任务得到的输入为(21,[80,90,85,85,88]),输出为(21, 90)

90 是集合中的最大值,可以使用一个类似于 Reducer 类的 Combiner 类来找每个 Map 任务输出中的最大值,这样 Reduce 任务得到的输入就变成以下内容:

(21,[90, 88])

并不是所有的场景都可以使用 Combiner 类,如适合于 Sum()函数求和,并不适合 Average()函数求平均数。例如,求 0、20、10、25 和 15 的平均数,直接使用 Reducer 类求平均数 Average(0,20,10,25,15),得到的结果是 14,如果先使用 Combiner 类分别对不同 Mapper 结果求平均数,Average(0,20,10)=10,Average(25,15)=20,再使用 Reducer 类求平均数 Average(10,20),得到的结果为 15,很明显求平均数并不适合使用 Combiner 类。

4.3.4　Partitioner 分区类

Partitioner 类处于 Mapper 类阶段,Mapper 类处理后的数据,交由 Partitioner 类将他们分到不同的分区,不同分区的数据交给不同的 Reducer 类处理。对于 Map 任务输出的每一个键值对,系统都会将其分到一个分区中,分到哪个分区默认是通过计算键的 hash 值对 Reduce 任务的个数取模得到的。用户没法控制哪个键值对存储到哪个分区。所以想要控制键值对分到哪一个分区,需要自定义分区。

用户自定义分区类,需要继承 Partitioner 类,实现它提供的一个方法。自定义分区类的示例代码如下:

```java
public class WordCountPartitioner extends Partitioner<Text, IntWritable>{
    public int getPartition(Text key, IntWritable value, int numPartitions) {
        int a =key.hashCode()%numPartitions;
        if(a>=0)
            return a;
        else
            return 0;
    }
}
```

前两个参数分别为 Map 任务的 key 和 value。numPartitions 为 Reduce 任务的个数,用户可以自己设置。

4.3.5　Sort 排序类

Sort 类是 Map 任务过程所产生的中间数据在送给 Reduce 任务进行处理之前所要经过的一个过程。当 map()函数处理完输入数据之后,会将中间数据存在本地的一个或者几个文件中,Sort 类针对这些文件内部的数据进行一次快速的升序排序。然后,系统会对这些排好序的文件做一次归并排序,并将排好序的结果输出到一个大的文件中。

4.3.6　Reducer 归约类

Map 任务输出的中间键值对集合[(k2，v2)]经过合并处理后,把键相同的键值对的值合并到一个列表里得到中间结果(k2，[v2])。因此 Reduce 类任务的输入是(k2，[v2])，Reducer 对传入的中间结果列表数据进行某种整理或进一步的处理，并产生最终的某种形式的结果输出[(k3，v3)]。

Hadoop 自带的 IntSumReducer 类实现了单词计数的功能，源码如下。

```
package org.apache.hadoop.mapreduce.lib.reduce;
import java.io.IOException;
import org.apache.hadoop.classification.InterfaceAudience;
import org.apache.hadoop.classification.InterfaceStability;
import org.apache.hadoop.io.IntWritable;
import org.apache.hadoop.mapreduce.Reducer;
public class IntSumReducer < Key > extends Reducer < Key, IntWritable, Key,
IntWritable>{
  private IntWritable result =new IntWritable();
  public void reduce(Key key, Iterable< IntWritable > values, Context context)
throws IOException, InterruptedException {
    int sum =0;
    for (IntWritable val : values) {
      sum +=val.get();
    }
    result.set(sum);
    context.write(key, result);
  }
}
```

4.3.7 OutputFormat 输出格式类

OutputFormat 是一个用于描述 MapReduce 作业的数据输出格式和规范的抽象类。OutputFormat 抽象类负责把 Reduce 任务处理完成的<key，value>写出到本地磁盘或 HDFS 上，默认所有计算结果会以 part-r-00000 的命名方式输出成多个文件，并且输出的文件数量与 Reduce 任务数量一致。00000 是关联到某个 Reduce 任务的分区的 ID 号。

OutputFormat 抽象类的具体代码如下：

```
public abstract class OutputFormat<K, V>{
    //获取具体的数据写出对象 RecordWriter
    public abstract RecordWriter<K, V>getRecordWriter(TaskAttemptContext context)
     throws IOException, InterruptedException;
    //检查输出配置信息是否正确
    public abstract void checkOutputSpecs(JobContext context)
     throws IOException, InterruptedException;
    //获取输出 job 的提交者对象
    public abstract OutputCommitter getOutputCommitter(TaskAttemptContext context)
     throws IOException, InterruptedException;
}
```

MapReduce 提供多种输出格式，用户可以灵活设置输出的路径、文件名、输出格式等。OutputFormat 类常见的输出格式实现类包括 TextOutputFormat、SequenceFileOutputFormat 和 DBOutputFormat。

1. 文本输出格式 TextOutputFormat

MapReduce 默认的输出格式为 TextOutputFormat，它主要用来将文本数据输出到

HDFS 上，TextOutputFormat 格式的键和值可以是任意类型的，因为该输出方式会调用 toString()方法将它们转化为字符串。TextOutputFormat 把每条记录写为文本行。每个键值对由制表符进行分割，也可以通过设定 mapreduce.output.textoutputformat.separator 属性的值改变默认的分隔符。

2. 顺序文件输出格式 SequenceFileOutputFormat

SequenceFileOutputFormat 将输出写为一个二进制顺序文件，由于它的格式紧凑，并且很容易被压缩，因此如果输出需要作为后续 MapReduce 任务的输入，这便是一种好的输出格式。

3. 数据库输出格式 DBOutputFormat

适用于将作业输出数据（数据量太大不适合）存到 MySQL、Oracle 等数据库，在写出数据时会并行连接数据库，需要设置合适的 Map、Reduce 任务个数以便将并行连接的数量控制在合理的范围之内。

4. 自定义输出格式

根据用户需求，自定义实现输出格式。

◇　4.4　MapReduce 编程实现词频统计

4.4.1　WordCount 执行流程

与学习编程语言时采用 Hello World 程序作为入门示例程序不同，在大数据处理领域常使用 WordCount 程序作为入门程序。WordCount 是 Hadoop 自带的示例程序之一，其功能是统计输入文件（也可以是输入文件夹内的多个文件）中每个单词出现的次数。WordCount 的基本设计思路是分别统计每个文件中单词出现的次数，然后累加不同文件中同一个单词出现次数。WordCount 执行流程包括以下几个阶段。

（1）将文件拆分成若干个切片（split），测试用到的两个文件内容如图 4-5 所示。

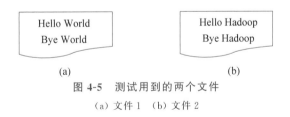

Hello World	Hello Hadoop
Bye World	Bye Hadoop
(a)	(b)

图 4-5　测试用到的两个文件

（a）文件 1　（b）文件 2

因为测试用到的两个文件较小，所以每个文件为一个 split，两个 split 交给两个 Map 任务并行处理，并将文件按行分割形成＜key1，value1＞对，key1 为偏移量（包括回车符），value1 为文本行，这一步由 MapReduce 框架自动完成，如图 4-6 所示。

（2）将分割好的＜key1，value1＞对交给用户定义的 map()函数进行处理，map()函数以每个单词为键 key2、以 1（词频数）作为键 key2 对应的值 value2 生成新的键值对＜key2，value2＞，然后输出，如图 4-7 所示：

（3）得到 map()函数输出的＜key2，value2＞对后，Mapper 类会将它们按照 key 值进行排序，并执行 Combine 类过程，将 key 值相同的 value 值累加，得到 Mapper 类的最终输出

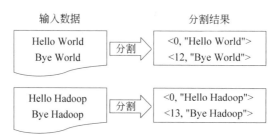

图 4-6　将文件按行分割形成＜key1,value1＞对

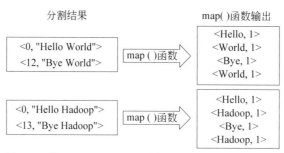

图 4-7　将＜key1,value1＞对转化为＜key2,value2＞对

结果,如图 4-8 所示。

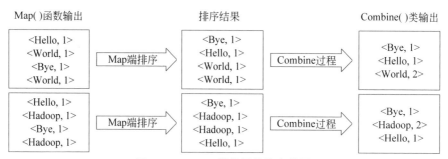

图 4-8　Mapper 类的最终输出结果

（4）Reducer 类先对从 Mapper 类接收的数据进行排序,再交由用户自定义的 reduce( )函数进行处理,将相同主键下的所有值相加,得到新的＜key3,value3＞对作为最终的输出结果,如图 4-9 所示。

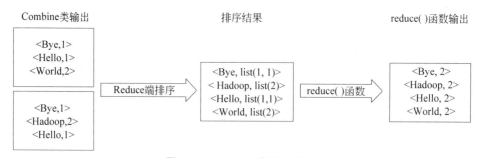

图 4-9　reduce( )函数处理结果

4.4.2　WordCount 具体实现

1. 启动 Hadoop

执行下面命令启动 Hadoop：

```
$cd /usr/local/hadoop
$./sbin/start-dfs.sh
```

2. 创建数据文件

在 Linux 操作系统本地/home/hadoop/目录创建两个 TXT 输入文件，即文件 wordfile1.txt 和 wordfile2.txt。

文件 wordfile1.txt 的内容如下：

```
I love MapReduce
I love Hadoop
I love programming
```

文件 wordfile2.txt 的内容如下：

```
Hadoop is good
MapReduce is good
```

将文件 wordfile1.txt 和 wordfile2.txt 上传到分布式文件系统 HDFS 中的/user/hadoop/input 目录中，创建 input 目录的命令如下：

```
$cd /usr/local/hadoop
$./bin/hdfs dfs -mkdir input          #在 HDFS 中 hadoop 用户目录下创建 input 目录
$./bin/hdfs dfs -put /home/hadoop/wordfile1.txt input    #把 wordfile1.txt 上传到 input
$./bin/hdfs dfs -put /home/hadoop/wordfile2.txt input    #把 wordfile2.txt 上传到 input
$./bin/hdfs dfs -ls /user/hadoop/input          #列出/user/hadoop/input 目录下的内容
Found 2 items
-rw-r--r--   1 hadoop supergroup         50 2022-09-26 15:40 input/wordfile1.txt
-rw-r--r--   1 hadoop supergroup         33 2022-09-26 15:40 input/wordfile2.txt
```

3. 运行 Hadoop 中自带的 WordCount 程序

运行 Hadoop 中自带的 WordCount 程序，命令如下：

```
$./bin/hadoop jar ./share/hadoop/mapreduce/hadoop-mapreduce-examples-2.7.7.
jar wordcount input output
```

上述命令执行完成后，词频统计结果会被写入了 HDFS 的/user/hadoop/output 目录中，可以执行如下命令查看词频统计结果：

```
$cd /usr/local/hadoop
$./bin/hdfs dfs -cat output/*
```

上面的命令执行后，会在屏幕上显示如下词频统计结果：

```
Hadoop      3
Hive      1
I      3
MapReduce      2
Spark      1
good      2
is      2
love      3
programming      1
```

注意:Hadoop 运行程序时,输出目录不能存在,否则会提示错误信息。因此,若要再次执行 WordCount 程序,需要执行如下命令删除 HDFS 中的 output 目录:

```
$ ./bin/hdfs dfs -rm -r output        #删除 output 目录
```

4. WordCount 的源码

在编写词频统计的 Java 程序时,需要新建一个名称为 WordCount.java 的文件,该文件包含了完整的词频统计程序代码,具体如下:

```java
import java.io.IOException;
import java.util.StringTokenizer;
import org.apache.hadoop.conf.Configuration;
import org.apache.hadoop.fs.Path;
import org.apache.hadoop.io.IntWritable;
import org.apache.hadoop.io.Text;
import org.apache.hadoop.mapreduce.Job;
import org.apache.hadoop.mapreduce.Mapper;
import org.apache.hadoop.mapreduce.Reducer;
import org.apache.hadoop.mapreduce.lib.input.FileInputFormat;
import org.apache.hadoop.mapreduce.lib.output.FileOutputFormat;
import org.apache.hadoop.util.GenericOptionsParser;
public class WordCount {
    public static void main(String[] args) throws Exception {
        //Configuration 类读取配置文件 core-site.xml 的内容,获取配置信息
        Configuration conf =new Configuration();
        //获取执行任务时传入的参数,如输入数据所在路径、输出文件的路径等
        String[] otherArgs =(new GenericOptionsParser(conf, args)).getRemainingArgs();
        /*
        因为任务正常运行至少要给出输入和输出文件的路径,所以如果传入的参数
        少于两个,程序肯定无法运行
        */
        if(otherArgs.length <2) {
            System.err.println("Usage: wordcount <in> [<in>...] <out>");
            System.exit(2);
        }
        //创建一个 job,设置名称叫 word count
        Job job =Job.getInstance(conf, "word count");
        //设置 job 运行的主类
        job.setJarByClass(WordCount.class);
        //设置 job 的 map 阶段的执行类
        job.setMapperClass(WordCount.TokenizerMapper.class);
        //设置 job 的 combine 阶段的执行类
        job.setCombinerClass(WordCount.IntSumReducer.class);
        //设置 job 的 reduce 阶段的执行类
        job.setReducerClass(WordCount.IntSumReducer.class);
        //设置程序的输出的 key 值的类型
        job.setOutputKeyClass(Text.class);
        //设置程序的输出的 value 值的类型
        job.setOutputValueClass(IntWritable.class);
        for(int i =0; i <otherArgs.length -1; ++i) {
            //获取给定的参数,为 job 设置输入文件所在路径
            FileInputFormat.addInputPath(job, new Path(otherArgs[i]));
        }
```

```
        //获取给定的参数,为 job 设置输出文件所在路径
        FileOutputFormat.setOutputPath(job, new Path(otherArgs[otherArgs.
length-1]));
        //等待任务完成,任务完成之后退出程序
        System.exit(job.waitForCompletion(true)?0:1);  //结束程序
    }
    public static class TokenizerMapper extends Mapper<Object, Text,
        Text, IntWritable>{
        //每个单词出现后就置为 1,因此可声明为值为 1 的常量
        private static final IntWritable one =new IntWritable(1);  //VALUEOUT
        private Text word =new Text();  //KEYOUT
        /**
         * 重写 map()函数,读取初试划分的每一个键值对,
         * 即行偏移量和一行字符串,key 为偏移量,value 为该行字符串
         */
    public void map(Object key, Text value, Context context) throws IOException,
InterruptedException {
            /**
             * 因为每一行就是一个 spilt,所以参数 key 就是偏移量,value 就是一行
             * 字符串,将每行的单词进行分割,
             * 按照空格(' ')、制表符('\t')、换行符('\n')、回车符('r\')、换页('\f')进行分割
             */
            StringTokenizer itr =new StringTokenizer(value.toString());
            //遍历
            while(itr.hasMoreTokens()) {
                //获取每个值并设置 map()函数输出的 key 值
                word.set(itr.nextToken());
                /* one 代表 1,最开始每个单词都是 1 次,context 直接将<word,1>写到
                 * 本地磁盘上,write()函数直接将两个参数封装成<key,value>
                 */
                context.write(word, one);
            }
        }
    }
    public static class IntSumReducer extends Reducer<Text, IntWritable, Text,
    IntWritable>{
     //输出结果,单词出现的总次数
     private IntWritable result =new IntWritable();
     public void reduce(Text key, Iterable<IntWritable>values, Context context)
        throws IOException, InterruptedException {
        int sum =0;  //累加器,累加每个单词出现的次数
        //遍历 values
        for (IntWritable val : values) {
          sum +=val.get();  //累加
        }
        result.set(sum);                //设置输出 value
        context.write(key, this.result);  //context 输出 reduce()函数的结果
      }
    }
}
```

4.4.3 使用 Eclipse 编译运行词频统计程序

1. 在 Eclipse 中创建项目

Eclipse 启动后，选择 File→New→Java Project 选项，创建一个 Java 工程，弹出如图 4-10 所示的 New Java Project。

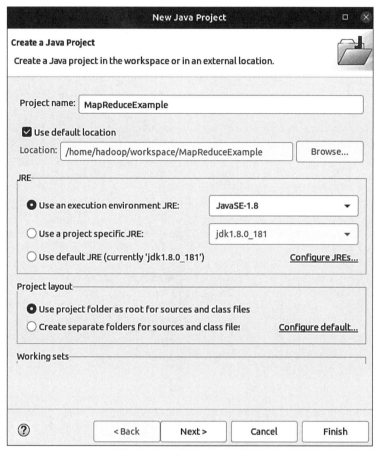

图 4-10 新建 Java 工程界面

在 Project name 文本框中输入工程名称 MapReduceExample，勾选 Use default location 复选框，使 Java 工程的所有文件都保存到/home/hadoop/eclipse-workspace/MapReduceExample 目录下。在 JRE 选项卡中，可以选择当前的 Linux 操作系统中已经安装好的 JDK，如 jdk1.8.0_181。在 Project layout 选项卡中，选中 Use project folder as root for sources and class files 单选按钮，使 JAVA 文件和 CLASS 文件在同一个目录下，方便访问。然后单击 Next 按钮。

2. 为项目添加需要用到的 JAR 包

单击 Next 按钮后，会进入如图 4-11 所示的 Java Settings 界面。

需要在这个界面中加载该 Java 工程所需要用到的 JAR 包，这些 JAR 包中包含了可以访问 HDFS 的 Java API。这些 JAR 包都位于 Linux 操作系统的 Hadoop 安装目录下，对于本书而言，就是在/usr/local/hadoop/share/hadoop 目录下。单击对话框中的 Libraries 选

图 4-11　Java Settings 界面

项卡,然后单击右侧的 Add External JARs 按钮,弹出如图 4-12 所示的 JAR Selection 对话框。

图 4-12　JAR Selection 对话框

为了编写一个 MapReduce 程序,一般需要向 Java 工程中添加以下 JAR 包。

(1) /usr/local/hadoop/share/hadoop/common 目录下的 hadoop-common-2.7.7.jar 和 hadoop-nfs-2.7.7.jar。

(2) /usr/local/hadoop/share/hadoop/common/lib 目录下的所有 JAR 包。

(3) /usr/local/hadoop/share/hadoop/mapreduce 目录下的 hadoop-mapreduce-client-app-2.7.7.jar 等 JAR 包,具体如图 4-13 所示。

(4) /usr/local/hadoop/share/hadoop/mapreduce/lib 目录下的所有 JAR 包。

全部添加完毕以后,可以单击 Finish 按钮,完成 Java 工程 MapReduceExample 的创建。

图 4-13　添加 mapreduce 目录下的 JAR 包

3. 编写 Java 应用程序

下面编写 Java 应用程序 WordCount.java。在 Eclipse 工作窗口左侧的 Package Explorer 面板中找到创建好的 MapReduceExample 工程，然后在该工程名称上右击，在弹出的快捷菜单中选择 New→Class 选项。

选择 New→Class 选项以后会弹出 New Java Class 对话框，如图 4-14 所示。在该界面中，只需要在 Name 文本框中输入新建的 Java 类文件的名称，本书采用名称 WordCount，勾选 public static void main(String[] args)复选框，其他都可以采用默认设置。

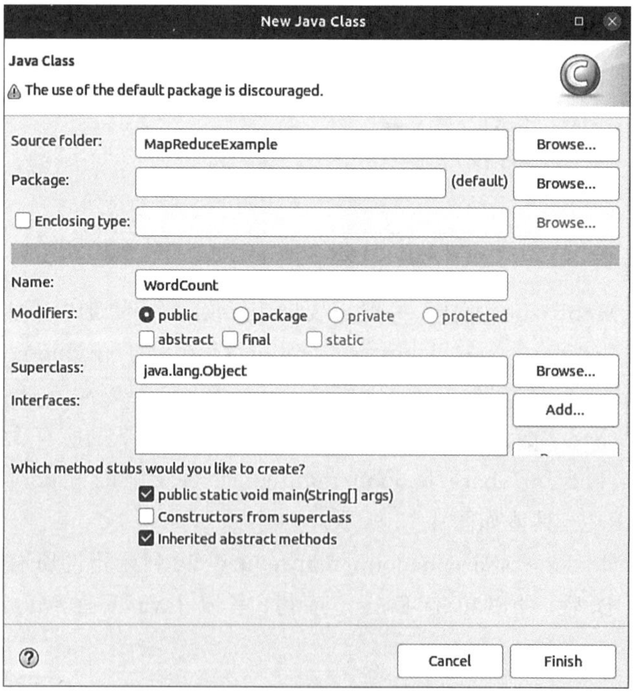

图 4-14　New Java Class 对话框

　　然后单击 Finish 按钮,返回如图 4-15 所示的窗口。可以看出,Eclipse 自动创建了一个名为 WordCount.java 的源代码文件,并且包含了代码 public class WordCount{ },清空该文件里面的代码,然后在该文件中输入 4.4.2 节已经给出的完整的词频统计程序代码。

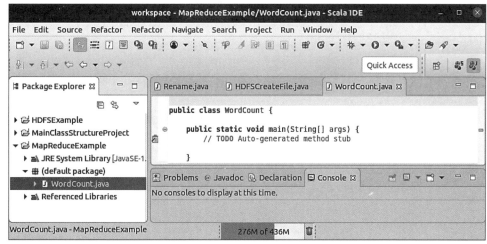

图 4-15　新建 WordCount 类文件后的 Eclipse 窗口

4. 编译打包程序

　　现在就可以编译上面编写的代码。选择 Run→Run as→Java Application 选项,然后在弹出的 Save and Launch 对话框中单击 OK 按钮,开始运行程序。程序运行结束后,会在底部的 Console 面板中显示运行结果信息,如图 4-16 所示。

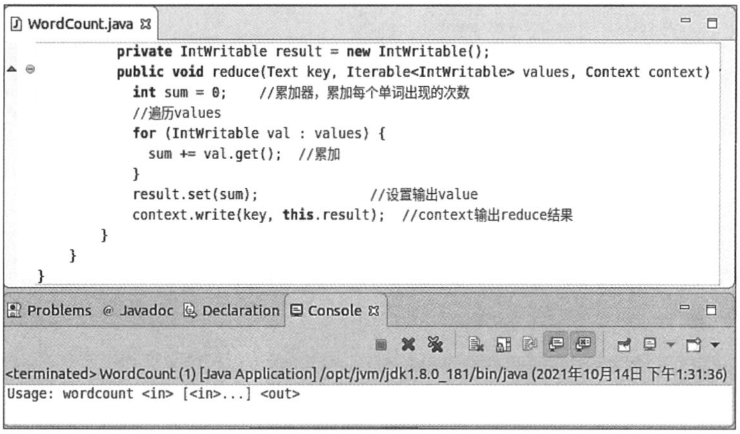

图 4-16　WordCount.java 运行结果

　　下面就可以把 Java 应用程序打包生成 JAR 包,部署到 Hadoop 平台上运行。首先在 Hadoop 安装目录下新建一个名称为 myapp 的目录,用来存放编写的 Hadoop 应用程序,现在可以把词频统计程序放在 myapp 目录下,具体实现过程如下。

　　在 Eclipse 工作窗口左侧的 Package Explorer 面板中右击 MapReduceExample 工程,从弹出的快捷菜单中选择 Export 选项,然后会弹出 Export 对话框,如图 4-17 所示。

　　在图 4-17 对话框中,单击 Java 左侧的下三角按钮,选择 Runnable JAR file 选项,然后单击 Next 按钮,弹出如图 4-18 所示的 Runnable JAR File Export 对话框。

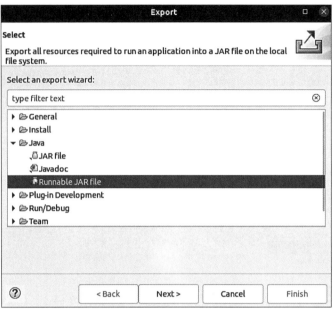

图 4-17　导出程序类型选择

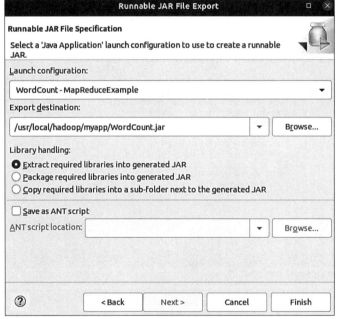

图 4-18　导出程序选项设置

　　在图 4-18 对话框中，Launch configuration 用于设置生成的 JAR 包被部署启动时运行的主类，需要在下拉列表框中选择刚才配置的类 WordCount-MapReduceExample。单击 Export destination 右侧的 Browse 按钮，在弹出的对话框中，输入要保存 JAR 包的文件名，选择保存目录，例如，本书设置为/usr/local/hadoop/myapp/WordCount.jar，单击 OK 按钮。在 Library handling 下面选中 Extract required libraries into genernated JAR 单选按

钮,然后单击 Finish 按钮,会弹出如图 4-19 所示 Runnable JAR File Export 对话框的一个提示信息,可以忽略该对话框的提示信息,直接单击 OK 按钮,启动打包过程。

图 4-19　导出程序时的提示信息

打包过程结束后,会弹出 Runnable JAR File Export 对话框的一个警告信息,如图 4-20所示。

图 4-20　导出程序时的警告信息

可以忽略该对话框的警告信息,直接单击 OK 按钮。至此,已经顺利把 MapReduce-Example 工程打包生成了 WordCount.jar。可以到 Linux 操作系统中查看一下生成的WordCount.jar 文件,可以在 Linux 操作系统的终端中执行如下命令:

```
$ cd /usr/local/hadoop/myapp
$ ls
```

可以看到,/usr/local/hadoop/myapp 目录下已经存在一个 WordCount.jar 文件。

5. 运行程序

运行程序之前,需要在 Master 节点上启动 Hadoop 集群,命令如下:

```
$ cd /usr/local/hadoop
$ ./sbin/start-dfs.sh
$ ./sbin/start-yarn.sh
```

伪分布式模式下执行如下命令启动 Hadoop:

```
$ ./sbin/start-dfs.sh
```

启动 Hadoop 集群之后,在 HDFS 的 hadoop 用户的用户目录/user/hadoop 下创建input 目录,命令如下:

```
$ hdfs dfs -mkdir /user/hadoop/input
```

然后把 Linux 操作系统本地文件系统中的两个文件 wordfile1.txt 和 wordfile2.txt(假

设这两个文件位于"/home/hadoop/桌面"目录下),上传到 HDFS 中的/user/hadoop/input 目录下,命令如下:

```
$hdfs dfs -put /home/hadoop/桌面/wordfile1.txt /user/hadoop/input
$hdfs dfs -put /home/hadoop/桌面/wordfile2.txt /user/hadoop/input
```

现在就可以在 Linux 操作系统中,执行 hadoop jar 命令运行程序,命令如下:

```
$ ./bin/hadoop jar /usr/local/hadoop/myapp/WordCount.jar /user/hadoop/input /
user/hadoop/output
```

词频统计结果已经被写入了 HDFS 的/user/hadoop/output 目录中,可以执行如下命令查看词频统计结果:

```
$cd /usr/local/hadoop
$./bin/hdfs dfs -cat output/*
```

上面的命令执行后,会在屏幕上显示如下词频统计结果:

```
Hadoop      2
I      3
MapReduce      2
good      2
is      2
love      3
programming      1
```

注意:Hadoop 运行程序时,输出目录不能存在,否则会提示错误信息。因此,若要再次执行 WordCount.jar 程序,需要执行如下命令删除 HDFS 中的 output 文件夹:

```
$./bin/hdfs dfs -rm -r output      #删除 output 文件夹
```

◆ 4.5 习   题

1. MapReduce 的 Map 任务数量和 Reduce 任务数量是由什么决定的?

2. 概述 MapTask 和 ReduceTask 工作机制。

3. 描述 MapReduce 有几种排序及排序发生的阶段。

4. Combiner 合并类出现在哪个过程,举例说明什么情况下可以使用 Combiner 合并类,什么情况下不可以。

5. MapReduce 的输出文件个数由什么决定?

6. 试述 MapReduce 的工作流程。

第 5 章

HBase 分布式数据库

HBase 是一个高可靠性、高性能、基于列进行数据存储的分布式数据库,可以随着存储数据的不断增加而实时、动态地增加列。本章主要介绍 HBase 系统架构和数据访问流程、HBase 数据表、HBase 安装与配置、HBase 的 Shell 操作、HBase 的 Java API 操作、HBase 案例实战和利用 Python 语言操作 HBase。

5.1 HBase 概述

HBase 概述

5.1.1 HBase 的技术特点

HBase 是一个建立在 HDFS 之上的分布式数据库。HBase 的主要技术特点如下。

(1)容量大。HBase 中的一个表可以存储数十亿行、上百亿列。当关系数据库的单个表的记录在亿级时,查询和写入的性能都会呈现指数级下降;而 HBase 对于单表存储百亿级或更多的数据都没有性能问题。

(2)无固定模式(表结构不固定)。HBase 可以根据需要动态地增加列,同一张表中不同的行可以有截然不同的列。

(3)列式存储。HBase 中的数据在表中是按照列存储的,可动态地增加列,并且可以单独对列进行各种操作。

(4)稀疏性。HBase 的表中的空列不占用存储空间,表可以非常稀疏。

(5)数据类型单一。HBase 中的数据都是字符串。

5.1.2 HBase 与传统关系数据库的区别

HBase 与传统关系数据库的区别主要体现在以下几方面。

(1)数据类型方面。关系数据库具有丰富的数据类型,如字符串型、数值型、日期型、二进制型等。HBase 只有字符串数据类型,即 HBase 把数据存储为未经解释的字符串,数据的实际类型都是交由用户自己编写程序对字符串进行解析的。

(2)数据操作方面。关系数据库包含了丰富的操作,如插入、删除、更新、查询等,其中还涉及各式各样的函数和连接操作。HBase 只有很简单的插入、查询、删除、清空等操作,表和表之间是分离的,没有复杂的表和表之间的关系。

（3）存储模式方面。关系数据库是基于行存储的。在关系数据库中读取数据时，需要按顺序扫描每个元组，然后从中筛选出要查询的属性。HBase 是基于列存储的。HBase 将列划分为若干列族(column family)，每个列族都由几个文件保存，不同列族的文件是分离的。它的优点是：可以降低 I/O 开销，支持大量并发用户查询，仅需要处理要查询的列，不需要处理与查询无关的大量数据列。

（4）数据维护方面。在关系数据库中，更新操作会用最新的当前值替换元组中原来的旧值。而 HBase 执行的更新操作不会删除数据旧的版本，而是添加一个新的版本，旧的版本仍然保留。

（5）可伸缩性方面。HBase 分布式数据库就是为了实现灵活的水平扩展而开发的，所以它能够轻松增加或减少硬件的数量以实现性能的伸缩。而传统数据库通常需要增加中间层才能实现类似的功能，很难实现横向扩展，纵向扩展的空间也比较有限。

5.1.3 HBase 与 Hadoop 中其他组件的关系

HBase 作为 Hadoop 生态系统的一部分，一方面它的运行依赖于 Hadoop 生态系统中的其他组件；另一方面，HBase 又为 Hadoop 生态系统的其他组件提供了强大的数据存储和处理能力。HBase 与 Hadoop 生态系统中其他组件的关系如图 5-1(同图 1-1)所示。

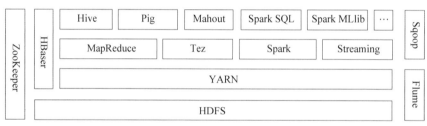

图 5-1 HBase 与 Hadoop 生态系统中其他组件的关系

HBase 使用 HDFS 作为高可靠的底层存储，利用廉价集群提供海量数据存储能力。

HBase 使用 MapReduce 处理海量数据，实现高性能计算。

HBase 用 ZooKeeper 提供协同服务，ZooKeeper 用于提供高可靠的锁服务。ZooKeeper 保证了集群中所有的计算机看到的视图是一致的。例如，节点 A 通过 ZooKeeper 抢到了某个独占的资源，那么就不会有节点 B 也宣称自己获得了该资源(因为 ZooKeeper 提供了锁机制)，并且这一事件会被其他所有的节点观测到。HBase 使用 ZooKeeper 服务进行节点管理及表数据的定位。

此外，为了方便在 HBase 上进行数据处理，Sqoop 为 HBase 提供了高效、便捷的 RDBMS 数据导入功能，Pig 和 Hive 为 HBase 提供了高层语言支持。

◆ 5.2 HBase 系统架构和数据访问流程

HBase 系统架构和数据访问流程

5.2.1 HBase 系统架构

HBase 采用主从架构，由客户端、HMaster 服务器、HRegionServer 和 ZooKeeper 服务器构成。在底层，HBase 将数据存储于 HDFS 中。HBase 系统架构如图 5-2 所示。

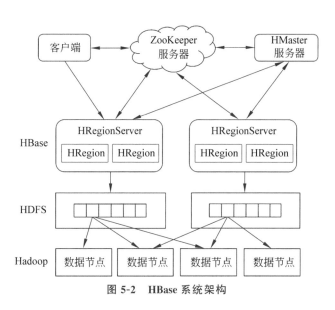

图 5-2　HBase 系统架构

1. 客户端

客户端包含访问 HBase 的接口，同时在缓存中维护着已经访问过的 HRegion 位置信息，用来加快后续数据访问过程。HBase 客户端使用远程过程调用（Remote Procedure Call，RPC）机制与 HMaster 服务器和 HRegionServer 进行通信。对于管理类操作，客户端与 HMaster 服务器进行 RPC；对于数据读写类操作，客户端则会与 HRegionServer 进行 RPC。

2. ZooKeeper 服务器

ZooKeeper 服务器用来为 HBase 集群提供稳定可靠的协同服务，ZooKeeper 服务器存储了-ROOT-表的地址和 HMaster 的地址，客户端通过-ROOT-表可找到自己所需的数据。ZooKeeper 服务器并非一台单一的计算机，可能是由多台计算机构成的集群。每个 HRegionServer 会以短暂的方式把自己注册到 ZooKeeper 服务器中，ZooKeeper 服务器会实时监控每个 HRegionServer 的状态并通知给 HMaster 服务器，这样，HMaster 服务器就可以通过 ZooKeeper 服务器随时感知各个 HRegionServer 的工作状态。

具体来说，ZooKeeper 服务器的作用如下。

（1）保证任何时候集群中只有一个 HMaster 服务器作为集群的"总管"。HMaster 服务器记录了当前有哪些可用的 HRegionServer，以及当前哪些 HRegion 分配给了哪些 HRegionServer，哪些 HRegion 还没有被分配。当一个 HRegion 需要被分配时，HMaster 服务器从当前运行着的 HRegionServer 中选取一个，向其发送一个装载请求，把 HRegion 分配给这个 HRegionServer。HRegionServer 得到请求后，就开始加载这个 HRegion。加载完成后，HRegionServer 会通知 HMaster 服务器加载的结果。如果加载成功，那么这个 HRegion 就可以对外提供服务了。

（2）实时监控 HRegionServer 的状态。ZooKeeper 服务器将 HRegionServer 上线和下线信息实时通知给 HMaster 服务器。

（3）存储 HBase 目录表的寻址入口。

（4）存储 HBase 的模式。HBase 的模式包括有哪些表、每个表有哪些列族等各种元信息。

(5) 锁定和同步服务。锁定和同步服务机制可以帮助自动故障恢复,同时连接其他的分布式应用程序。

3. HMaster 服务器

每台 HRegionServer 都会和 HMaster 服务器通信,HMaster 服务器的主要任务就是告诉每个 HRegionServer 它主要维护哪些 HRegion。

当一台新的 HRegionServer 登录到 HMaster 服务器时,HMaster 服务器会告诉它先等待分配数据。而当一台 HRegionServer 发生故障失效时,HMaster 服务器会把它负责的 HRegion 标记为未分配,然后把它们分配给其他 HRegionServer。

HMaster 服务器用于协调多个 HRegionServer,侦测各个 HRegionServer 的状态,负责分配 HRegion 给 HRegionServer,平衡 HRegionServer 之间的负载。在 ZooKeeper 服务器的帮助下,HBase 允许多个 HMaster 服务器共存,但只有一个 HMaster 服务器提供服务,其他的 HMaster 服务器处于待命状态。当正在工作的 HMaster 服务器宕机时,ZooKeeper 服务器指定一个待命的 HMaster 服务器接管它。

HMaster 服务器主要负责表和 HRegion 的管理工作,具体包括:管理 HRegionServer,实现其负载均衡;管理和分配 HRegion,例如,在 HRegion 拆分时分配新的 HRegion,在 HRegionServer 退出时迁移其上的 HRegion 到其他 HRegionServer 上;监控集群中所有 HRegionServer 的状态(通过心跳消息监听);处理模式更新请求(创建、删除、修改表的定义)。

4. HRegionServer

HRegionServer 维护 HMaster 服务器分配给它的 HRegion,处理用户对这些 HRegion 的 I/O 请求,向 HDFS 文件系统中读写数据,此外,HRegionServer 还负责拆分在运行过程中变得过大的 HRegion。

HRegionServer 内部管理一系列 HRegion 对象,每个 HRegion 对应表中的一个分区。 HBase 的表根据 Row Key 的范围被水平拆分成若干 HRegion。每个 HRegion 都包含了这个 HRegion 的 start key 和 end key 之间的所有行。HRegions 被分配给集群中的某些 HRegionServer 管理,由它们负责处理数据的读写请求。每个 HRegionServer 大约可以管理 1000 个 HRegion。HRegion 由多个 HStore 组成,每个 HStore 对应表中的一个列族的存储。每个列族其实就是一个集中的存储单元,因此最好将具备共同 I/O 特性的列放在一个列族中,这样最高效。

HStore 是 HBase 存储的核心。HStore 由两部分组成,一部分是 MemStore,另一部分是 StoreFile。MemStore 是排序的内存缓冲区(sorted memory buffer),用户写入的数据首先会放入 MemStore,当 MemStore 满了以后会刷写(flush)成一个 StoreFile(其底层实现是 HFile)。当 StoreFile 文件数量达到一定阈值时,会触发合并(compact)操作,将多个 StoreFile 合并成一个 StoreFile,合并过程中会进行版本合并和数据删除,因此,HBase 其实只增加数据,所有的更新和删除操作都是在后续的合并过程中进行的,这使得用户的写操作只要进入内存中就可以立即返回,保证了 HBase I/O 的高性能。

当 StoreFile 合并后,会逐步形成越来越大的 StoreFile,当单个 StoreFile 大小达到一定阈值后,会触发拆分(split)操作,同时把当前分区拆分成两个分区,父分区会下线,新拆分出的两个子分区会被 HMaster 服务器分配到相应的 HRegionServer 上,使得原先一个分区的压力得以分流到两个分区上。图 5-3 描述了 StoreFile 的合并和拆分过程。

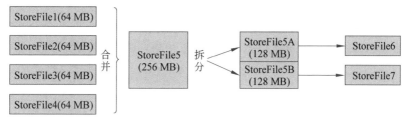

图 5-3　StoreFile 的合并和拆分过程

Hadoop 数据节点负责存储所有 HRegionServer 管理的数据。HBase 中的所有数据都是以 HDFS 文件的形式存储的。出于使 HRegionServer 管理的数据本地化的考虑,HRegionServer 是根据数据节点分布的。HBase 的数据在写入的时候都存储在本地。但当某一个 HRegion 被移除或被重新分配的时候,就可能产生数据不在本地的情况。名称节点负责维护构成文件的所有物理数据块的元信息。

5.2.2　HBase 数据访问流程

HRegion 是按照"表名＋开始主键＋分区号(tablename＋startkey＋regionId)"区分的,每个 HRegion 对应表中的一个分区。可以用上述标识符区分不同的 HRegion,这些标识符数据就是元数据,而元数据本身也是用一个 HBase 表保存在 HRegion 里面的,称这个表为.META.表(元数据表),其中保存的就是 HRegion 标识符和实际 HRegion 服务器的映射关系。

.META.表也会增长,并且可能被分割为几个 HRegion。为了定位这些 HRegion,采用-ROOT-表(根数据表)保存所有.META.表的位置,而-ROOT-表是不能被分割的,永远只保存在一个 HRegion 里。在客户端访问具体的业务表的 HRegion 时,需要先通过-ROOT-表找到.META.表,再通过.META.表找到 HRegion 的位置,即这两个表主要解决了 HRegion 的快速路由问题。

1. -ROOT-表

-ROOT-表记录了.META.表的 HRegion 信息。

-ROOT-表的结构如表 5-1 所示。

表 5-1　-ROOT-表的结构

Row Key	info			historian
	regioninfo	server	serverstartcode	
.META.，Table1，0，12345678，12657843		HRS1		
.META.，Table2，30000，12348765，12348675		HRS2		

下面分析-ROOT-表的结构,每行记录了一个.META.表的 HRegion 信息。

1) Row Key

Row Key(行键)由 3 个部分组成：.META.表表名、StartRowKey 和创建时间戳。Row

Key 存储的内容又称为.META.表对应的 HRegion 的名称。将组成 Row Key 的 3 个部分用逗号连接,就构成了整个 Row Key。

2) info

info 中包含 regioninfo、server 和 serverstartcode。其中 regioninfo 就是 HRegion 的详细信息,包括 StartRowKey、EndRowKey 等信息。server 存储的是管理这个 HRegion 的 HRegionServer 的地址。所以,当 HRegion 被拆分、合并或者重新分配的时候,都需要修改-ROOT-表的内容。

2. .META.表

.META.表的结构如表 5-2 所示。

表 5-2　.META.表的结构

Row Key	info			historian
	regioninfo	server	serverstartcode	
Table1，RK0，12345678		HRS1		
Table1，RK10000，12345678		HRS2		
Table1，RK20000，12345678		HRS3		
⋮		⋮		
Table2，RK0，12345678		HRS1		
Table2，RK20000，12345678		HRS2		

HBase 的所有 HRegion 元数据被存储在.META.表中。随着 HRegion 的增多,.META.表的数据量也会增大,并拆分成多个新的 HRegion。为了定位.META.表中各个 HRegion 的位置,把.META.表中所有 HRegion 的元数据保存在-ROOT-表中,最后由 ZooKeeper 服务器记录-ROOT-表的位置信息。所有客户端访问用户数据前,需要首先访问 ZooKeeper 服务器获得-ROOT-表的位置,然后访问-ROOT-表获得.META.表的位置,最后根据.META.表中的信息确定用户数据存放的位置。

下面用一个例子介绍访问具体数据的过程。先构建-ROOT-表和.META.表。

假设 HBase 中只有两张用户表:Table1 和 Table2。Table1 非常大,被划分成很多 HRegion,因此在.META.表中有很多行,用来记录这些 HRegion。而 Table2 很小,只被划分成两个 HRegion,因此在.META.表中只有两行记录。这个.META.表如表 5-2 所示。

假设要从 Table2 中查询一条 Row Key 是 RK10000 的数据,应该按以下步骤进行。

(1) 从.META.表中查询哪个 HRegion 包含这条数据。

(2) 获取管理这个 HRegion 的 HRegionServer 地址。

(3) 连接这个 HRegionServer,查到这条数据。

对于步骤(1),.META.表也是一张普通的表,需要先知道哪个 HRegionServer 管理该.META.表。因为 Table1 实在太大了,它的 HRegion 实在太多了,.META.表为了存储这些 HRegion 信息,自己也需要划分成多个分区,这就意味着可能有多个 HRegionServer 管理这个.META.表。HBase 的做法是用-ROOT-表记录.META.表的分区信息。假设.META.表被分成了两个分区,这个-ROOT-表如表 5-1 所示。客户端就需要先访问-ROOT-表。

查询 Table2 中 Row Key 是 RK10000 数据的整个路由过程的主要代码在 org.apache. hadoop.hbase.client.HConnectionManager.TableServers 中：

```java
private HRegionLocation locateRegion(final byte[] tableName,
        final byte[] row, boolean useCache) throws IOException {
    if (tableName == null || tableName.length == 0) {
        throw new IllegalArgumentException("table name cannot be null or zero
length");
    }
    if (Bytes.equals(tableName, ROOT_TABLE_NAME)) {
        synchronized (rootRegionLock) {
            //防止两个线程同时查找 root 区域
            if (!useCache || rootRegionLocation == null) {
                this.rootRegionLocation = locateRootRegion();
            }
            return this.rootRegionLocation;
        }
    } else if (Bytes.equals(tableName, META_TABLE_NAME)) {
        return locateRegionInMeta(ROOT_TABLE_NAME, tableName, row, useCache,
            metaRegionLock);
    } else {
        //缓存中无此分区,需要访问 meta RS
        return locateRegionInMeta(META_TABLE_NAME, tableName, row, useCache,
userRegionLock);
    }
}
```

这是一个递归调用的过程。获取 Table2 的 Row Key 为 RK10000 的 HRegionServer→获取.META.表的 Row Key 为"Table2,RK10000,…"的 HRegionServer→获取-ROOT-表的 Row Key 为".META.,Table2,RK10000,…,…"的 HRegionServer→获取-ROOT-表的 HRegionServer→从 ZooKeeper 服务器得到-ROOT-表的 HRegionServer→从-ROOT-表中查到 Row Key 最接近(小于)".META.,Table2,RK10000,…,…"的一行,并得到.META.表的 HRegionServer→从.META.表中查到 Row Key 最接近(小于)"Table2,RK10000,…"的一行,并得到 Table2 的 HRegionServer→从 Table2 中查到 RK10000 的行。

◇ 5.3　HBase 数据表

HBase
数据表

HBase 是基于 Hadoop HDFS 的数据库。HBase 数据表是一个稀疏的、分布式的、序列化的、多维排序的分布式多维表,表中的数据通过行键、列族、列名(column name)、时间戳(timestamp)进行索引和查询定位。表中的数据都是未经解释的字符串,没有数据类型。在 HBase 表中,每一行都有一个可排序的行键和任意多个列。表的水平方向由一个或多个列族组成,一个列族中可以包含任意多个列,同一个列族的数据存储在一起。列族支持动态扩展,可以添加列族,也可以在列族中添加列,无须预先定义列的数量,所有列均以字符串形式存储。

5.3.1　HBase 数据表逻辑视图

HBase 以表的形式存储数据,表由行和列组成,列可组合为若干列族,表 5-3 是一个班级学生 HBase 数据表的逻辑视图。此表中包含两个列族：StudentBasicInfo(学生基本信息)列族，由 Name(姓名)、Address(地址)、Phone(电话)3 列组成；StudentGradeInfo(学生课程成绩信息)列族，由 Chinese(语文)、Maths(数学)、English(英语)3 列组成。Row Key 为 ID2 的学生存在两个版本的电话，ID3 有两个版本的地址，时间戳较大的数据版本是最新的数据。

表 5-3　班级学生 HBase 数据表

Row Key	StudentBasicInfo			StudentGradeInfo		
	Name	Address	Phone	Chinese	Maths	English
ID1	LiHua	Building1	135××××××××	85	90	86
ID2	WangLi	Building1	t2：136×××××××× t1：158××××××××	78	92	88
ID3	ZhangSan	t2：Building2 t1：Building1	132××××××××	76	80	82

1. 行键

任何字符串都可以作为行键，HBase 表中的数据按照行键的字典序排序存储。在设计行键时，要充分利用排序存储这个特性，将经常一起读取的行存放到一起，从而充分利用空间局部性。如果行键是网站域名，如 www.apache.org、mail.apache.org、jira.apache.org，应该将网站域名进行反转(org.apache.www, org.apache.mail, org.apache.jira)再存储。这样，所有 apache 域名将会存储在一起。行键是最大长度为 64KB 的字节数组，实际应用中长度一般为 10～100B。

2. 列族和列名

HBase 表中的每个列都归属于某个列族，列族必须作为表的模式定义的一部分预先定义，如 create 'StudentBasicInfo', 'StudentGradeInfo'。在一个列族中可以存放很多列，而各个列族中列的数量可以不相同。

列族中的列名以列族名为前缀，如 StudentBasicInfo：Name、StudentBasicInfo：Address 都是 StudentBasicInfo 列族中的列。可以按需要动态地为列族添加列。在具体存储时，一张表中的不同列族是分开独立存放的。HBase 把同一列族里面的数据存储在同一目录下，由几个文件保存。HBase 的访问控制、磁盘和内存的使用统计等都是在列族层面进行的，同一列族成员最好有相同的访问模式和大小。

3. 单元格

在 HBase 表中，通过行键、列族和列名确定一个单元格(cell)。每个单元格中可以保存一个字段数据的多个版本，每个版本对应一个时间戳。

4. 时间戳

在 HBase 表中，一个单元格往往保存着同一份数据的多个版本，根据唯一的时间戳区分不同版本，不同版本的数据按照时间倒序排序，最新版本的数据排在最前面。这样，在读取时，将先读取最新版本的数据。

时间戳可以由 HBase 在数据写入时自动用当前系统时间赋值，也可以由客户显式赋值。当写入数据时，如果没有指定时间，那么默认的时间就是系统的当前时间；当读取数据时，如果没有指定时间，那么返回的就是最新版本的数据。保留版本的数量由每个列族的配置决定。默认的版本数量是 3。为了避免数据存在过多版本造成的存储和管理(包括索引)负担,HBase 提供了两种数据版本回收方式。

(1) 保存数据的最后 n 个版本。当版本数量过多时,HBase 会将过老的版本清除。

(2) 保存最近一段时间(如最近 7 天)内的版本。

5. 区域

HBase 自动把表在纵向上分成若干区域,即 HRegion,每个 HRegion 会保存表中的一段连续的数据。刚开始表中只有一个 HRegion。随着数据的不断插入,HRegion 不断增大,当达到某个阈值时,HRegion 自动等分成两个新的 HRegion。

当 HBase 表中的行不断增多时,就会有越来越多的 HRegion,这样一张表就被保存在多个 HRegion 中。HRegion 是 HBase 中分布式存储和负载均衡的最小单位。最小单位的含义是:不同的 HRegion 可以分布在不同的 HRegionServer 上,但是一个 HRegion 不会拆分到多个 HRegionServer 上。

5.3.2　HBase 数据表物理视图

在逻辑视图层面,HBase 表是由许多行组成的;但在物理存储层面,HBase 表采用基于列的存储方式,而不是像传统关系数据库那样采用基于行的存储方式,这也是 HBase 和传统关系数据库的重要区别。可简单认为每个列族对应一张存储表,表中的行键、列族、列名和时间戳只确定一条记录。HBase 把同一列族里面的数据存储在同一目录下,由几个文件保存。在物理层面上,表的数据是通过 StoreFile 存储的,每个 StoreFile 相当于一个可序列化的映射,映射的键和值都是可解释型字符数组。

在实际的 HDFS 存储中,直接存储每个字段数据所对应的完整的键值对:

$$\langle 行键,列族,列名,时间戳 \rangle \rightarrow 值$$

例如,表 5-3 中 ID2 行 Phone 字段下 t2 时间戳的数值 $136\times\times\times\times\times\times\times\times$ 在存储时的完整键值对是

$$\langle ID2,StudentBasicInfo,Phone,t2 \rangle \rightarrow 136\times\times\times\times\times\times\times\times$$

也就是说,对于 HBase 来说,它根本不认为存在行和列这样的概念,在实现时只认为存在键值对这样的概念。键值对的存储是排序的,行概念是通过相邻的键值对比较而构建的,HBase 在物理实现上并不存在传统数据库中的二维表概念。因此,二维表中字段值的空值,对 HBase 来说在物理实现上是不存在的,而不是所谓的值为 null。

HBase 在 4 个维度(行键、列族、列名、时间戳)上以键值对的形式保存数据,其保存的数据量会比较大,因为对于每个字段来说,需要把对应的多个键值对都保存下来,而不像传统数据库以两个维度只需要保存一个值就可以。

也可使用多维映射理解表 5-3 的班级学生 HBase 数据表,如图 5-4 所示。

行键映射一个列族的列表,列族映射一个列名的列表,列名映射一个时间戳的列表,每个时间戳映射一个值,也就是单元格中的数据。如果使用行键检索映射的数据,那么会得到所有的列。如果检索特定列族的数据,则会得到此列族中所有的列。如果检索列名映射的数据,则会得到所有的时间戳及对应的数据。HBase 优化了返回数据,默认仅返回最新版本的数据。行键和关系数据库中的主键有相同的作用,不能改变列的行键。换句话说,如果表中已经插入数据,那么列族中的列名不能改变它所属的行键。

此外也可以使用键值对的方式理解,键就是行键,值就是列中的值,但是给定一个行键

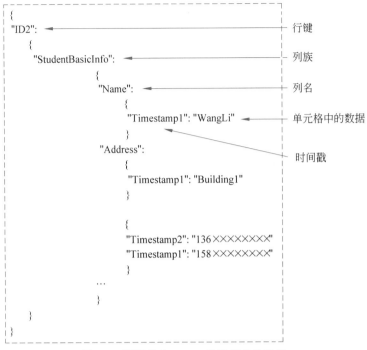

图 5-4　班级学生 HBase 数据表多维映射

仅能确定一行数据。可以把行键、列族、列名和时间戳都看作键，而值就是单元格中的数据，班级学生 HBase 数据表的键值对结构如下所示：

```
ID2 → {StudentBasicInfo: {Name: {Timestamp1: WangLi }, Address: {Timestamp1:
         Building1}, Phone:{Timestamp2: 136××××××××}}
       StudentGradeInfo: {Chinese: {Timestamp1: 78}, Maths: {Timestamp1: 92},
         English:{Timestamp2: 88}}}
ID2, StudentBasicInfo → {Name: {Timestamp1: WangLi}, Address: {Timestamp1:
                         Building1}, Phone:{Timestamp2: 136××××××××}}
ID2, StudentBasicInfo: Phone→{{Timestamp2: 136××××××××},
                         {Timestamp1: 158×××××××× }}
ID2, StudentBasicInfo: Phone, Timestamp2→{:136××××××××}
```

5.3.3　HBase 数据表面向列的存储

在 HBase 中，HRegionServer 对应集群中的一个节点，而一个 HRegionServer 负责管理一系列 HRegion 对象。HBase 根据行键将一张表划分成若干 HRegion，一个 HRegion 代表一张表的一部分数据，所以 HBase 的一张表可能需要存储为很多个 HRegion。

HBase 在管理 HRegion 的时候会给每个 HRegion 定义一个行键的范围，落在特定范围内的数据将交给特定的 HRegion。HRegion 由多个 HStore 组成，每个 HStore 对应表中的一个列族的存储。即 HRegion 中的每个列族各用一个 HStore 存储，一个 HStore 代表 HRegion 的一个列族。另外，HBase 会自动调节 HRegion 所处的位置，如果一个 HRegionServer 变得繁忙（大量的请求落在这个 HRegionServer 管理的 HRegion 上），HBase 就会把一部分 HRegion 移动到相对空闲的节点上，以保证集群资源被充分利用。

由 HBase 面向列的存储原理可知,查询的时候要尽量减少不需要的列,而经常一起查询的列要组织到一个列族里。这是因为,需要查询的列族越多,意味着要扫描的 HStore 文件越多,需要的时间越长。

对表 5-3 班级学生 HBase 数据表进行物理存储时,会存成表 5-4、表 5-5 所示的两个小片段,也就是说,这个 HBase 表会按照 StudentBasicInfo 和 StudentGradeInfo 这两个列族分别存放,属于同一个列族的数据保存在一起(在一个 HStore 中)。

表 5-4　班级学生 HBase 数据表的 StudentBasicInfo 列族

Row Key	StudentBasicInfo		
	Name	Address	Phone
ID1	LiHua	Building1	135××××××××
ID2	WangLi	Building1	t2:136×××××××× t1:158××××××××
ID3	ZhangSan	t2:Building2 t1:Building1	132××××××××

表 5-5　班级学生 HBase 数据表的 StudentGradeInfo 列族

Row Key	StudentGradeInfo		
	Chinese	Maths	English
ID1	85	90	86
ID2	78	92	88
ID3	76	80	82

5.3.4　HBase 数据表的查询方式

HBase 通过行键、列族、列名、时间戳组成的四元组确定一个存储单元格。

HBase 支持 3 种查询方式:通过单个行键访问、通过行键的范围访问、全表扫描。

在上述 3 种查询方式中,第一种和第二种(在范围不是很大时)都是非常高效的,可以在毫秒级完成。如果一个查询无法利用行键定位(如要基于某列查询满足条件的所有行),就需要全表扫描实现。因此,在针对某个应用设计 HBase 表结构时,要注意合理设计行键,使得最常用的查询可以高效地完成。

5.3.5　HBase 表结构设计

HBase 在行键、列族、列名、时间戳这 4 个维度上都可以任意设置,这给表结构设计提供了很大的灵活性。如果想要利用 HBase 很好地存储、维护和利用自己的海量数据,表结构设计至关重要。一个好的表结构可以从本质上提高操作速度,直接决定了 get、put、delete 等各种操作的效率。

在设计 HBase 表结构时需要考虑以下因素。

(1) 列族。这个表应该有多少个列族,列族使用什么数据,每个列族应该有多少列。列族名字的长度影响到发送到客户端的数据长度,所以应尽量简洁。

(2)列。列名的长度影响数据存储的速度,也影响硬盘和网络 I/O 的开销,所以应该尽量简洁。

(3)行键。行键结构是什么,应该包含什么信息。行键在表结构设计中非常重要,决定应用中的交互及提取数据的性能。行键的哈希可以使得行键有固定的长度和更好的分布,但是丢弃了使用字符串时的默认排序功能。

(4)单元格。单元格应该存放什么数据,每个单元格存储多少个版本的数据。

(5)表的深度和广度。深度大(行多列少)的表结构可以使得用户快速且简单地访问数据,但是丢掉了原子性;广度大(行少列多)的表结构可以保证行级别的原子操作,但是每行会有很多列。

◆ 5.4 HBase 的安装

本节介绍 HBase 的安装方法,包括下载安装文件、配置环境变量、添加用户权限等。

5.4.1 下载安装文件

HBase 是 Hadoop 生态系统中的一个组件,但是 Hadoop 在安装时并不包含 HBase,因此需要单独安装 HBase。从官网下载 HBase 安装文件 hbase-2.3.5-bin.tar.gz,将其保存到"/home/下载"目录下。

下载完安装文件以后,需要对文件进行解压。按照 Linux 操作系统使用的默认规范,用户安装的软件一般都是放在/usr/local/目录下。使用 Hadoop 用户身份登录 Linux 操作系统,打开一个终端,执行如下命令:

```
$ sudo tar -zxf ~/下载/hbase-2.3.5-bin.tar.gz -C /usr/local
```

将解压的文件名 hbase-2.3.5 改为 hbase,以方便使用,执行如下命令:

```
$ sudo mv /usr/local/hbase-2.3.5 /usr/local/hbase
```

5.4.2 配置环境变量

将 HBase 安装目录下的 bin 目录(即/usr/local/hbase/bin)添加到系统的 PATH 环境变量中,这样,每次启动 HBase 时就不需要到/usr/local/hbase 目录下执行启动命令,方便 HBase 的使用。使用 vim 编辑器打开~/.bashrc 文件,命令如下:

```
$ vim ~/.bashrc
```

打开.bashrc 文件以后,可以看到,已经存在如下所示的 PATH 环境变量的配置信息,这是因为在安装和配置 Hadoop 时,已经为 Hadoop 添加了 PATH 环境变量的配置信息:

```
export PATH=$PATH:/usr/local/hadoop/sbin:/usr/local/hadoop/bin
```

这里需要把 HBase 的 bin 目录(/usr/local/hbase/bin)追加到 PATH 环境变量中。当要在 PATH 环境变量中继续加入新的路径时,只要在末尾加上英文冒号,再把新的路径加到后面即可。追加 bin 目录后的结果如下:

```
export  PATH = $PATH:/usr/local/hadoop/sbin:/usr/local/hadoop/bin:/usr/local/
hbase/bin
```

保存文件后,执行如下命令使设置生效:

```
$ source ~/.bashrc
```

5.4.3　添加用户权限

需要为当前登录 Linux 操作系统的 hadoop 用户添加访问 HBase 目录的权限。将 HBase 安装目录下的所有文件的所有者改为 hadoop,命令如下:

```
$ cd /usr/local
$ sudo chown -R hadoop ./hbase
```

5.4.4　查看 HBase 版本信息

可以通过执行如下命令查看 HBase 版本信息,以便确认 HBase 已经安装成功:

```
$ /usr/local/hbase/bin/hbase version
```

执行上述命令以后,如果出现如图 5-5 所示的信息,则说明安装成功。

```
hadoop@Master: /usr/local
文件(F)  编辑(E)  查看(V)  搜索(S)  终端(T)  帮助(H)
hadoop@Master:/usr/local$ /usr/local/hbase/bin/hbase version
SLF4J: Class path contains multiple SLF4J bindings.
SLF4J: Found binding in [jar:file:/usr/local/hadoop/share/hadoop/common/li
b/slf4j-log4j12-1.7.10.jar!/org/slf4j/impl/StaticLoggerBinder.class]
SLF4J: Found binding in [jar:file:/usr/local/hbase/lib/client-facing-third
party/slf4j-log4j12-1.7.30.jar!/org/slf4j/impl/StaticLoggerBinder.class]
SLF4J: See http://www.slf4j.org/codes.html#multiple_bindings for an explan
ation.
SLF4J: Actual binding is of type [org.slf4j.impl.Log4jLoggerFactory]
HBase 2.3.5
Source code repository git://7de3f2a9482c/home/hsun/hbase-rm/output/hbase
revision=fd3fdc08d1cd43eb3432a1a70d31c3aece6ecabe
Compiled by hsun on Thu Mar 25 20:50:15 UTC 2021
From source with checksum 4dbb0d3285b790a39421dd52b25a61103ff93d322d3eea92
98ddc79e41d76cd30f583f834ff726da5ce5b5ea6cfd7c5a2c40f81069f7b7965006423208
cbb3ef
```

图 5-5　查看 HBase 版本信息

◆ 5.5　HBase 的配置

HBase 有 3 种运行模式,即单机模式、伪分布式模式和分布式模式。

(1) 单机模式。采用本地文件系统存储数据。

(2) 伪分布式模式。采用伪分布式模式的 HDFS 存储数据。

(3) 分布式模式。采用分布式模式的 HDFS 存储数据。

在进行 HBase 配置之前,需要确认已经安装了 3 个组件:JDK、Hadoop 和 SSH。HBase 单机模式不需要安装 Hadoop,伪分布式模式和分布式模式需要安装 Hadoop。

由于分布式模式与伪分布式模式的配置方式类似,本节只介绍单机模式和伪分布式模式的配置。

5.5.1 单机模式配置

1. 配置 hbase-env.sh 文件

使用 vim 编辑器打开/usr/local/hbase/conf/hbase-env.sh 文件,命令如下:

```
$ vim /usr/local/hbase/conf/hbase-env.sh
```

打开 hbase-env.sh 文件以后,需要在 hbase-env.sh 文件中配置 Java 环境变量。在 Hadoop 配置中已经有了 JAVA_HOME=/opt/jvm/jdk1.8.0_181 的配置信息,这里可以直接复制该配置信息到 hbase-env.sh 文件中。此外,还需要添加 ZooKeeper 配置信息,配置 HBASE_MANAGES_ZK 为 true,表示由 HBase 自己管理 ZooKeeper,不需要单独的 ZooKeeper。由于 hbase-env.sh 文件中本来就存在这些环境变量的配置信息,因此只需要删除前面的注释符号(♯)并修改配置内容即可。修改后的 hbase-env.sh 文件应该包含如下两行信息:

```
export JAVA_HOME=/opt/jvm/jdk1.8.0_181
export HBASE_MANAGES_ZK=true
```

修改完成以后,保存 hbase-env.sh 文件并退出 vim 编辑器。

2. 配置 hbase-site.xml 文件

使用 vim 编辑器打开/usr/local/hbase/conf/hbase-site.xml 文件,命令如下:

```
$ vim /usr/local/hbase/conf/hbase-site.xml
```

在 hbase-site.xml 文件中,需要设置属性 hbase.rootdir,用于指定 HBase 数据的存储位置。如果没有设置该属性,则 hbase.rootdir 默认为/tmp/hbase-${user.name},这意味着每次重启系统都会丢失数据。这里把 hbase.rootdir 设置为 HBase 安装目录下的 hbase-tmp 目录,即/usr/local/hbase/hbase-tmp。修改后的 hbase-site.xml 文件中的配置信息如下:

```
<configuration>
<property>
<name>hbase.rootdir</name>
<value>file:///usr/local/hbase/hbase-tmp</value>
</property>
</configuration>
```

修改完成以后,保存 hbase-site.xml 文件并退出 vim 编辑器。

3. 启动 HBase

启动 HBase 的命令如下:

```
$cd /usr/local/hbase
$ bin/start-hbase.sh                    #启动 HBase
```

4. 进入 HBase Shell 模式

启动 HBase 后,可以执行如下命令进入 HBase Shell(命令行交互界面)模式:

```
$ bin/hbase shell                    #进入 HBase Shell 模式
hbase(main):001:0>
```

为了简便起见,后面将 HBase Shell 命令提示符简写为"hbase>"。

进入 HBase Shell 模式之后,通过执行 status 命令查看 HBase 的运行状态,通过执行 exit 命令退出 HBase Shell:

```
hbase(main):001:0> status
1 servers, 0 dead, 2.0000 average load
hbase> exit
```

5. 停止 HBase

退出 Shell 后,可以执行如下命令停止 HBase 的运行:

```
$ bin/stop-hbase.sh
```

5.5.2　伪分布式模式配置

1. 配置 hbase-env.sh 文件

使用 vim 编辑器打开/usr/local/hbase/conf/hbase-env.sh 文件,命令如下:

```
$ vim /usr/local/hbase/conf/hbase-env.sh
```

打开 hbase-env.sh 文件以后,需要在 hbase-env.sh 文件中配置JAVA_HOME、HBASE _CLASSPATH 和 HBASE_MANAGES_ZK。其中,HBASE_CLASSPATH 设置为本机 Hadoop 安装目录下的 conf 目录(即/usr/local/Hadoop/conf)。JAVA_HOME 和 HBASE _MANAGES_ZK 的配置方法和单机模式相同。修改后的 hbase-env.sh 文件应该包含如下 3 行信息:

```
export JAVA_HOME= /opt/jvm/jdk1.8.0_181
export HBASE_CLASSPATH=/usr/local/hadoop/conf
export HBASE_MANAGES_ZK=true
```

修改完成以后,保存 hbase-env.sh 文件并退出 vim 编辑器。

2. 配置 hbase-site.xml 文件

使用 vim 编辑器打开/usr/local/hbase/conf/hbase-site.xml 文件,命令如下:

```
$ vim /usr/local/hbase/conf/hbase-site.xml
```

在 hbase-site.xml 文件中,需要设置属性 hbase.rootdir,用于指定 HBase 在伪分布式模式的 HDFS 上的存储路径。这里设置 hbase.rootdir 为 hdfs://localhost:9000/hbase。此外,由于采用了伪分布式模式,还需要将属性 hbase.cluster.distributed 设置为 true。修改后的 hbase-site.xml 文件中的配置信息如下:

```
<configuration>
<property>
<name>hbase.rootdir</name>
<value>hdfs://localhost:9000/hbase</value>
</property>
<property>
<name>hbase.cluster.distributed</name>
<value>true</value>
</property>
</configuration>
```

修改完成后,保存 hbase-site.xml 文件并退出 vim 编辑器。

3. 启动 HBase

完成以上操作后就可以启动 HBase 了。启动顺序是:先启动 Hadoop,再启动 HBase。关闭顺序是:先关闭 HBase,再关闭 Hadoop。

第一步：启动 Hadoop。

首先登录 SSH。由于之前已经设置了无密码登录,因此这里不需要密码。然后切换至/usr/local/hadoop/目录,启动 Hadoop,让 HDFS 进入运行状态,从而可以为 HBase 存储数据,具体命令如下：

```
$ ssh localhost
$ cd /usr/local/hadoop
$./sbin/start-dfs.sh                      #启动 Hadoop
$ jps                                     #查看进程
2833 NameNode
3162 SecondaryNameNode
2956 DataNode
```

执行 jps 命令后,如果能够看到 NameNode、SecondaryNameNode 和 DataNode 这 3 个进程,则表示已经成功启动 Hadoop。

注意：可先通过执行 jps 命令查看 Hadoop 集群是否启动。如果 Hadoop 集群已经启动,则不需要执行 Hadoop 集群启动命令。

第二步：启动 HBase。

启动 HBase 的命令如下：

```
$ cd /usr/local/hbase
$ bin/start-hbase.sh
$ jps                                     #查看进程
6369 NameNode
7794 Jps
6516 DataNode
7415 HRegionServer
7293 HMaster
7199 HQuorumPeer
6703 SecondaryNameNode
```

如果出现类似上面的信息,则表明 HBase 启动成功。

4. 进入 HBase Shell 模式

HBase 启动成功后,就可以进入 HBase Shell 模式,命令如下：

```
$ bin/hbase shell                         #进入 HBase Shell 模式
```

进入 HBase Shell 模式以后,用户可以通过执行 Shell 命令操作 HBase 数据库。

5. 退出 HBase Shell 模式

通过执行 exit 命令退出 HBase Shell 模式。

6. 停止 HBase 运行

退出 HBase Shell 模式后,可执行如下命令关闭 HBase：

```
$ bin/stop-hbase.sh
```

关闭 HBase 以后,如果不再使用 Hadoop,就可以执行如下命令关闭 Hadoop：

```
$ cd /usr/local/hadoop
$./sbin/stop-dfs.sh
```

需要特别注意启动和关闭 Hadoop 和 HBase 的顺序。

5.6　HBase 的 Shell 操作

HBase 的
Shell 操作

操作 HBase 有两种常用方式：一种是 Shell 命令行；另一种是 Java API。HBase Shell 提供了大量操作 HBase 的命令，通过执行 Shell 命令可以很方便地操作 HBase 数据库，例如，创建、删除及修改表，向表中添加数据，列出表中的相关信息等。执行 Shell 命令操作 HBase 时，首先需要进入 HBase Shell 模式。

5.6.1　基本操作

1. 获取帮助

获取帮助的命令如下：

```
hbase> help
hbase> help 'status'                          #获取 status 命令的详细信息
```

2. 查看服务器状态

status 命令用来提供 HBase 的状态，如服务器的数量。

```
hbase> status
1 servers, 1 dead, 2.0000 average load
```

3. 查看当前用户

查看当前用户的命令如下：

```
hbase> whoami
hadoop (auth:SIMPLE)
    groups: hadoop, sudo
```

4. 命名空间相关命令

在 HBase 中，命名空间（namespace）指对一组表的逻辑分组，类似 RDBMS 中的数据库，方便对表在业务上划分。可以创建、删除或更改命名空间。HBase 系统定义了两个默认的命名空间：hbase，系统命名空间，用于包含 HBase 内部表；default，用户建表时未显式指定命名空间的表将自动落入此命名空间。

下面介绍与命名空间相关的命令。

（1）列出所有命名空间：

```
hbase> list_namespace
NAMESPACE
default
hbase
2 row(s) in 0.0730 seconds
```

（2）创建命名空间：

```
hbase> create_namespace 'ns1'
```

（3）查看命名空间：

```
hbase> describe_namespace 'ns1'
DESCRIPTION
{NAME => 'ns1'}
```

（4）在命名空间中创建表：

```
hbase> create 'ns1:t1', 'cf1'
```

该命令在命名空间 ns1 中新建一个表 t1 且表的列族为 cf1。

（5）查看命名空间下的所有表：

```
hbase> list_namespace_tables 'ns1'
TABLE
t1
```

（6）删除命名空间中的表：

```
hbase> disable 'ns1:t1'          #删除表 t1 之前先禁用该表,否则无法删除
hbase> drop 'ns1:t1'             #删除命名空间 ns1 中的表 t1
```

（7）删除命名空间：

```
hbase> drop_namespace 'ns1'      #命名空间 ns1 必须为空,否则会报错
```

5.6.2　创建表

在关系数据库中,需要先创建数据库,再创建表。但在 HBase 数据库中,不需要创建数据库,只需要直接创建表就可以了。HBase 创建表的语法格式如下：

```
create <表名称>, <列族名称 1>[, '列族名称 2',…]
```

HBase 中的表至少要有一个列族,列族直接影响 HBase 数据存储的物理特性。

下面以学生信息为例演示 HBase Shell 命令的用法。创建一个 student 表,其结构如表 5-6 所示。

表 5-6　student 表的结构

Row Key	baseInfo			score		
	Sname	Ssex	Sno	C	Java	Python
0001	ding	female	13440106	86	82	87
0002	yan	male	13440107	90	91	93
0003	feng	female	13440108	89	83	85
0004	wang	male	13440109	78	80	76

这里 baseInfo(学生个人信息)和 score(学生考试分数)对于 student 表来说是两个列族。baseInfo 列族由 3 个列组成：Sname、Ssex 和 Sno。score 列族由 3 个列组成：C、Java 和 Python。

创建 student 表,有 baseInfo 和 score 两个列族,且版本数量均为 2,命令如下：

```
hbase> create 'student',{NAME => 'baseInfo', VERSIONS =>2},{NAME => 'score',
VERSIONS=>2}
```

创建表时应注意以下几个问题。

（1）HBase Shell 里所有的名字都必须用引号括起来。

（2）HBase 的表不用定义有哪些列,因为列是可以动态增加和删除的。但 HBase 表需

要定义列族。每张表有一个或者多个列族,每个列必须且仅属于一个列族。列族主要用来在存储上对相关的列分组,从而减少对无关列的访问,以提高性能。

默认情况下一个单元格只能存储一个数据,后面如果修改数据就会将原来的覆盖。可以通过指定 VERSIONS 使 HBase 一个单元格能存储多个值。VERSIONS 设为 2,则一个单元格能存储两个版本的数据。

student 表创建好之后,可执行 describe 命令查看 student 表的结构,查看的结果如图 5-6 所示。

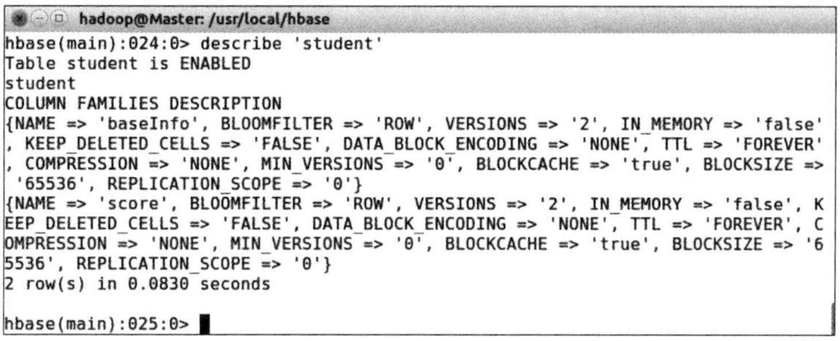

```
●⊖⊡  hadoop@Master: /usr/local/hbase
hbase(main):024:0> describe 'student'
Table student is ENABLED
student
COLUMN FAMILIES DESCRIPTION
{NAME => 'baseInfo', BLOOMFILTER => 'ROW', VERSIONS => '2', IN_MEMORY => 'false'
, KEEP_DELETED_CELLS => 'FALSE', DATA_BLOCK_ENCODING => 'NONE', TTL => 'FOREVER'
, COMPRESSION => 'NONE', MIN_VERSIONS => '0', BLOCKCACHE => 'true', BLOCKSIZE =>
 '65536', REPLICATION_SCOPE => '0'}
{NAME => 'score', BLOOMFILTER => 'ROW', VERSIONS => '2', IN_MEMORY => 'false', K
EEP_DELETED_CELLS => 'FALSE', DATA_BLOCK_ENCODING => 'NONE', TTL => 'FOREVER', C
OMPRESSION => 'NONE', MIN_VERSIONS => '0', BLOCKCACHE => 'true', BLOCKSIZE => '6
5536', REPLICATION_SCOPE => '0'}
2 row(s) in 0.0830 seconds

hbase(main):025:0> ▊
```

图 5-6　student 表的结构

可以看到,HBase 给这张表设置了很多默认属性,以下简要介绍这些属性。

(1) VERSIONS。版本数量,默认值是 1。建表时设置版本数量为 2,因此这里显示的是 2。

(2) TTL。生存期(time to live),一个数据在 HBase 中被保存的时限。也就是说,如果设置 TTL 是 7 天,那么 7 天后这个数据会被 HBase 自动清除。

下面两个创建表的命令等价:

```
hbase> create 'student1', 'baseInfo', 'score'
hbase> create 'student1',{NAME=>'baseInfo' },{NAME=>'score'}
```

下面再给出一个创建表的示例。创建表 st2,将表依据分割算法 HexStringSplit 分布在 10 个分区里,命令如下:

```
hbase> create 'st2','baseInfo', {NUMREGIONS=>10, SPLITALGO=>'HexStringSplit'}
```

5.6.3　插入与更新表中的数据

HBase 通过执行 put 命令添加或更新(如果已经存在的话)数据,一次只能为一个表的一个单元格添加一个数据,命令格式如下:

```
put <表名>,<行键>,<列族名:列名>,<值>[,时间戳]
```

例如,给表 student 添加数据,行键是 0001,列族名是 baseInfo,列名是 Sname,值是 ding。具体命令如下:

```
hbase>put 'student','0001','baseInfo:Sname', 'ding'
```

上面的 put 命令会为 student 表中行键是 0001、列族是 baseInfo、列名是 Sname 的单元格添加一个值 ding,系统默认把跟在表名 student 后面的第一个数据作为行键。命令 put 的最后一个参数是添加到单元格中的值。

可以指定时间戳,否则默认为系统当前时间。例如:

```
hbase> put 'student','0001','baseInfo:Sno', '13440106', 201912300909
```

下面再插入几条记录:

```
hbase> put 'student','0002','baseInfo:Sno', '13440107'
hbase> put 'student','0002','baseInfo:Sname', 'yan'
hbase> put 'student','0002','score:C', '90'
hbase> put 'student','0003','baseInfo:Sname', 'feng'
hbase> put 'student','0004','baseInfo:Sname', 'wang'
hbase> put 'student','0004','baseInfo:Ssex', 'male'
hbase> put 'student','0004','score:Python', '76'
```

5.6.4 查看表中的数据

HBase 中有两个用于查看表中数据的命令。

1. 查看某行数据的 get 命令

get 命令的语法格式如下:

```
get <表名>,<行键>[,<列族:列名>,…]
```

1)查询某行

可以执行如下命令返回 student 表中 0001 行的数据:

```
hbase> get 'student', '0001'
COLUMN                    CELL
 baseInfo:Sname           timestamp=1580729648426, value=ding
 baseInfo:Sno             timestamp=201912300909, value=13440106
```

2)查询某行某列

查询表 student 中行键为 0001 的 baseInfo 列族下的 Sname 的值:

```
hbase> get 'student','0001', 'baseInfo:Sname'
COLUMN            CELL
 baseInfo:Sname   timestamp=1580729648426, value=ding
```

3)查询满足某限制条件的行

查询 student 表中行键为 0001 的这一行,只显示 baseInfo:Sname 这一列,并且只显示最新的两个版本:

```
hbase> get 'student', '0001', {COLUMNS => 'baseInfo:Sname', VERSIONS => 2}
COLUMN            CELL
 baseInfo:Sname   timestamp=1580729648426, value=ding
```

查看指定列的内容,并限定显示最新的两个版本和时间范围:

```
hbase(main):038:0> get 'student', '0001', {COLUMN => 'baseInfo:Sname', VERSIONS
=> 2, TIMERANGE => [1392368783980, 1392380169184]}
COLUMN            CELL
0 row(s) in 0.0140 seconds
```

2. 浏览表的全部数据的 scan 命令

scan 命令的语法如下:

```
scan <table>, {COLUMNS => [ <family:column>,… ], LIMIT => num}
```

1）浏览全表

浏览 student 表的全部数据：

```
hbase> scan 'student'
```

该命令的执行结果如图 5-7 所示。

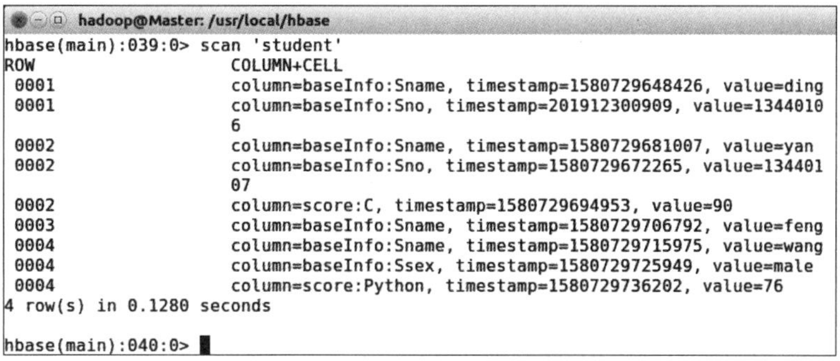

图 5-7　scan 'student'执行结果

2）浏览时指定列族

查询 student 表中列族为 baseInfo 的信息：

```
hbase> scan 'student', {COLUMNS => ['baseInfo']}
```

3）浏览时指定列族并限定显示最新的两个版本的内容

```
hbase> scan 'student', {COLUMNS => 'baseInfo', VERSIONS =>2}
```

4）设置开启 Raw 模式

开启 Raw 模式会把那些已添加删除标记但是未实际删除的数据也显示出来。例如：

```
hbase> scan 'student', {COLUMNS => 'baseInfo', RAW => true}
```

5）列的过滤浏览

查询 student 表中列族为 baseInfo、列名为 Sname，以及列族为 score、列名为 Python 的信息：

```
hbase> scan 'student', {COLUMNS => ['baseInfo:Sname', 'score:Python']}
```

查询 student 表中列族为 baseInfo、列名为 Sname 并且最新的两个版本的信息：

```
hbase> scan 'student', {COLUMNS => 'baseInfo:Sname', VERSIONS =>2}
```

查询 student 表中列族为 baseInfo，行键范围是[0001，0003)的数据：

```
hbase> scan 'student', {COLUMNS => 'baseInfo', STARTROW => '0001', ENDROW =>
'0003'}
```

此外，可用 count 命令查询表中的数据行数，其语法格式如下：

```
count <表名>, {INTERVAL => intervalNum, CACHE => cacheNum}
```

其中，INTERVAL 用来设置多少行显示一次，默认是 1000；CACHE 用来设置缓存区大小，默认是 10，调整该参数可提高查询速度。例如：

```
hbase> count 'student', {INTERVAL => 10, CACHE => 50}
4 row(s) in 0.0240 seconds
```

5.6.5　删除表中的数据

在 HBase 中用 delete、deleteall 和 truncate 命令进行删除数据操作。三者的区别是：delete 命令用于删除一个单元格数据，deleteall 命令用于删除一行数据，truncate 命令用于删除表中的所有数据。

1）删除行中的某个单元格数据

delete 命令的语法格式如下：

```
delete <表名>，<行键>，<列族名:列名>，<时间戳>
```

删除 student 表中 0001 行中的 baseInfo：Sname 的数据，命令如下：

```
hbase> delete 'student','0001','baseInfo:Sname'
```

上述语句将删除 0001 行 baseInfo：Sname 列所有版本的数据。

2）删除行

使用 deleteall 命令删除 student 表中 0001 行的全部数据，命令如下：

```
hbase> deleteall 'student','0001'
```

3）删除表中的所有数据

删除 student 表的所有数据，命令如下：

```
hbase> truncate 'student'
```

5.6.6　表的启用/禁用

enable 和 disable 命令可以启用/禁用表，is_enabled 和 is_disabled 命令用来检查表是否被启用/禁用。例如：

```
hbase> disable 'student'                     #禁用 student 表
hbase> is_disabled 'student'                 #检查 student 表是否被禁用
true
hbase> enable 'student'                      #启用 student 表
hbase(main):048:0> is_enabled 'student'      #检查 student 表是否被启用
true
```

5.6.7　修改表结构

修改表结构必须先禁用表。例如：

```
hbase> disable 'student'                     #禁用 student 表
```

通过执行 alter 命令修改表结构。

1. 添加列族

语法格式如下：

```
alter '表名'，'列族名'
```

例如：

```
hbase> alter 'student', 'teacherInfo'        #添加列族 teacherInfo
Updating all regions with the new schema...
1/1 regions updated.
Done.
```

2. 删除列族

语法格式如下：

```
alter '表名', {NAME =>'列族名', METHOD =>'delete'}
```

例如：

```
hbase> alter 'student', {NAME => 'teacherInfo', METHOD => 'delete'}
Updating all regions with the new schema...
1/1 regions updated.
Done.
```

3. 更改列族存储版本数量

默认情况下，列族只存储一个版本的数据。如果需要存储多个版本的数据，则需要修改列族的 VERSIONS 属性。例如：

```
hbase> alter 'student',{NAME=>'baseInfo',VERSIONS=>3}      #版本数量改为 3
```

5.6.8　删除 HBase 表

删除表需要两步操作：第一步禁用表，第二步删除表。例如，要删除 student 表，可以执行如下命令：

```
hbase> disable 'student'                         #禁用 student 表
hbase> drop 'student'                            #删除 student 表
```

◆ 5.7　HBase 的 Java API 操作

与 HBase 数据存储管理相关的 Java API 主要包括 HBaseAdmin、HBaseConfiguration、HTable、HTableDescriptor、HColumnDescriptor、Put、Get、Scan、Result。

5.7.1　HBase 数据库管理 API

1. HBaseAdmin

org.apache.hadoop.hbase.client.HBaseAdmin 类主要用于管理 HBase 数据库的表信息，包括创建或删除表、列出表项、使表有效或无效、添加或删除表的列族成员、检查 HBase 的运行状态等。HBaseAdmin 类的主要方法如表 5-7 所示。

表 5-7　HBaseAdmin 类的主要方法

方　法　名	返回值类型	方　法　描　述
addColumn(tableName, column)	void	向一个已存在的表中添加列
createTable(tableDescriptor)	void	创建表
disableTable(tableName)	void	使表无效
deleteTable(tableName)	void	删除表
enableTable(tableName)	void	使表有效
tableExists(tableName)	Boolean	检查表是否存在
listTables()	HTableDescriptor	列出所有表

用法示例:

```
HBaseAdmin admin = new HBaseAdmin(config);
admin.disableTable("tableName")
```

2. HBaseConfiguration

org.apache.hadoop.hbase.HBaseConfiguration 类主要用于管理 HBase 的配置信息。HBaseConfiguration 类的主要方法如表 5-8 所示。

表 5-8 HBaseConfiguration 类的主要方法

方 法 名	返回值类型	方法描述
create()	org. apache. hadoop. conf.Configuration	使用默认的 HBase 配置文件创建Configuration
addHbaseResources (org. apache. hadoop. conf. Configuration conf)	org. apache. hadoop. conf.Configuration	向当前 Configuration 添加 conf 中的配置信息
merge (org. apache. hadoop. conf. Configuration destConf,org.apache.hadoop.conf.Configuration srcConf)	static void	合并两个 Configuration
set(String name,String value)	void	通过属性名设置值
get(String name)	void	获取属性名对应的值

用法示例:

```
HBaseConfiguration hconfig = new HBaseConfiguration();
hconfig.set("hbase.zookeeper.property.clientPort", "2081");
```

该方法设置 hbase.zookeeper.property.clientPort(客户端的端口号)为 2081。

一般情况下,HBaseConfiguration 会使用构造函数进行初始化,然后使用其他方法。

5.7.2 HBase 数据库表 API

1. HTable

org.apache.hadoop.hbase.client.HTable 类用于与 HBase 进行通信。如果多个线程对一个 HTable 对象进行 put 或者 delete 操作,则写缓冲器可能会崩溃。HTable 类的主要方法如表 5-9 所示。

表 5-9 HTable 类的主要方法

方 法 名	返回值类型	方 法 描 述
close()	void	释放所有资源
exists(Get get)	Boolean	检查 Get 实例所指的值是否存在于 HTable 的列中
get(Get get)	Result	从指定行的单元格中取得相应的值
getScanner(byte[] family)	ResultScanner	获取当前给定列族的 scanner 实例
getTableDescriptor()	HTableDescriptor	获得当前表的 HTableDescriptor 对象
getName()	TableName	获取当前表名
put(Put put)	void	向表中添加值

用法示例：

```
HTable table = new HTable(conf, Bytes.toBytes(tableName));
ResultScanner scanner = table.getScanner(family);
```

2. HTableDescriptor

org.apache.hadoop.hbase.HTableDescriptor 类包含了 HBase 表的详细信息，如表的列族、表的类型（-ROOT-表、.META.表）等。HTableDescriptor 类的主要方法如表 5-10 所示。

表 5-10　HTableDescriptor 类的主要方法

方　法　名	返回值类型	方　法　描　述
addFamily(HColumnDescriptor family)	HTableDescriptor	添加一个列族
getFamilies()	Collection＜HColumnDescriptor＞	返回表中所有列族的名称
getTableName()	TableName	返回表名实例
getValue(Bytes key)	Byte[]	获得某个属性的值
removeFamily(byte[] column)	HTableDescriptor	删除某个列族
setValue(byte[] key，byte[] value)	HTableDescriptor	设置属性的值

用法示例：

```
HTableDescriptor htd = new HTableDescriptor(table);
htd.addFamily(new HColumnDescriptor("family"));
```

上述示例通过一个 HTableDescriptor 实例为 HTableDescriptor 添加了一个列族 family。

3. HColumnDescriptor

org.apache.hadoop.hbase.HColumnDescriptor 类维护关于列族的信息，如版本号、压缩设置等。它通常在创建表或者为表添加列族的时候使用。列族被创建后不能直接修改，只能删除后重新创建。列族被删除的时候，列族里面的数据也会同时被删除。HColumnDescriptor 类的主要方法如表 5-11 所示。

表 5-11　HColumnDescriptor 类的主要方法

方　法　名	返回值类型	方　法　描　述
getName()	Byte[]	获得列族的名称
getValue(byte[] key)	Byte[]	获得某列单元格的值
setValue(byte[] key，byte[] value)	HColumnDescriptor	设置某列单元格的值

用法示例：

```
HTableDescriptor htd = new HTableDescriptor(tableName);
HColumnDescriptor col = new HColumnDescriptor("content");
htd.addFamily(col);
```

5.7.3 HBase 数据库表行列 API

1. Put

org.apache.hadoop.hbase.client.Put 类用于向单元格添加数据。Put 类的主要方法如表 5-12 所示。

表 5-12　Put 类的主要方法

方 法 名	返回值类型	方 法 描 述
addColumn(byte[] family，byte[] qualifier，byte[] value)	Put	将指定的列族、列名、对应的值添加到 Put 实例中
get(byte[] family，byte[] qualifier)	List<Cell>	获取列族和列名指定的列中的所有单元格
has(byte[] family，byte[] qualifier)	Boolean	检查列族和列名指定的列是否存在
has(byte[] family，byte[] qualifier，byte[] value)	Boolean	检查列族和列名指定的列中是否存在指定的值

用法示例：

```
HTable table = new HTable(conf,Bytes.toBytes(tableName));
Put p = new Put(brow);                   //为指定行创建一个 Put 操作
p.add(family,qualifier,value);
table.put(p);
```

2. Get

org.apache.hadoop.hbase.client.Get 类用来获取单行的信息。Get 类的主要方法如表 5-13 所示。

表 5-13　Get 类的主要方法

方 法 名	返回值类型	方 法 描 述
addColumn(byte[] family，byte[] qualifier)	Get	根据列族和列名获取对应的列
setFilter(Filter filter)	Get	通过设置过滤器获取具体的列

用法示例：

```
HTable table = new HTable(conf, Bytes.toBytes(tableName));
Get g = new Get(Bytes.toBytes(row));
table.get(g);
```

3. Scan

可以利用 org.apache.hadoop.hbase.client.Scan 类限定需要查找的数据，如限定版本号、起始行号、列族、列名、返回数量的上限等。Scan 类的主要方法如表 5-14 所示。

表 5-14　Scan 类的主要方法

方 法 名	返回值类型	方 法 描 述
addFamily(byte[] family)	Scan	限定需要查找的列族

续表

方　法　名	返回值类型	方　法　描　述
addColumn (byte［］ family，byte［］ qualifier)	Scan	限定列族和列名指定的列
setMaxVersions() setMaxVersions(int maxVersions)	Scan	限定版本的最大个数。如果不带任何参数调用该方法，表示取所有的版本。如果不调用该方法，只会取到最新的版本
setTimeRange (long minStamp，long maxStamp)	Scan	限定时间戳范围
setFilter(Filter filter)	Scan	指定过滤器过滤不需要的数据
setStartRow(byte［］ startRow)	Scan	限定开始的行，否则从头开始
setStopRow(byte［］ stopRow)	Scan	限定结束的行(不包含此行)

4. Result

org.apache.hadoop.hbase.client.Result 类用于存放 Get 或 Put 操作后的结果，并以键值对的格式存放在 map 结构中。Result 类的主要方法如表 5-15 所示。

表 5-15　Result 类的主要方法

方　法　名	返回值类型	方　法　描　述
containsColumn(byte［］ family，byte［］ qualifier)	Boolean	检查是否包含列族和列名指定的列
getColumnCells(byte［］ family，byte［］ qualifier)	List＜Cell＞	获得列族和列名指定的列中的所有单元格
getFamilyMap(byte［］ family)	NavigableMap＜byte［］，byte［］＞	根据列族获得包含列和值的所有行的键值对
getValue (byte ［］ family， byte ［］ qualifier)	Byte［］	获得列族和列指定的单元格的最新值

◈ 5.8　HBase 案例实战

本节采用 Eclipse 进行程序开发。在进行 HBase 编程之前，需要首先启动 Hadoop 和 HBase，具体命令如下：

```
$ cd /usr/local/hadoop
$ ./sbin/start-dfs.sh
$ cd /usr/local/hbase
$ ./bin/start-hbase.sh
```

5.8.1　在 Eclipse 中创建工程

由于以 hadoop 用户身份登录了 Linux 操作系统，Eclipse 启动以后，默认的工作目录还是之前设定的/home/hadoop/eclipse-workspace。

在 Eclipse 主界面中选择 File→New→Java Project 选项，创建一个 Java 工程，弹出如图 5-8 所示的 New Java Project 对话框。

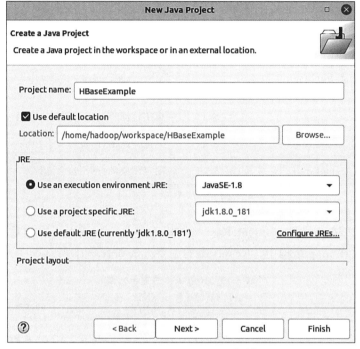

图 5-8　New Java Project 对话框

在 Project name 文本框中输入工程名称 HBaseExample，勾选 Use default location 复选框，然后单击 Next 按钮，进入下一步设置。

5.8.2　添加项目用到的 JAR 包

进入下一步设置以后，会出现如图 5-9 所示的 Java Settings 界面。

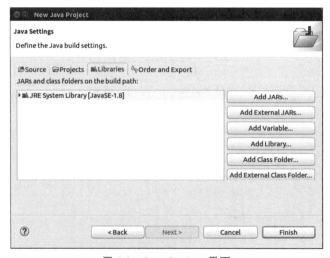

图 5-9　Java Settings 界面

为了编写一个能够与 HBase 交互的 Java 语言应用程序,需要在这个界面中加载该
Java 工程需要用到的 JAR 包,这些 JAR 包中包含了可以访问 HBase 的 Java API。这些
JAR 包都位于 HBase 安装目录的 lib 目录(即/usr/local/hbase/lib)下。单击界面中的
Libraries 选项卡,然后单击右侧的 Add External JARs 按钮,弹出如图 5-10 所示的 JAR
Selection 对话框。

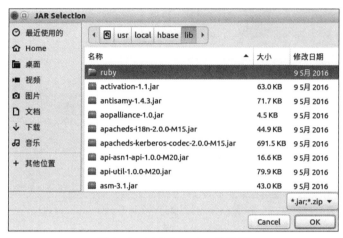

图 5-10　JAR Selection 对话框

选中/usr/local/hbase/lib 目录下除了 ruby 目录以外的所有 JAR 包,然后单击 OK 按
钮完成 JAR 包的添加。最后单击 New Java Project 对话框右下角的 Finish 按钮完成 Java
工程 HBaseExample 的创建。

5.8.3　编写 Java 语言应用程序

1. 创建建表类 CreateHTable

在 Eclipse 工作窗口左侧的 Package Explorer 面板中找到创建的 HBaseExample 工程,
然后在该工程名称上右击,在弹出的快捷菜单中选择 New→Class 选项,弹出如图 5-11 所示
的 New Java Class 对话框。

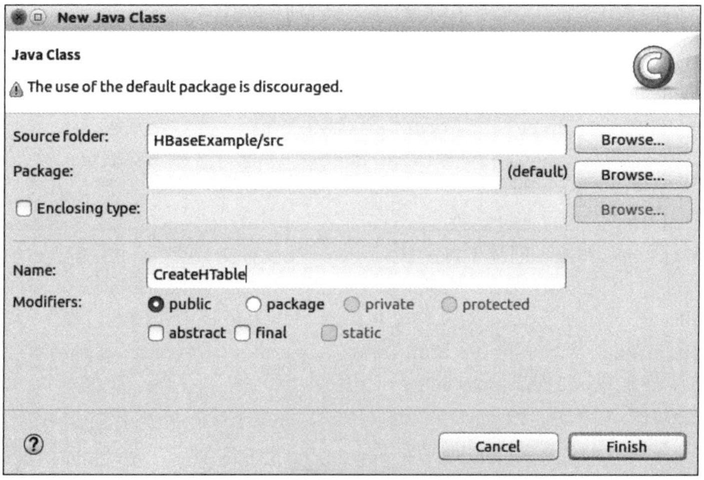

图 5-11　New Java Class 对话框

在图 5-11 的 New Java Class 对话框中，在 Name 文本框中输入新建的 Java 类文件的名称 CreateHTable，其他采用默认设置，然后单击 Finish 按钮，返回如图 5-12 所示的窗口。

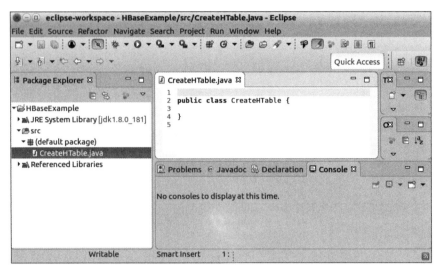

图 5-12　新建 CreateHTable 类文件后的 Eclipse 窗口

可以看到，Eclipse 自动创建了一个名为 CreateHTable.java 的源代码文件，在该文件中输入以下代码：

```java
import org.apache.hadoop.conf.Configuration;
import org.apache.hadoop.hbase.HBaseConfiguration;
import org.apache.hadoop.hbase.HColumnDescriptor;
import org.apache.hadoop.hbase.HTableDescriptor;
import org.apache.hadoop.hbase.client.HBaseAdmin;
import java.io.IOException;
public class CreateHTable{
    public static void create(String tableName, String[] columnFamily) throws
IOException {
        Configuration cfg =  HBaseConfiguration.create();
                                                    //生成 Configuration 对象
        //生成 HBaseAdmin 对象,用于管理 HBase 数据库的表
        HBaseAdmin admin = new HBaseAdmin(cfg);
        //创建表。先判断表是否存在。若存在,先删除,再建表
        if(admin.tableExists(tableName)){
            admin.disableTable(tableName);         //禁用表
            admin.deleteTable(tableName);          //删除表
        }
        //利用 HBaseAdmin 对象的 createTable(HTableDescriptor desc)方法创建表
        //通过 tableName 创建 HTableDescriptor 对象(包含了 HBase 表的详细信息)
        //通过 HTableDescriptor 对象的 addFamily(HColumnDescriptor hcd)方法添加列族
        //HColumnDescriptor 对象则是以列族名作为参数创建的
        HTableDescriptor htd = new HTableDescriptor(tableName);
        for(String column:columnFamily){
            htd.addFamily(new HColumnDescriptor(column));
        }
```

```
        admin.createTable(htd);          //创建表
    }
}
```

2. 创建插入数据类 InsertHData

利用在 HBaseExample 工程中创建 CreateHTable 类的操作创建插入数据类 InsertHData。在 InsertHData.java 的源代码文件中输入以下代码：

```
import org.apache.hadoop.conf.Configuration;
import org.apache.hadoop.hbase.HBaseConfiguration;
import org.apache.hadoop.hbase.client.HTable;
import org.apache.hadoop.hbase.client.Put;
import java.io.IOException;
public class InsertHData {
    public static void insertData ( String tableName, String row, String
columnFamily,String column,String data) throws IOException {
        Configuration cfg = HBaseConfiguration.create();
        //HTable 对象用于与 HBase 进行通信
        HTable table = new HTable(cfg,tableName);
        //通过 Put 对象为已存在的表添加数据
        Put put = new Put(row.getBytes());
        if(column==null)   //判断列名是否为空。如果为空，则直接添加列数据
            put.add(columnFamily.getBytes(),null,data.getBytes());
        else
            put.add(columnFamily.getBytes(),column.getBytes(),data.getBytes());
        //table 对象的 put()方法的输入参数——put 对象表示单元格数据
        table.put(put);
    }
}
```

3. 创建建表测试类 TestCreateHTable

利用在 HBaseExample 工程中创建 CreateHTable 类的操作创建建表测试类 TestCreateHTable。在 TestCreateHTable 的源代码文件中输入以下代码：

```
import java.io.IOException;
public class TestCreateHTable{
    public static void main(String[] args) throws IOException {
        //先创建一个 Student 表,列族有 baseInfo 和 scoreInfo
        String[] columnFamily = {"baseInfo","scoreInfo"};
        String tableName = "Student";
        CreateHTable.create(tableName,columnFamily);
        //插入数据
        //插入 Ding 的信息和成绩
        InsertHData.insertData("Student","Ding","baseInfo","Ssex","female");
        InsertHData.insertData("Student","Ding","baseInfo","Sno","10106");
        InsertHData.insertData("Student","Ding","scoreInfo","C","86");
        InsertHData.insertData("Student","Ding","scoreInfo","Java","82");
        InsertHData.insertData("Student","Ding","scoreInfo","Python","87");
        //插入 Yan 的信息和成绩
        InsertHData.insertData("Student","Yan","baseInfo","Ssex","female");
        InsertHData.insertData("Student","Yan","baseInfo","Sno","10108");
        InsertHData.insertData("Student","Yan","scoreInfo","C","90");
```

```
InsertHData.insertData("Student","Yan","scoreInfo","Java","91");
InsertHData.insertData("Student","Yan","scoreInfo","Python","93");
//插入 Feng 的信息和成绩
InsertHData.insertData("Student","Feng","baseInfo","Ssex","female");
InsertHData.insertData("Student","Feng","baseInfo","Sno","10107");
InsertHData.insertData("Student","Feng","scoreInfo","C","89");
InsertHData.insertData("Student","Feng","scoreInfo","Java","83");
InsertHData.insertData("Student","Feng","scoreInfo","Python","85");
    }
}
```

5.8.4　编译运行程序

在开始编译运行程序之前,一定要确保 Hadoop 和 HBase 已经启动运行。对于 5.8.3
节创建的 TestCreateHTable 类,选择 Run→Run as→Java Application 选项运行程序。程
序运行结束后,在 Linux 操作系统的终端中启动 HBase Shell,执行 list 命令查看是否存在
名称为 Student 的表:

```
hbase> list
TABLE
Student
student
t2
3 row(s) in 0.3810 seconds
```

从上面的输出结果可以看出,已经存在 Student 表,执行 scan "Student"命令,浏览表的
全部数据,结果如图 5-13 所示。

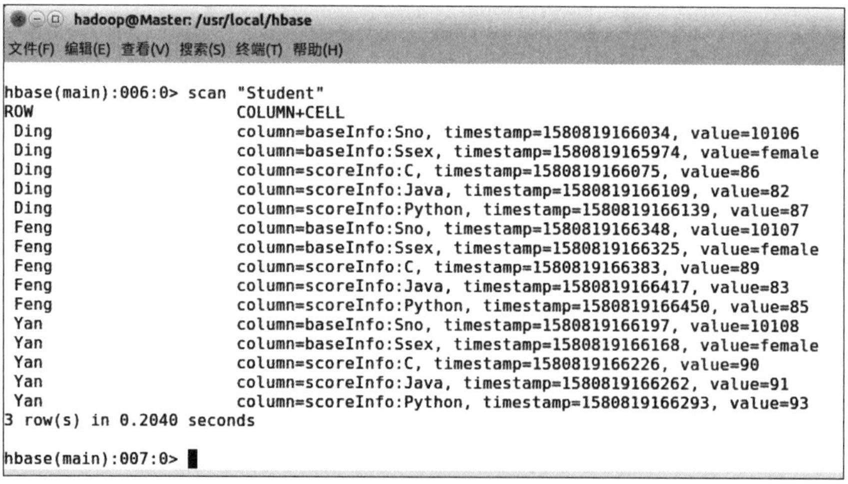

图 5-13　执行 scan "Student"命令的结果

从图 5-13 的输出结果可以看出,Student 表已经插入了数据,而且是根据行键的字典序
排列的,与插入顺序无关。

5.9　利用 Python 语言操作 HBase

利用 Python
语言操作
HBase

HappyBase 是 FaceBook 公司开发的操作 HBase 的 Python 库。它基于 Python Thrift，但使用方式比 Thrift 简单，已得到广泛应用。

5.9.1　HappyBase 的安装

打开一个终端，通过执行如下命令安装 HappyBase：

```
$ pip install happybase
```

执行上述命令将安装 HappyBase 和 Thrift。

在终端中执行如下命令开启 thrift：

```
$ hbase thrift start
```

执行该命令后，终端不能关闭。然后就可以利用 Python 语言操作 HBase 了。

HappyBase 主要由 4 个大类构成，分别是 Connection(连接)类、Table(表)类、Batch(批处理)类、ConnectionPool(连接池)类。下面简要介绍 Connection 类和 Table 类。

5.9.2　Connection 类

Connection 类用来建立连接 HBase 的对象，但需要通过 Thrift 服务才能连接到 HBase。

Connection 类的构造函数的语法格式如下：

```
happybase.Connection(host='localhost', port=9090, timeout=None, autoconnect=
true, table_prefix=None, table_prefix_separator=b'_', compat='0.98', transport
='buffered', protocol='binary')
```

相关参数说明如下。

(1) host：要连接的 HBase Thrift 服务器的地址。

(2) port：要连接的服务器的端口，默认为 9090。

(3) timeout：要创建的 Socket 连接对象的通信超时时间，单位是毫秒。

(4) autoconnect：连接是否直接打开。默认为 true，即直接打开连接。

(5) table_prefix：用于构造表名的前缀，非强制配置。

(6) table_prefix_separator：用于表名前缀的分隔符。

(7) compat：通信协议版本。

(8) transport：传输模式。

(9) protocol：协议。

Connection 类中的函数大部分用于打开或关闭连接，以及对表进行操作。

下面给出 Connection 类的应用示例。

执行如下命令启动 Hadoop、Hbase 和 Thrift：

```
$ cd /usr/local/hadoop
$ ./sbin/start-dfs.sh
```

```
$ cd /usr/local/hbase
$ bin/start-hbase.sh
$ hbase thrift start
```

打开一个新的终端,进入 PySpark,用 Python 语言连接 HBase:

```
>>> import happybase
>>> connection = happybase.Connection('localhost')
>>> connection.tables()                        #列出可用的表
[b'student', b'student1']
```

Connection 类的主要函数介绍如下:

(1) connection.open():建立与服务器的连接。

(2) connection.close():关闭与服务器的连接。

(3) connection.create_table(name,families):创建表,name 用来指定表名,families 用来指定列族,用字典数据类型表示。

(4) connection.delete_table(name,disable = false):删除表,disable 表示是否先禁用表。

(5) connection.disable_table(name):禁用表。

(6) enable_table(name):启用表。

(7) disable_table(name):禁用表。

(8) connection.table(name,user_prefix = true):获取一个表对象,返回一个 happybase.Table 对象。user_prefix 表示是否使用表名前缀,默认为 true。

5.9.3 Table 类

Table 类是与表中数据交互的主要类,该类提供了数据检索和操作方法。例如:

```
>>> stu = connection.table('student')        #通过 Connection 类获取 Table 对象
>>> type(stu)
<class 'happybase.table.Table'>
>>> stu.families                              #获取列族信息
<bound method Table.families of <happybase.table.Table name=b'student'>>
>>> scanner = stu.scan()                      #通过 scan()函数获取数据,返回结果是一个迭代器
>>> for key, data in scanner:                 #获取迭代器中的数据
...     print(key,data)
```

◈ 5.10 拓展阅读——HBase 存储策略的启示

HBase 将数据表的列组合成多个列族,同一个列族下的数据集中存放。由于查询操作通常是基于列名进行的条件查询,可以把经常查询的列组成一个列族,查询时只需要扫描相关列名下的数据,避免了关系数据库基于行存储的方式下需要扫描所有行的数据记录的额外资源开销,可极大地提高访问性能。HBase 基于列族存储数据的策略充分利用了整体与部分这个重要哲学思想。

(1) 整体居于主导地位,统率部分;离开了整体,部分就不成其为部分。应当树立全局观念,立足整体,选择最佳方案,实现整体的最优目标,从而达到整体功能大于部分功能之和

的理想效果。

（2）整体是由部分构成的，部分的功能及其变化会影响整体的功能，关键部分的功能及其变化甚至对整体的功能起决定作用。必须重视局部的作用，做好局部工作，用局部的发展推动全局的发展。

◆ 5.11　习　　题

1. 简述 HBase 与传统关系数据库的区别。
2. 举例说明 HBase 数据表的逻辑视图和物理视图。
3. 在设计 HBase 表时需要考虑哪些因素？
4. 在 HBase 中如何确定用户数据的存放位置？
5. 简述 HBase 中两个用于查看表中数据的 get 命令与 scan 命令的用法。

第6章

流数据采集

数据采集是指从各种来源(如传感器、数据库、API、互联网、社交媒体等)收集和提取大量的数据,并将其存储在一个地方,作为后续数据分析和挖掘的基础。本章主要介绍 Flume 和 Kafka 两种流数据采集工具。

流数据采集
工具 Flume

◈ 6.1 流数据采集工具 Flume

流数据(streaming data)是指在不间断的数据流中产生的实时数据,这些数据通常是按照时间顺序产生的,具有高速、高频、数量大、实时等特点。流数据的来源包括传感器、移动设备、社交媒体、网络日志、在线广告等各种实时数据源。流数据随时随地都在产生,需要实时处理和分析,处理流数据需要采用特殊的技术和工具。

6.1.1 Flume 概述

Flume 是 Cloudera 开发的一个高可用的、高可靠的、分布式的海量日志采集、聚合和传输的系统。Flume 提供了从各种数据源上收集数据的能力,以及将收集的流数据写入 HDFS、HBase、Kafka 等众多外部存储系统的能力。

Flume 主要具有以下几个特点。

1. 良好的扩展性

Flume 的架构是完全分布式的,没有任何中心化组件,使得其非常容易扩展。

2. 高度定制化

Flume 采用插拔式架构,各组件插拔式配置,用户可以很容易地根据需求自由定义。

3. 良好的可靠性

Flume 内置了事务支持,能保证发送的每条数据能够被下一跳收到而不丢失。

6.1.2 Flume 组成架构

Flume 系统中的核心组件是 Agent,是 Flume 中最小的独立运行单位,运行在日志收集节点上。Agent 是一个 JVM 进程,它以事件的形式将数据从源头送至目的地,Agent 主要由 3 个部分组成:source、channel 和 sink。Agent 组成结构如图 6-1 所示。

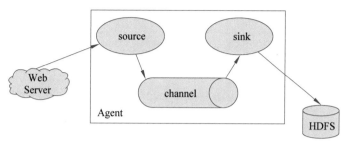

图 6-1　Agent 组成结构

Flume 数据传输的基本单元是 event(数据流事件),Flume 数据传输是以 event 的形式将数据从源头送至目的地。event 由 Header 和 body 两部分组成,Header 用来存放该 Event 的一些属性,为 K-V 结构,body 用来存放该条数据,形式为字节数组。

source 是负责接收数据到 Agent 的组件。source 组件可以处理各种类型、各种格式的日志数据,具体包括 avro(提供一个基于 avro 协议的服务器,绑定到某个端口,等待 avro 协议客户端发送过来的数据)、thrift(同 avro,不过传输协议为 thrift)、exec(执行某个命令或者脚本,并将执行结果的输出作为数据源)、jms(从消息对列获取数据)、spooling directory(采集本地静态文件)、syslog(采集系统)、http(支持 http 的发送数据)、Kafka(从 Kafka 中获取数据)等类型的日志数据。

channel 位于 source 和 sink 之间,channel 的作用类似队列,用于临时缓存进来的 event,当 sink 成功地将 event 发送到下一跳的 channel 或最终目的地,event 从 channel 中移除。source 把数据写入 channel,sink 从 channel 中读取数据。channel 可以同时处理几个 source 的写入操作和几个 sink 的读取操作。Flume 有两种类型的 channel:memory channel(在内存队列中缓存 event)和 file channel(在磁盘文件中缓存 event)。memory channel 具有非常高的性能,但出现故障后,内存中的数据会丢失,另外,内存不足时,可能导致 Agent 崩溃。file channel 弥补了 memory channel 的不足,但性能吞吐率有所下降。

sink 不断地轮询 channel 中的事件且批量地移除它们,并将这些事件批量写入存储系统,或者将它们发送到其他 Agent 中。sink 是完全事务性的,在从 channel 中批量删除事件之前,sink 用 channel 启动一个事务。批量事件一旦成功写出到存储系统或下一个 Agent,sink 就利用 channel 提交事务,事务一旦被提交,该 channel 从自己的内部缓冲区删除事件。

Flume 拓扑结构有多种形式,具体有串行模式,如图 6-2 所示,此结构将多个 Agent 给顺序连接起来,从最初的 source 开始到最终 sink 传送的目的存储系统。

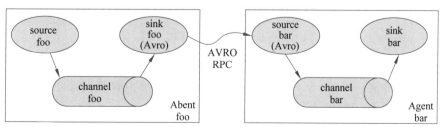

图 6-2　串行模式

复制模式（单 source 多 channel、sink 模式），如图 6-3 所示，将事件流向一个或者多个目的地，这种模式将数据源复制到多个 channel 中，每个 channel 都有相同的数据。

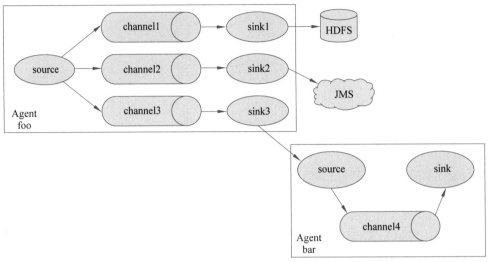

图 6-3　复制模式

负载均衡模式（单 source、channel 多 sink），如图 6-4 所示，将多个 sink 逻辑上分到一个 sink 组，Flume 将数据发送到不同的 sink，主要解决负载均衡和故障转移问题。

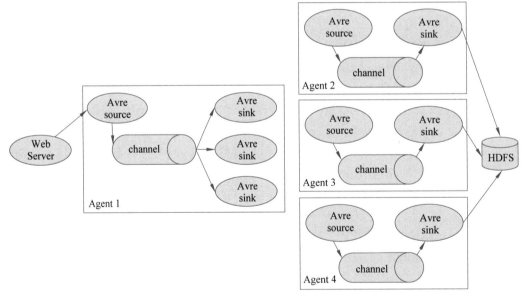

图 6-4　负载均衡模式

聚合模式，如图 6-5 所示，这种模式最常见，日常 Web 应用通常分布在上百个服务器上，每台服务器部署一个 Flume 采集日志，传送到一个集中收集日志的 Flume，再由此 Flume 将日志上传到 HDFS、Hive、HBase 等系统中。

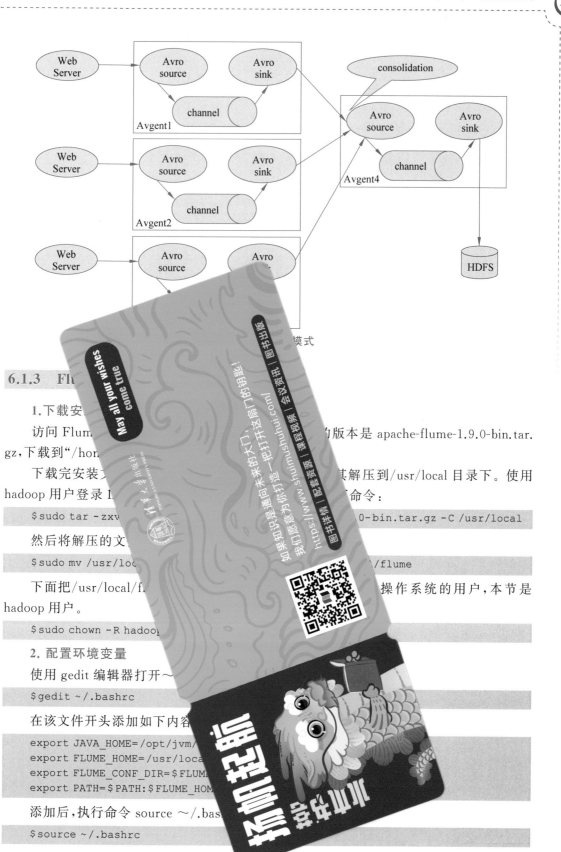

模式

6.1.3 Fl...

1.下载安...

访问 Flum...的版本是 apache-flume-1.9.0-bin.tar.
gz,下载到"/hon...

下载完安装...其解压到/usr/local 目录下。使用
hadoop 用户登录 L...命令:

```
$ sudo tar -zxv...0-bin.tar.gz -C /usr/local
```

然后将解压的文...

```
$ sudo mv /usr/loc.../flume
```

下面把/usr/local/f...操作系统的用户,本节是
hadoop 用户。

```
$ sudo chown -R hadoop...
```

2. 配置环境变量

使用 gedit 编辑器打开~...

```
$ gedit ~/.bashrc
```

在该文件开头添加如下内容...

```
export JAVA_HOME=/opt/jvm/...
export FLUME_HOME=/usr/loca...
export FLUME_CONF_DIR=$FLUM...
export PATH=$PATH:$FLUME_HOM...
```

添加后,执行命令 source ~/.bas...

```
$ source ~/.bashrc
```

将/usr/local/flume/conf 目录下的 flume-env.sh.template 文件重命名为 flume-env.sh,具体命令如下:

```
$ cd /usr/local/flume/conf
$ sudo mv flume-env.sh.template flume-env.sh      #修改文件名
```

使用 gedit 编辑器打开 flume-env.sh 文件,命令如下:

```
$ gedit flume-env.sh
```

在 flume-env.sh 文件开头添加如下内容:

```
export JAVA_HOME=/opt/jvm/jdk1.8.0_181
```

3. 查看 Flume 版本验证是否安装成功

执行如下命令查看 Flume 版本:

```
$ cd /usr/local/flume
$ ./bin/flume-ng version      #查看 Flume 版本
```

执行查看 Flume 版本命令后,会出现如图 6-6 所示的版本信息。

```
hadoop@Master:~/桌面$ cd /usr/local/flume
hadoop@Master:/usr/local/flume$ ./bin/flume-ng version
错误: 找不到或无法加载主类 org.apache.flume.tools.GetJavaProperty
Flume 1.9.0
Source code repository: https://git-wip-us.apache.org/repos/asf/flume.git
Revision: d4fcab4f501d41597bc616921329a4339f73585e
Compiled by fszabo on Mon Dec 17 20:45:25 CET 2018
From source with checksum 35db629a3bda49d23e9b3690c80737f9
```

图 6-6　Flume 版本信息

注意:如果系统之前安装了 HBase,按照上述方法配置,执行查看 Flume 版本命令后会出现"错误:找不到或无法加载主类 org.apache.flume.tools.GetJavaProperty"。可以通过修改 hbase-env.sh 文件来解决,将文件中的"export HBASE_CLASSPATH= /usr/local/hadoop/conf"这一行注释掉,即在语句前面加一个#。具体实现命令如下。

```
$ sudo gedit /usr/local/hbase/conf/hbase-env.sh   #打开文件
```

在文件中的"export HBASE_CLASSPATH=/usr/local/hadoop/conf"的前面加#。保存文件并退出 gedit 编辑器,这样就可以顺利查看 Flume 版本。

4. 配置 Flume

下面配置 Flume 运行文件 flume-conf.properties。

```
$ cd /usr/local/flume/conf
$ cp flume-conf.properties.template flume-conf.properties
$ gedit flume-conf.properties   #然后编辑 flume-conf.properties 文件写入以下内容
#1.Name the components on this agent
a1.sources =r1
a1.sinks =k1
a1.channels =c1

#2.Describe/configure the source
a1.sources.r1.type =netcat
a1.sources.r1.channels =c1
a1.sources.r1.bind =0.0.0.0
a1.sources.r1.port =4444
```

```
#注意这个端口名,在 6.1.4 节中会用得到

#3.Describe the sink
a1.sinks.k1.type =logger

#4.Use a channel which buffers events in memory
a1.channels.c1.type =memory
a1.channels.c1.capacity =1000
a1.channels.c1.transactionCapacity =100

#5.Bind the source and sink to the channel
a1.sources.r1.channels =c1
a1.sinks.k1.channel =c1
```

5. 运行 Flume

```
#启动日志控制台
$cd /usr/local/flume/bin
$flume-ng agent --name a1 --conf /usr/local/flume/conf \
--conf-file /usr/local/flume/conf/flume-conf.properties -Dflume.root.logger
=INFO,console
```

上述启动命令的相关参数说明如下。

--name a1：表示给 agent 起名为 a1。

--conf /usr/local/flume/conf：表示配置文件存储在 conf 目录。

--conf-file /usr/local/flume/conf/flume-conf.properties：Flume 本次启动读取的配置文件是在 conf 目录下的 flume-conf.properties 文件。

-Dflume.root.logger = INFO, console：-D 表示 Flume 运行时动态修改 flume.root.logger 参数属性值,并将控制台日志打印级别设置为 INFO 级别。日志级别包括 log、info、warn、error。

输出如图 6-7 所示内容表示 Flume 启动成功,此处将此窗口称为 agent 窗口。

```
2023-01-29 17:05:39,852 (conf-file-poller-0) [INFO - org.apache.flume.node.Application.startAllComponent
s(Application.java:169)] Starting Channel c1
2023-01-29 17:05:39,939 (lifecycleSupervisor-1-0) [INFO - org.apache.flume.instrumentation.MonitoredCoun
terGroup.register(MonitoredCounterGroup.java:119)] Monitored counter group for type: CHANNEL, name: c1:
Successfully registered new MBean.
2023-01-29 17:05:39,940 (lifecycleSupervisor-1-0) [INFO - org.apache.flume.instrumentation.MonitoredCoun
terGroup.start(MonitoredCounterGroup.java:95)] Component type: CHANNEL, name: c1 started
2023-01-29 17:05:39,940 (conf-file-poller-0) [INFO - org.apache.flume.node.Application.startAllComponent
s(Application.java:196)] Starting Sink k1
2023-01-29 17:05:39,945 (conf-file-poller-0) [INFO - org.apache.flume.node.Application.startAllComponent
s(Application.java:207)] Starting Source r1
2023-01-29 17:05:39,952 (lifecycleSupervisor-1-1) [INFO - org.apache.flume.source.NetcatSource.start(Net
catSource.java:155)] Source starting
2023-01-29 17:05:39,958 (lifecycleSupervisor-1-1) [INFO - org.apache.flume.source.NetcatSource.start(Net
catSource.java:166)] Created serverSocket:sun.nio.ch.ServerSocketChannelImpl[/0:0:0:0:0:0:0:0:4444]
```

图 6-7　Flume 启动成功界面

6.1.4　Flume 简单使用

首先启动 Flume 任务,在服务端监控本机 4444 端口;然后,客户端通过 netcat 工具向本机 4444 端口发送消息;最后 Flume 将监听的数据实时显示在控制台。具体实现步骤如下。

1. 安装 netcat 工具

netcat 是 Linux 操作系统中的网络工具,其通过 TCP 和 UDP 在网络中读写数据。如果与其他工具结合,以及加上重定向功能,还可以实现很多不同的功能。如果系统没有安装

netcat,可以执行如下命令安装 netcat 工具:

```
$ sudo apt install netcat-openbsd
```

执行如下命令判断 4444 端口是否被占用:

```
$ sudo netstat -tunlp | grep 4444
```

2. 监听指定端口 telnet 发送来的数据

再另外打开一个终端,发送数据,输入完一条数据后按 Enter 键,出现 OK 表示数据已经发送。

```
$ telnet localhost 4444
Trying 127.0.0.1...
Connected to localhost.
Escape character is '^]'.
hello
OK
1234
OK
world
OK
```

然后,在 agent 窗口查看到如下采集结果:

```
2023-01-30 22:42:19,463 (SinkRunner-PollingRunner-DefaultSinkProcessor) [INFO
- org. apache. flume. sink. LoggerSink. process (LoggerSink. java: 95)] Event: {
headers:{} body: 68 65 6C 6C 6F 0D                             hello. }
2023-01-30 22:42:28,474 (SinkRunner-PollingRunner-DefaultSinkProcessor) [INFO
- org. apache. flume. sink. LoggerSink. process (LoggerSink. java: 95)] Event: {
headers:{} body: 31 32 33 34 0D                               1234. }
2023-01-30 22:45:14,626 (SinkRunner-PollingRunner-DefaultSinkProcessor) [INFO
- org. apache. flume. sink. LoggerSink. process (LoggerSink. java: 95)] Event: {
headers:{} body: 77 6F 72 6C 64 0D                            world. }
```

◈ 6.2 Kafka 分布式发布订阅消息系统

Kafka 分布式发布订阅消息系统

Kafka 是一种高吞吐量、持久性、分布式的发布订阅的消息队列系统。它最初由 LinkedIn 公司开发,使用 Scala 语言编写,Kafka 于 2010 年被 Linkedin 公司贡献给了 Apache 基金会并成为顶级开源项目。

6.2.1 Kafka 基本架构

在大数据处理系统中,经常会碰到这样一个问题,整个大数据处理系统是由多个子系统组成,数据需要在各个子系统中快速、低延迟地不停流转。传统的企业消息系统很难胜任大规模数据处理,于是同时兼顾在线应用(消息)和离线应用(数据文件,日志)处理的 Kafka 系统出现了。

为了更好地理解 Kafka,首先给出如下相关概念。

(1) 生产者(producer):消息和数据的生产者,主要负责生产消息到指定 broker 的主题(topic)中。

（2）服务代理（broker）：Kafka 节点就是被称为 broker，主要负责创建 topic，存储 producer 所发布的消息并处理这些消息。

（3）主题（topic）：特指 Kafka 处理的消息源（feeds of messages）的不同分类。同一个 Topic 的消息可以分布在一个或多个 broker 上。

（4）分区（partition）：在这里被称为 topic 物理上的分组，一个 topic 在 broker 中被分为一个或者多个 partition，也可以说每个 topic 包含一个或多个 partition。

（5）消费者（consumer）：消息和数据的消费者，主要负责主动到已订阅的 topic 中提取已发布的消息并消费这些消息。

（6）消息（message）：每一条发送的消息主体。

（7）ZooKeeper：主要负责维护整个 Kafka 集群的状态，存储 Kafka 各个节点的信息及状态，实现 Kafka 集群的高可用，协调 Kafka 的工作内容。

Kafka 官网给出的 Kafka 架构如图 6-8 所示：

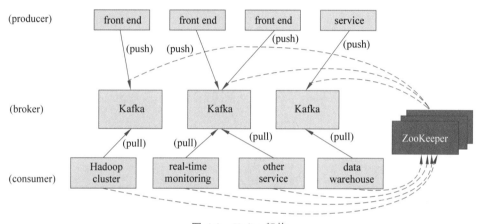

图 6-8　Kafka 架构

Kafka 的整体架构是显式分布式架构，producer、broker（Kafka）和 consumer 都可以有多个。broker 承担一个中间缓存的作用，producer 到 broker 的过程是 push，也就是把数据就推送到 broker，而 consumer 到 broker 的过程是 pull，是通过 consumer 主动去拉数据，而不是 broker 把数据主动发送到 consumer 端。

6.2.2　Kafka 安装

到 Kafka 官网下载与 Spark 的 Scala 版本相一致的 Kafka 安装文件，本书下载的是 kafka_2.12-3.0.0.tgz，此安装文件已经附带 ZooKeeper，不需要额外安装 ZooKeeper。执行如下命令进行安装：

```
$cd /home/hadoop/下载        #进入安装文件所在的目录
$sudo tar -zxf kafka_2.12-3.0.0.tgz -C /usr/local
$cd /usr/local
$sudo mv kafka_2.12-3.0.0/ ./kafka    #重命名
```

执行如下命令把/usr/local/kafka 目录的权限赋予当前登录 Linux 操作系统的用户，本书是 hadoop 用户：

```
$ sudo chown -R hadoop ./kafka        #修改文件权限
```

6.2.3 Kafka 测试实例

打开一个终端,执行如下命令启动 ZooKeeper:

```
$cd /usr/local/kafka           #进入 Kafka 安装目录
$bin/zookeeper-server-start.sh config/zookeeper.properties
```

执行上述命令后,会启动 ZooKeeper 服务,不要关闭该终端,一旦关闭,ZooKeeper 服务就停止了。

打开第 2 个终端,执行如下命令启动 Kafka:

```
$cd /usr/local/kafka
$bin/kafka-server-start.sh config/server.properties
```

执行上述命令后,会启动 Kafka 服务,不要关闭该终端,一旦关闭,Kafka 服务就停止了。

打开第 3 个终端,执行如下命令创建一个名为 kafkatest 的 topic:

```
$cd /usr/local/kafka
$ bin/kafka - topics. sh - - create - - bootstrap - server localhost: 9092 - -
replication-factor 1 --partitions 1 --topic kafkatest
Created topic kafkatest.
```

执行上述命令创建了一个名为 kafkatest 的 topic。可以执行 list 命令列出所有创建的 topic,查看刚才创建的 topic 是否存在,命令如下:

```
$cd /usr/local/kafka
$bin/kafka-topics.sh --list --bootstrap-server localhost:9092
kafkatest
```

执行上述命令,从输出结果可以看到刚才创建的 kafkatest 这个 topic 已经存在。

接下来用 producer 生产一些数据:

```
 $ bin/kafka - console - producer. sh - - broker - list  localhost: 9092 - -
topic kafkatest
```

执行上述命令后,就可以在当前终端内输入一些英文单词,如输入下列单词:

```
Constant dropping wears the stone
Better good neighbours near than relations far away
```

输入的这些数据被 Kafka 捕捉后发送给消费者。现在可以再启动一个终端,执行如下命令启动一个消费者来接收数据:

```
$cd /usr/local/kafka
$bin/kafka- console- consumer.sh - - bootstrap- server localhost: 9092 - - topic
kafkatest --from-beginning
```

可以看到,屏幕上会显示如下结果,也就是刚才输入的两行英文句子:

```
Constant dropping wears the stone
Better good neighbours near than relations far away
```

6.3 习 题

1. 概述 Flume 工具的功能。
2. 概述 Kafka 基本架构。

第7章

典型非关系数据库的安装与使用

NoSQL 数据库的产生是为了解决大规模数据集合多重数据种类带来的挑战,尤其是大数据应用难题。NoSQL 的优点:易扩展,NoSQL 数据库去掉了关系数据库的关系特性,数据之间无关系,这样就非常容易扩展;高性能,NoSQL 数据库都具有非常高的读写性能;灵活的数据模型,NoSQL 无须事先为要存储的数据建立字段,随时可以存储自定义的数据格式。本章简单介绍四大类型的 NoSQL:"键-值"数据库、列族数据库、文档数据库和图数据库。

◆ 7.1 NoSQL 数据库概述

NoSQL 最常见的解释是 non-relational,Not Only SQL 这种解释也被很多人接受。NoSQL 仅是一个概念,泛指非关系数据库,区别于关系数据库,它们不保证关系数据的 ACID 特性,数据存储不需要固定的表结构,通常也不存在连接操作。

7.1.1 NoSQL 数据库兴起的原因

NoSQL 数据库兴起的原因

随着互联网的不断发展,各种类型的应用层出不穷,NoSQL 数据库就是为了满足互联网的业务需求而诞生的,具体需求表现如下。

(1)需要处理的数据集越来越大,其存储量已经远超过单机的容量,数据处理的需求也远超过单机 CPU 的运算能力。所以人们需要分布式的解决方案。

(2)人们对处理数据速度的要求越来越高。在 20 世纪 80 年代,可能很多运算都需要运行一整晚,但是这种事情放在现在就变得不可接受了。对于复杂的统计分析人们可以忍受,但是对于网站应用来说,一定要做到快速响应。

(3)人们需要网络数据服务提供商提供 7×24 小时的服务。如果网站只有一个静态页面,那问题不大,只需要做好 Web 服务器的容错性就行了。如果背后有数据动态变化的数据库的动态网站,那么就必须做好数据库的容错及自动故障迁移。

(4)很多应用场景需要数据库提供更高的写性能和吞吐量。例如,日志型应用,对写性能的要求可能非常高,当写性能成为瓶颈时,通常人们很难通过升级单机配置来解决。所以分布式数据库的需求在这里变得也很重要。

(5)人们对非结构化数据的存储和处理需求日增,在这个变化的世界,互联网领域的应用可能越来越难像软件开发一样,去预先定义各种数据结构。

（6）大部分应用场景对一致性、隔离性和其他一些事务特性的需求可能越来越低,相反,对性能和扩展性的需求可能越来越高。于是在新的需求下,必须做出抉择,放弃一些习惯了的优秀功能,去获取一些需要的新的特性。

7.1.2　NoSQL 数据库的特点

对于 NoSQL 并没有一个明确的范围和定义,但是 NoSQL 数据库都普遍存在下面一些共同特点。

1. 灵活的数据模型

NoSQL 无须事先为要存储的数据建立字段,随时可以存储自定义的数据格式。关系数据库的数据模型定义严格,无法快速存储新的数据类型。

2. 易扩展

NoSQL 数据库种类繁多,但是一个共同的特点都是去掉关系数据库的关系特性。数据之间无关系,因此非常适合互联网应用分布式的特性。在互联网应用中,当一台数据库服务器无法满足数据存储和数据访问的需求时,只需要增加新的服务器,将新的数据存储和数据访问的需求分散到多台服务器上,即可减少单台数据库服务器的性能瓶颈出现的可能性。

3. 高可用

NoSQL 数据库支持自动复制。在分布式 NoSQL 数据库集群中,数据存储服务器会自动将要存储的数据进行备份,即将一份数据复制存储到多台存储服务器上。因此,当多个用户访问同一数据时,可以将用户访问请求分散到多台数据存储服务器上,使 NoSQL 数据库集群具有高可用性。同时,当某台存储服务器出现故障时,其他服务器上的数据可以提供备份,从而具有灾备恢复的能力。

◆ 7.2　"键-值"数据库

"键-值"（key-value）数据库是最简单的 NoSQL 数据库,是键值对的集合。键-值数据库是一张简单的哈希表,主要用在对数据库的所有访问均是通过主键来操作的情况下。客户端可以根据键查询值,设置键所对应的值,或从数据库中删除键。值只是数据库所存储的一块数据,应用程序负责解释数据块中数据的含义。

在"键-值"数据库流行度排行中,Redis 排名第一,它是一款由 VMware 支持的内存数据库。排在第二位的是 Memcached,它在缓存系统中应用十分广泛。之后是 Riak、BerkeleyDB、SimpleDB、DynamoDB,以及甲骨文的 Oracle NoSQL 数据库。

本节"键-值"数据库主要针对 Redis 来讲解。Redis 是一个开源的、使用 C 语言编写的、支持网络交互的、可基于内存也可持久化的"键-值"数据库。

7.2.1　Redis 安装

下载地址为 https://github.com/microsoftarchive/redis/releases。

Redis 有 32 位和 64 位两种类型的版本。这需要根据系统平台的实际情况选择,这里下载 Redis-x64-xxx.zip 压缩包到 D 盘,解压后,将文件夹重新命名为 Redis。

启动 Redis 临时服务的操作如下。

(1) 打开一个 cmd 窗口,进入刚才解压到的目录 D:\Redis,通过执行如下命令启动临时服务:

```
redis-server.exe redis.windows.conf
```

通过这个命令,会创建 Redis 临时服务,不会在 Windows Service 列表中出现 Redis 服务名称和状态,此窗口关闭,服务会自动关闭。命令执行后,会显示如图 7-1 所示的 Redis 临时服务窗口。

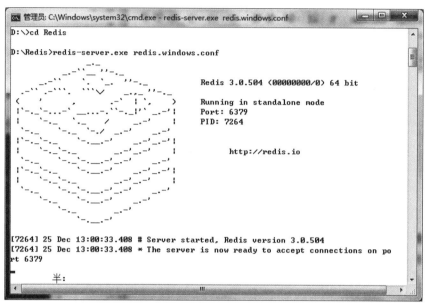

图 7-1　Redis 临时服务窗口

(2) 打开另一个 cmd 窗口,作为客户端,第一个 cmd 窗口不要关闭,否则无法访问服务端。在客户端执行如下命令调用 Redis 服务:

```
redis-cli.exe -h 127.0.0.1 -p 6379
```

执行上述调用 Redis 服务命令后的窗口如图 7-2 所示,之后就可使用 Redis 服务了。

图 7-2　客户端调用 Redis 服务

7.2.2　Redis 数据库的特点

Redis 支持数据的持久化存储,可以将内存中的数据保存在磁盘中,重启时可以再次加载使用。通过两种方式可以实现数据持久化:一是 RDB 快照方式,将内存中的数据不断写入磁盘;二是使用类似 MySQL 的 AOF 日志方式,记录每次更新的日志。前者性能较高,但是可能会引起一定程度的数据丢失,后者相反,Redis 支持将数据存储到多台子数据库上,这种特性对提高读取数据性能非常有益。

(1) Redis 不仅支持简单的"键-值"类型的数据,同时还提供 string、list、set、hash 和 sorted set 数据结构的存储。

(2) Redis 支持数据的备份,即 Master/Slave 模式的数据备份。

(3) 速度快。因为数据存在内存中,类似于 HashMap,HashMap 的优势就是查找和操作的时间复杂度都是 $O(1)$。

(4) 原子性。Redis 的所有操作都是原子性的,所谓的原子性就是对数据的更改要么全部执行,要么全部不执行。

Redis 的主要缺点是数据库容量受到物理内存的限制,不能用作海量数据的高性能读写。因此,Redis 适合的场景主要局限在较小数据量的高性能操作和运算上。

7.2.3　Redis 数据库的基本数据类型

Redis 是一种高级的"键-值"非关系数据库,支持 5 种数据类型:string、list、set、hash 和 sorted set。

1. 字符串(string)

string 是最简单的类型,Redis 的 string 可以包含任何数据,如 JPG 图片或者序列化的对象。string 存储的元素类型可以是 string、int 和 float。

Redis 字符串数据类型的相关命令用于管理 Redis 字符串值,表 7-1 列出了 Redis 字符串常用命令。

表 7-1　Redis 字符串常用命令

字符串命令	描　　　述
set key value	设定 key 持有指定的字符串 value,如果该 key 存在则进行覆盖操作,总是返回 OK
get key	获取 key 的 value。如果与该 key 关联的 value 不是 string 类型,redis 将返回错误信息,因为 get 命令只能用于获取 string value;如果该 key 不存在,返回 null
getrange key start end	返回 key 中字符串值的子字符
getset key value	将给定 key 的值设为 value,并返回 key 的旧值
mget key1 [key2…]	获取所有(一个或多个)给定 key 的值
setex key seconds value	将值 value 关联到 key,并将 key 的过期时间设为 seconds(以秒为单位)
setrange key offset value	用 value 参数覆写给定 key 所储存的字符串值,从偏移量 offset 开始

续表

字符串命令	描 述
strlen key	返回 key 所储存的字符串值的长度
mset key value〔key value…〕	同时设置一个或多个键-值对
incr key	将指定的 key 的 value 增 1。如果该 key 不存在,其初始值为 0,在 incr 之后其值为 1;如果 value 的值不能转成整型,该操作执行失败并返回相应的错误信息
incrby key increment	将 key 所储存的值加上给定的增量值(increment)
decr key	将指定的 key 的 value 减 1。如果该 key 不存在,其初始值为 0,在 incr 之后其值为 −1,如果 value 的值不能转成整型,该操作执行失败并返回相应的错误信息
decrby key decrement	key 所储存的值减去给定的减量值(decrement)
append key value	如果该 key 存在,则在原有的 value 后追加该值;如果该 key 不存在,则重新创建一个键-值对

字符串主要命令使用举例如下:

```
127.0.0.1:6379>set myKey abc
OK
127.0.0.1:6379>get myKey
"abc"
127.0.0.1:6379>set string1 hadoop
OK
127.0.0.1:6379>get string1
"hadoop"
127.0.0.1:6379>set string2 2
OK
127.0.0.1:6379>get string2
"2"
127.0.0.1:6379>incr string2
(integer) 3
127.0.0.1:6379>get string2
"3"
```

2. 列表(list)

Redis 列表是简单的字符串列表,按照插入顺序排序。可以添加一个元素到列表的头部(左边)或者尾部(右边)。

一个列表最多可以包含 $2^{32}-1$ 个元素(4 294 967 295,每个列表超过 40 亿个元素)。

Redis 字符串列表常用命令如表 7-2 所示。

表 7-2 **Redis** 字符串列表常用命令

字符串列表命令	描 述
lpush key value1 value2…	在指定的 key 所关联的 list 的头部插入所有的 value,如果该 key 不存在,则该命令在插入之前创建一个与该 key 关联的空链表,之后再向该链表的头部插入数据。插入成功,返回元素的个数
rpush key value1 value2…	在 key 关联的列表的尾部添加元素

续表

字符串列表命令	描　述
lpushx key value	仅当参数中指定的 key 存在时（如果与 key 管理的 list 中没有值时，则该 key 是不存在的）在指定的 key 所关联的 list 的头部插入 value
rpushx key value	为已存在的列表的尾部添加元素
lpop key	返回并弹出指定的 key 关联的链表中的第一个元素，即头部元素
rpop key	从尾部弹出元素
llen key	返回指定的 key 关联的链表中的元素的数量
lset key index value	设置链表中 index 的脚标的元素值，0 代表链表的头元素，−1 代表链表的尾元素

字符串列表主要命令使用举例如下：

```
127.0.0.1:6379>lpush list1 110
(integer) 1
127.0.0.1:6379>lpush list1 111
(integer) 2
127.0.0.1:6379>rpop list1
"110"
127.0.0.1:6379>rpush list1 112
(integer) 2
127.0.0.1:6379>rpop list1
"112"
```

3. 字符串集合（set）

Redis 的 set 是 string 类型的无序集合。集合成员是唯一的，这就意味着集合中不能出现重复的数据。Redis 中集合是通过哈希表实现的，所以添加、删除和查找的复杂度都是 $O(1)$。

Redis 字符串集合常用命令如表 7-3 所示。

表 7-3　Redis 字符串集合常用命令

字符串集合命令	描　述
sadd key value1［value2］	向集合中添加数据，如果该 key 的值有则不会重复添加
sremkey member1［member2］	移除集合中一个或多个成员
smembers key	获取 set 中所有的成员
sismember key member	判断参数中指定的成员是否在该 set 中，1 表示存在，0 表示不存在或者该 key 本身就不存在（无论集合中有多少元素都可以极速地返回结果）
sdiff key1 key2 …	返回给定所有集合的差集
sinter key1 key2 key3…	返回交集
sunion key1 key2 key3…	返回并集
scard key	获取 set 中的成员数量

字符串集合主要命令使用举例如下：

```
127.0.0.1:6379>sadd set1 12 13 14 15
(integer) 4
127.0.0.1:6379>scard set1
(integer) 4
127.0.0.1:6379>smembers set1
1) "12"
2) "13"
3) "14"
4) "15"
127.0.0.1:6379>sismember set1 14          //查看14是否在集合中
(integer) 1
```

4. 哈希（hash）类型

哈希类型也叫散列类型，存储时存的是"键-值"对。查询条数时只要是键不一样，就是不同的条数，尽管值是相同的。Redis 哈希常用命令如表 7-4 所示。

表 7-4   Redis 哈希常用命令

哈 希 命 令	描　述
hset keyfield value	将哈希表 key 中的字段 field 的值设为 value
hmset key field1 value1 field2 value2 field3 value3	为指定的 key 设定多个键-值对
hget key field	返回指定的 key 中的 field 的值
hmget key field1 field2 field3	获取 key 中的多个 field 值
hkeys key	获取所有的 key
hvals key	获取所有的 value
hdel key field[field…]	可以删除一个或多个字段，返回是被删除的字段个数
del key	删除整个 list

哈希主要命令使用举例如下：

```
127.0.0.1:6379>hset hash1 key1 111
(integer) 1
127.0.0.1:6379>hget hash1 key1
"111"
127.0.0.1:6379>hmset hash1 key2 112 key3 113
OK
127.0.0.1:6379>hkeys hash1
1) "key1"
2) "key2"
3) "key3"
127.0.0.1:6379>hvals hash1
1) "111"
2) "112"
3) "113"
127.0.0.1:6379>hmget hash1 key1 key2
1) "111"
2) "112"
```

5. 有序集合(sorted set)

Redis 有序集合和集合一样也是 string 类型元素的集合,不同的是每个元素都会关联一个 double 类型的分数(score)。Redis 正是通过分数来为集合中的成员进行从小到大的排序。有序集合的成员是唯一的,但分数却可以重复。

Redis 有序集合是通过哈希表实现的,所以添加、删除和查找的复杂度都是 $O(1)$。

Redis 有序集合常用命令如表 7-5 所示。

表 7-5　Redis 有序集合常用命令

有序集合命令	描　　述
zadd key score1 member1 [score2 member2]	添加一个或多个成员和该成员的分数到有序集合中。如果该元素已经存在则会用新的分数替换原有的分数。返回值是新加入到集合中的元素个数(根据分数升序排列)
zcard key	获取有序集合的成员数
zscore key member	返回指定成员的分数
zcount key min max	计算在有序集合中指定区间分数的成员数
zrem key member	移除集合中指定的成员,可以指定多个成员
zrange key start end [withscores]	获取集合中角标为 start~end 的成员,[withscores]参数表明返回的成员包含其分数
zrank key member	返回成员在集合中的索引(从小到大)
zrevrank key member	返回成员在集合中的索引(从大到小)
zremrangebyrank key start stop	移除有序集合中给定的排名区间的所有成员
zremrangebyscore key min max	移除有序集合中给定的分数区间的所有成员

有序集合主要命令使用举例如下:

```
127.0.0.1:6379>zadd zset1 101 val1
(integer) 1
127.0.0.1:6379>zadd zset1 102 val2
(integer) 1
127.0.0.1:6379>zadd zset1 103 val3
(integer) 1
127.0.0.1:6379>zcard zset1
(integer) 3
127.0.0.1:6379>zrange zset1 0 2 withscores
1) "val1"
2) "101"
3) "val2"
4) "102"
5) "val3"
6) "103"
127.0.0.1:6379>zrank zset1 val2
(integer) 1
127.0.0.1:6379>zrank zset1 val2
(integer) 1
127.0.0.1:6379>zadd zset1 104 val3
```

```
(integer) 0
127.0.0.1:6379> zrange zset1 0 2 withscores
1) "val1"
2) "101"
3) "val2"
4) "102"
5) "val3"
6) "104"
```

7.3 列族数据库

列族数据库将数据存储在列族中,数据库由多个行构成,每行数据包含多个列族,不同的行可以具有不同数量的列族,属于同一列族的数据会被存放在一起,每个列族代表一张数据映射表。列族数据库的各行不一定要具备完全相同的列,并且可以随意向其中某行加入一列。举个例子,如果有一个 Person 数据集,通常会一起查询他们的姓名和年龄,而不是薪资。这种情况下,姓名和年龄就会被放入一个列族中,而薪资则在另一个列族中。

常见的列族数据库有 Cassandra、HBase、Hypertable 和 Amazon SimpleDB 等。

7.4 文档数据库

文档数据库用来管理文档,这是与传统数据库的最大区别。在传统的数据库中,信息被分割成离散的数据段,而在文档数据库中,文档是信息处理的基本单位。一个文档可以很长、很复杂,也可以无结构,与字处理文档类似。一个文档相当于关系数据库中的一条记录。

关系数据库通常将数据存储在相互独立的表格中,这些表格由程序开发者定义,单独一个对象可以散布在若干表格中。对于数据库中某单一实例中的一个给定对象,文档数据库存储其所有信息。

常见的文档数据库有 MongoDB、Couchbase、Amazon DynamoDB、CouchDB 和 MarkLogic 等。

7.4.1 MongoDB 简介

MongoDB 是一个基于分布式文件存储的开源文档数据库。MongoDB 用 C++ 语言编写,旨在为 Web 应用提供可扩展的高性能数据存储解决方案。MongoDB 是一个介于关系数据库和非关系数据库之间的产品,是非关系数据库中功能最丰富、最像关系数据库的产品。与 HBase 相比,MongoDB 可以存储具有更加复杂数据结构的数据,具有很强的数据描述能力。

7.4.2 MongoDB 下载与安装

MongoDB 提供可用于 32 位和 64 位系统的预编译二进制包,可以从 MongoDB 官网下载安装。官方地址为 https://www.mongodb.com/。

本书下载 4.2 版本: mongodb-win32-x86_64-2012plus-v4.2-latest-signed.msi。

在 Windows 7 操作系统中安装 MongoDB 需要 VC++ 运行库,如果没有,则会提示"无法启动此程序,因为计算机中丢失 VCRUNTIME140.dll"。

运行 mongodb-win32-x86_64-2012plus-v4.2-latest-signed.msi 安装包。

1. 选择自定义安装模式 Custom

运行 mongodb-win32-x86_64-2012plus-v4.2-latest-signed.msi 后,弹出如图 7-3 所示的 MongoDB 4.2.0 2008R2Plus SSL（64 bit）Setup 对话框。

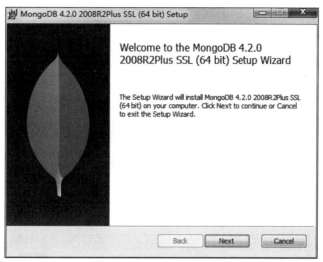

图 7-3　MongoDB 安装首页

单击 Next 按钮,进入 End-User License Agreement 界面,如图 7-4 所示。

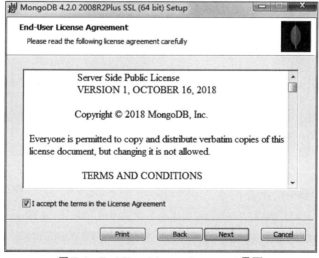

图 7-4　End-User License Agreement 界面

单击 Next 按钮,进入到 Choose Setup Type 界面,如图 7-5 所示,单击 Custom 按钮进行自定义安装。

2. 设定自定义安装目录

单击 Custom 按钮后进入 Custom Setup 界面,如图 7-6 所示,单击 Browse 按钮,弹出 Change destination folder 界面对话框,选择一个安装目录,本书选择 D:\Program Files\

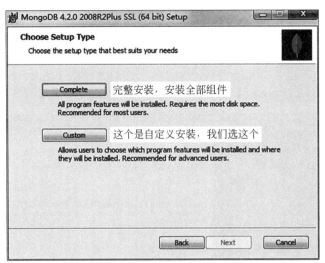

图 7-5　Choose Setup Type 界面

MongoDB\Server\4.2\目录,单击 OK 按钮,返回 Custom Setup 界面,单击 Next 按钮,进入到 Service Configuration 界面,如图 7-7 所示。

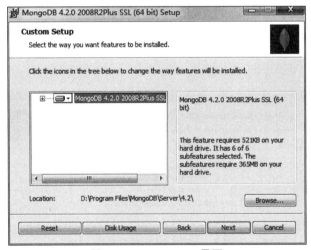

图 7-6　Custom Setup 界面

3. Data 与 Log 目录的配置

在 Data Directory 文本框中输入保存 Data 文件的目录,本书输入 D:\data\。在 Log Directory 文本框中输入保存 Log 文件的目录,本书输入 D:\Log\,单击 Next 按钮。

4. Install MongoDB Compass 设置

在 Install MongoDB Compass 的界面(见图 7-8)中,取消勾选 Install MongoDB Compass 复选框,取消图形界面的安装,这是 4.x 版本中新加的功能。如果需要安装 MongoDB Compass,可以直接到官网下载,另外安装。

5. MongoDB 安装

单击 Next 按钮,然后单击 Install 按钮开始安装 MongoDB 直到完成。安装完毕后不需要再设置,服务中就会出现 MongoDB 服务。

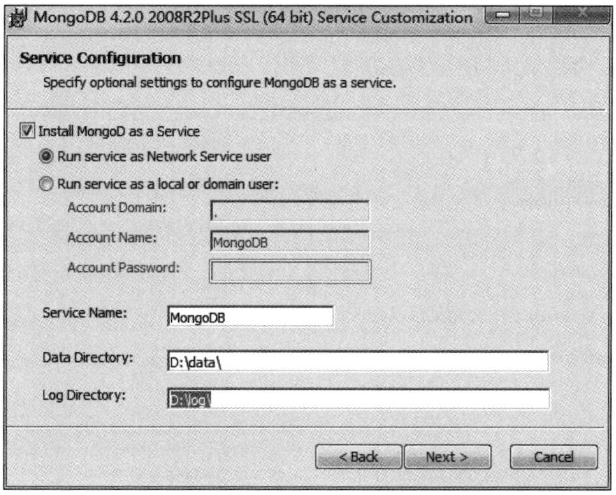

图 7-7 Service Configuration 界面

图 7-8 Install MongoDB Compass 界面

6. 测试

（1）打开 cmd 窗口，到 MongoDB 的安装目录中\bin 目录下执行 mongo 命令，进入 mongo 命令模式，如图 7-9 所示。

（2）测试。一个 MongoDB 中可以建立多个数据库。MongoDB 的默认数据库为 db。执行 db 命令可以显示当前数据库对象或集合。

```
>db
test
```

执行 show dbs 命令可以显示数据库列表。

```
>show dbs
admin   0.000GB
config  0.000GB
local   0.000GB
```

（3）服务状态查看。通过 cmd->services.msc 方式进入"服务"窗口，找到 MongoDB Server，查看状态是否为正在运行，如图 7-10 所示，从图中可以看出已经启动。

（4）访问 http://localhost：27017。出现 It looks like you are trying to access MongoDB over HTTP on the native driver port.，代表服务正常使用，默认端口为 27017。

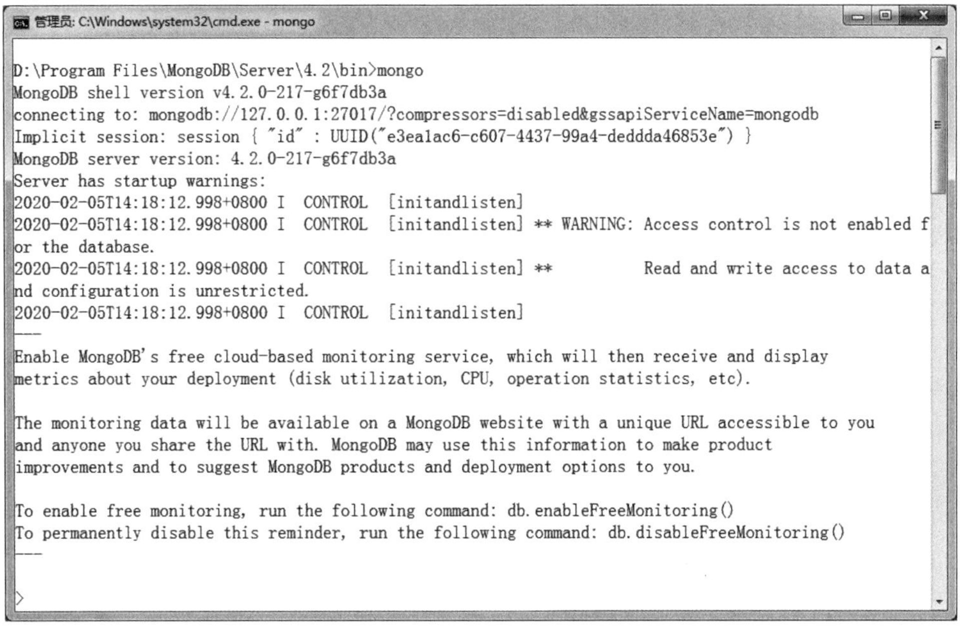

图 7-9   mongo 命令模式

图 7-10   查看 MongoDB Server 状态

7.4.3   MongoDB 文档操作

表 7-6 给出了 MongoDB 与关系数据库在一些概念上的区别，MongoDB 不支持表间的
连接操作。

表 7-6　**MongoDB 与关系数据库概念上的区别**

SQL 术语/概念	MongoDB 术语/概念	解释/说明
database	database	数据库
table	collection	数据库表/集合
row	document	数据记录行/文档
column	field	数据字段/域
index	index	索引
join		表连接，MongoDB 不支持
primary key	primary key	主键，MongoDB 自动将_id字段设置为主键

　　MongoDB 是非关系数据库，它有的是数据库、集合和文档，分别对应关系数据库里面的数据库、数据表和表里面每一行的数据。在 MongoDB 里，文档构成集合，集合构成数据库。

　　文档是一组键-值对（即 BSON）。MongoDB 的文档不需要设置相同的字段，并且相同的字段不需要相同的数据类型，这与关系数据库有很大的区别。

　　简单文档例子：

```
{"site":"www.baidu.com", "name":"百度文库"}
```

　　需要注意如下问题。

　　（1）文档中的键-值对是有序的。

　　（2）文档中的值不仅可以是在双引号里面的字符串，还可以是其他几种数据类型，甚至可以是整个嵌入的文档。

　　（3）MongoDB 区分类型和大小写。

　　（4）MongoDB 的文档不能有重复的键。

　　（5）文档的键是字符串。除了少数例外情况，键可以使用任意 UTF-8 字符。

　　文档键命名规范如下。

　　（1）键不能含有'\0'（空字符）。这个字符用来表示键的结尾。

　　（2）"."和 $ 有特别的意义，只有在特定环境下才能使用。

　　（3）以下画线开头的键是保留的（不是严格要求的）。

1. 插入文档

1）使用 insert()方法插入文档

MongoDB 使用 insert()方法向集合中插入文档，其语法格式如下：

```
db.collection_name.insert(document)
```

　　注意：插入文档时，如果数据库中不存在集合，则 MongoDB 将创建此集合，然后将文档插入到该集合中。

```
>db.students.insert({"Sname":"Yan", "Ssex": "female", "Sno": "40107"})
WriteResult({ "nInserted" : 1 })
```

　　上面的命令在 students 集合中插入一条新数据，如果没有 students 这个集合，

MongoDB 会自动创建。

需要注意的是,因为插入的文档中没有_id 键,所以这个操作会给文档增加一个自动生成的_id 键,然后再将其保存在数据库中。这个键并不是地址,也不是简单递增,而是通过"时间戳+机器编号+进程编号+序列号"生成,所以每个_id 键都是唯一的。

```
>db.students.findOne({Sname:"Yan"})              //查找 students 集合中的第一条数据
{
        "_id" : ObjectId("5e3a90aa2ad24f3db50f2fd2"),
        "Sname" : "Yan",
        "Ssex" : "female",
        "Sno" : "40107"
}
```

2) 使用 save()方法插入文档

使用 save()方法也可向集合中插入文档,其语法格式如下:

```
db.collection_name.save(document)
```

注意:如果不在文档中指定_id 键,那么 save()方法将与 insert()方法一样自动分配 id 键的值;如果指定_id 键,则更改原来的内容为新内容。

```
>db.students.save({"Sname":"Ding", "Ssex": "female", "Sno": "40106"})
WriteResult({ "nInserted" : 1 })
```

save()方法和 insert()方法的区别:若新增的数据主键已经存在,insert()方法会不做操作并提示错误,而 save 方法则更改原来的内容为新内容。

```
>db.students.insert({ _id : 3, "Sname":"Feng", "Ssex": "male", "Sno": "40107" })
//指定_id键
WriteResult({ "nInserted" : 1 })
```

3) 使用 insertMany()方法插入多条文档

insertMany()方法用于向指定集合中插入多条文档数据,该方法与 insert()方法不同的地方在于,它接收一个文档数组作为参数。

```
>db.students.insertMany ([{_id : 2, "Sname":"Chen", "Ssex": "male", "Sno":
"40109" }, { _id : 1, "Sname":"Liu", "Ssex": "female", "Sno": "40110" }])
{ "acknowledged" : true, "insertedIds" : [ 2, 1 ] }
```

2. 查询文档

1) 使用 find()方法查询文档

使用 find()方法查询数据的语法格式如下:

```
db.collection_name.find(query, projection)
```

参数说明如下。

query:可选,使用查询操作符指定查询条件。

projection:可选,使用投影操作符指定返回的键。

```
>db.students.find()
{ "_id" : ObjectId("5e3a90aa2ad24f3db50f2fd2"), "Sname" : "Yan", "Ssex" :
"female", "Sno" : "40107" }
{ "_id" : ObjectId("5e3a93492ad24f3db50f2fd3"), "Sname" : "Ding", "Ssex" :
"female", "Sno" : "40106" }
```

```
{ "_id" : 3, "Sname" : "Feng", "Ssex" : "male", "Sno" : "40107" }
{ "_id" : 2, "Sname" : "Chen", "Ssex" : "male", "Sno" : "40109" }
{ "_id" : 1, "Sname" : "Liu", "Ssex" : "female", "Sno" : "40110" }
```

2）使用 findOne()方法查询文档

findOne()方法只返回一个文档，语法格式如下：

```
db.collection_name.findOne()
>db.students.findOne()
{
        "_id" : ObjectId("5e3a90aa2ad24f3db50f2fd2"),
        "Sname" : "Yan",
        "Ssex" : "female",
        "Sno" : "40107"
}
```

3. 删除文档

1）deleteOne()方法

deleteOne()方法用于删除第一个符合条件的文档，其语法格式如下：

```
db.collection_name.deleteOne(query)
```

query：这是一个过滤条件（filter），用于规定一个查询规则，筛选出符合该查询条件的所有文档，删除操作将作用于经过该查询条件筛选之后的文档，类似于关系数据库的 where 关键字后面的过滤条件。

```
>db.students.deleteOne({"Sname" : "Ding"})
{ "acknowledged" : true, "deletedCount" : 1 }
>db.students.find()
{ "_id" : 3, "Sname" : "Feng", "Ssex" : "male", "Sno" : "40107" }
{ "_id" : 2, "Sname" : "Chen", "Ssex" : "male", "Sno" : "40109" }
{ "_id" : 1, "Sname" : "Liu", "Ssex" : "female", "Sno" : "40110" }
```

2）deleteMany()方法

deleteMany()方法用于删除匹配条件的多条文档，无参数的 deleteMany（{}）方法表示删除所有文档。

```
>db.students.deleteMany ({})
{ "acknowledged" : true, "deletedCount" : 3 }
```

7.4.4　MongoDB 集合操作

1. 创建集合

MongoDB 中使用 createCollection()方法来创建集合，其语法格式如下：

```
db.createCollection(name)
```

参数 name 为要创建的集合名称。

```
>db.createCollection("teachers")    //创建 teachers 集合
{ "ok" : 1 }
```

2. 查看已有集合

可以执行 show collections 或 show tables 命令查看已有集合。

```
>show collections          //查看当前数据库中已存在的集合
students
teachers
>show tables               //查看当前数据库中已存在的集合
students
teachers
```

3. 删除集合

MongoDB 中使用 drop() 方法来删除集合,其语法格式如下:

```
db.collection_name.drop()
>db.teachers.drop()        //删除数据库 db 中的集合 teachers
true
```

7.4.5 MongoDB 数据库操作

1. 创建数据库

MongoDB 创建数据库的命令语法格式如下:

```
use database_Name
```

如果数据库 database_Name 不存在,则创建数据库 database_Name,否则切换到数据库 database_Name。

```
>use users
switched to db users
```

如果 users 数据库不存在,则上述命令创建一个 users 数据库。

```
>db          //执行 db 命令可以显示当前数据库
users
```

执行 show dbs 命令可以查看所有数据库。

```
>show dbs
admin   0.000GB
config  0.000GB
local   0.000GB
test    0.000GB
```

有一些数据库名是保留的,可以直接访问这些有特殊作用的数据库。

admin:从权限的角度来看,这是 root 数据库。要是将一个用户添加到这个数据库,这个用户自动继承所有数据库的权限。一些特定的服务器端命令也只能从这个数据库运行,例如,列出所有的数据库或者关闭服务器。

local:这个数据库永远不会被复制,可以用来存储限于本地单台服务器的任意集合。

config:当 MongoDB 用于切片设置时,config 数据库在内部使用,用于保存切片的相关信息。

MongoDB 中默认的数据库为 test,如果没有创建新的数据库,集合将存放在 test 数据库中。

可以看到,刚创建的数据库 users 并不在数据库的列表中,要显示它,需要向 users 数据库插入一些数据。

```
>db.users.insert({"name":"WangLi"})
WriteResult({ "nInserted" : 1 })
>show dbs
admin   0.000GB
config  0.000GB
local   0.000GB
test    0.000GB
users   0.000GB
```

注意：在 MongoDB 中，集合只有在内容插入后才会创建。也就是说，创建集合（数据表）后要再插入一个文档（记录），集合才会真正创建。

2. 删除数据库

MongoDB 删除数据库的函数语法格式如下：

```
db.dropDatabase()
```

删除当前数据库：

```
>use users
switched to db users
>db.dropDatabase()
{ "dropped" : "users", "ok" : 1 }
```

7.4.6　MongoDB 数据类型

MongoDB 中常用的数据类型如表 7-7 所示。

表 7-7　MongoDB 中常用的数据类型

数据类型	描　　述
String	字符串，UTF-8 编码的字符串才是合法的，{"a" : "string"}
Integer	整型数值，{"a" : 10}
Boolean	布尔值，{"a" : true}
Double	浮点值，{"a" : 1.34}
Array	数组或者列表，多个值存储到一个键，{"a" : ["b", "c", "d", "e"]}
Timestamp	时间戳，不直接对应到 Date 类型，而是通过如下方式组织 64 位数据：前 32 位是从 UNIX 纪元（1970.1.1）开始计算到现在时间的秒数，后 32 位是 1 内的操作序数，{ default: new Date().getTime()}
Object	用于内嵌文档，{name: "三国演义",author:{name: "罗贯中",age: 99}}
Null	用于创建空值，{"a" : null}
Date	日期，存放了从 UNIX 纪元(1970.1.1)开始计算的毫秒数计数时间，{"a" : new Date()}
ObjectId	对象 id，默认主键_id 就是一个对象 id，{"a": ObjectId()}
Code	代码，用于在文档中存储 JavaScript 代码，{x: function f1(a,b){return a+b;}}
Regular expression	正则表达式类型，语法与 JavaScript 中正则表达式的语法相同，查询所有键 key 为 x，value 以 hello 开始的文档且不区分大小写的正则表达为{x: /^(hello)(.[a-zA-Z0-9])+/i}

下面给出 ObjectId 数据类型的简单说明。

ObjectId 类似唯一主键，包含 12B，含义如下。

（1）前 4B 表示创建文档的时间戳，格林尼治时间 UTC 时间，比北京时间晚 8 小时。

（2）接下来的 3B 是机器标识码。

（3）紧接的 2B 由进程 id 组成 PID。

（4）最后 3B 是随机数。

MongoDB 中存储的文档必须有一个_id 键。这个键的值可以是任何类型的，默认是个 ObjectId 对象。

由于 ObjectId 中保存了创建的时间戳，因此不需要为创建的文档保存时间戳字段，可以通过 getTimestamp()函数来获取文档的创建时间：

```
>var newObject =ObjectId()
>newObject.getTimestamp()
ISODate("2020-02-06T00:45:05Z")
```

◆ 7.5 图 数 据 库

在现实世界里，所有的信息都不是孤立存在的，而是彼此充满了关系。在关系数据库中，人们只能通过不同的表来存储不同的事物信息，通过 JOIN 来实现关系查询，这在大数据量的情况下是根本无法做到的。这时候人们就需要一个自身可以存储、处理和查询关系的数据库来帮人们实现大量数据的复杂关系的查找。图数据库（graph database）恰好满足了人们这方面的需求。

图也是一种数据类型，是节点、边和它们附带的一系列属性的集合。点相当于实体，而边标识了两个节点之间存在的关系。点和边的属性分别标识了点和边所具有的一系列特征。

图计算可以高效地处理大规模的关联数据，广泛用于社交网络分析、语义 Web 分析、生物信息网络分析、自然语言处理、预测疾病暴发和舆情分析等。

图数据库是使用图的结构来表现和存储具有图语义的数据，并快速地进行查询。图数据库将数据之间的关系作为重中之重优先考虑。所以使用图数据库查询关系数据很快。图数据库能够直观地展示数据之间的关系，对于高度互连的数据非常有用。

常见的图数据库有 Neo4j、ArangoDB、OrientDB、FlockDB、GraphDB、InfiniteGraph、Titan 和 Cayley 等，但目前较为活跃的当属 Neo4j。

7.5.1 下载和安装 Neo4j

1. 安装 Java JDK

Neo4j 是用 Java 语言编写的图数据库，运行时需要启动 JVM 进程，因此，需安装 Java JDK。Java JDK 下载安装好后，打开 cmd 窗口并输入 java -version 执行后，如果输出 Java JDK 的版本号，则表示安装成功。

2. 官网下载 Neo4j 安装文件

本书安装的是 Community Server 版本，官网下载 Neo4j 安装文件，本书下载的版本是 neo4j-community-3.5.14-windows.zip。

3. 解压文件

将安装文件解压到任意盘符下,本书将其解压到 D:\ neo4j-community-3.5.14 目录下面。

Neo4j 应用程序有如下主要的目录结构。

bin 目录:用于存储 Neo4j 的可执行程序。

conf 目录:用于控制 Neo4j 启动的配置文件。

data 目录:用于存储核心数据库文件。

plugins 目录:用于存储 Neo4j 的插件。

4. 系统环境变量配置

(1) 在 Windows 操作系统的桌面上,找到"计算机"图标。

(2) 右击,在弹出的快捷菜单中选择"属性"选项。

(3) 在弹出的"系统"窗口中,选择"高级系统设置"选项,在弹出的"系统属性"对话框中,单击"环境变量"按钮,弹出"环境变量"对话框。

(4) 单击"系统变量"区域的"新建"按钮,弹出"新建系统变量"对话框,在"变量名"文本框中输入 NEO4J_HOME,在"变量名"文本框中输入 NEO4J_HOME,在"变量值"文本框中输入 D:\neo4j-community-3.5.14 如图 7-11 所示,单击"确定"按钮。在列表框中选择 Path 变量,单击"编辑"按钮,弹出"编辑系统变量"对话框,在"变量值"文本框的最后,添加输入%NEO4J_HOME%\bin,单击"确定"按钮。

图 7-11 设置 NEO4J_HOME 变量值

7.5.2 Neo4j 的启动和停止

可以通过以下 3 种方式启动 Neo4j 服务。

1. 通过控制台启动 Neo4j 程序服务

以管理员身份进入 cmd 窗口,切换到主目录,输入 neo4j.bat console,通过控制台启用 Neo4j 程序,执行后出现如图 7-12 所示的窗口则启动成功。

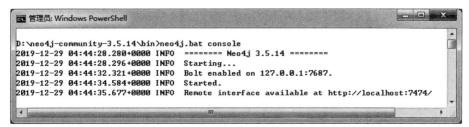

图 7-12 通过控制台启动 Neo4j 程序

当关闭该 cmd 窗口时,Neo4j 服务也会关闭。

2. 把 Neo4j 安装为服务

安装服务命令：

```
neo4j install-service
```

卸载服务命令：

```
neo4j uninstall-service
```

启动服务命令：

```
neo4j start
```

停止服务命令：

```
neo4j stop
```

重启服务命令：

```
neo4j restart
```

查询服务的状态命令：

```
neo4j status
```

3. 以 HTTP 连接器的形式访问 Neo4j 数据库

在浏览器地址栏里输入 http://localhost：7474，按 Enter 键，默认会跳转到 http://localhost：7474/browser，会弹出登录页面，如图 7-13 所示，默认的用户名是 neo4j，默认的初始密码是 neo4j，登录进去后会要求设置新密码，如图 7-14 所示，设置完新密码后进入Neo4j 管理页面，如图 7-15 所示。

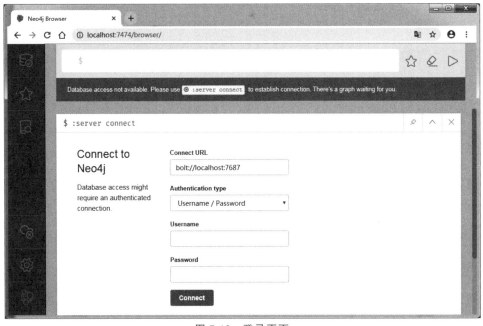

图 7-13　登录页面

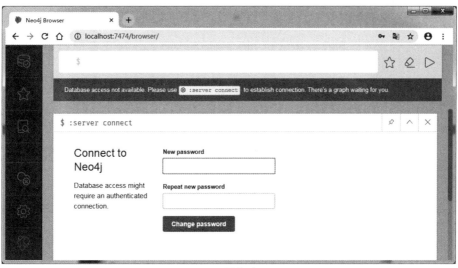

图 7-14　设置新密码页面

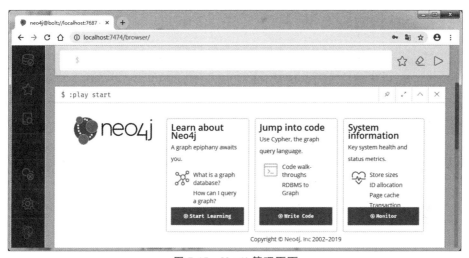

图 7-15　Neo4j 管理页面

7.5.3　Neo4j 的 CQL 操作

CQL 代表 Cypher 查询语言。就如 Oracle 数据库具有查询语言 SQL，Neo4j 将 CQL 作为查询语言。

常用的 CQL 命令如表 7-8 所示。

表 7-8　常用的 CQL 命令

CQL 命令	用　　法	CQL 命令	用　　法
create	创建节点、关系和属性	delete	删除节点和关系
match	检索有关节点、关系和属性数据	remove	删除节点和关系的属性
return	返回查询结果	order by	排序
where	提供条件过滤检索数据	set	添加或更新标签

CQL 常用命令举例。

1. 使用 create 命令创建节点

create 命令创建一个具有一些属性（键-值对）的节点（node）来存储数据，其语法格式如下：

```
create (节点名:标签名 {属性: 属性值, 属性2: 属性2值}),
(节点名2: 标签名2 {属性:属性值, 属性2: 属性2值})
```

创建节点示例：

```
create (dept:Dept { deptno:10,dname:"Accounting",location:"Hyderabad" })
```

创建多个标签到节点的语法格式：

```
create (<node-name>:<标签名1>:<标签名2>…:<标签名n>)
```

创建多个标签到节点示例：

```
create (m:Movie:Cinema:Film:Picture) return m
```

2. 使用 create 命令创建节点间关系

Neo4j 关系被分为单向关系和双向关系。

使用新节点创建关系：

```
create (e:Employee) -[r:DemoRelation]->(c:Employee)
```

上述语句会创建节点 e、节点 c，以及 e—>c 的关系 r，这里需要注意方向，例如，双向为：

```
create (e:Employee) <-[r:DemoRelation]->(c:Employee)
```

使用已知节点创建带属性的关系：

```
match (<node1-name>:<label1-name>), (<node2-name>:<label2-name>)
create (<node1-name >) -[<relationship-name>:<relationship-label-name >
{<define-properties-list>}]->(<node2-name >)
return <relationship-name>
```

示例：

```
match (cust: customer), (cc: creditcard)
create (cust)-[r: do_ shopping {date:"12/29/2019", price:1680}]->(cc)
return r
```

3. 使用 match 命令查询

match 命令用于：从数据库获取有关节点和属性的数据；从数据库获取有关节点、关系和属性的数据。

1）查询某个节点（通过属性查询）

```
match (节点名:标签名 {属性:属性值}) return 节点名
```

2）查询两个节点（通过属性和关系查询，关系区分大小写）

```
match (节点名1:标签名1 {属性:'属性值'}) -[:关系名]->(节点名2) return 节点名1, 节点名2
```

3）给存在的节点添加关系

```
match (节点名1:标签名 {属性1: 属性1值}), (节点名2:标签名 {属性2: 属性2值}) merge
(节点名1) -[:关系名]->(节点名2)
```

4）对存在的关系修改（先删除再添加）

```
match (节点名 1:标签名 {属性 1:'属性 1 值'}), (节点名 2:标签名 {属性 2:'属性 2 值'})
merge (节点名 1)-[原关系名:原关系标签名]->(节点名 2) delete r1
merge (节点名 1)-[新关系名:新关系标签名]->(节点名 2)
```

检索关系节点的详细信息语法格式：

```
match
(<node1-name>)-[<relationship-name>:<relationship-label-name >]->(<node2-
name>)
return <relationship-name>
```

示例：

```
match (cust)-[ r: do_ shopping]->(cc)
return cust,cc
```

4. 使用 set 命令更新属性（Cypher 语言中，任何命令都可以有 return）

```
match (节点名:标签名 {属性:属性值}) set 属性名=属性值 return 节点名
```

5. delete 命令和 remove 命令

delete 命令：删除节点和关系。

remove 命令：删除标签和属性。

这两个命令应该与 match 命令一起使用。

1）删除属性

```
match (节点名:标签名 {属性名:属性值}) remove 节点名.属性名 return 节点名
```

2）删除节点和关系

```
match (节点名 1:标签 1)-[r:关系标签名]->(节点名 2:标签 2) delete 节点名 1, r, 节点名 2
```

3）删除标签

```
match (节点名:标签名) remove 节点名:标签名
```

4）删除一个关系

```
match (节点名 1:标签 1),(节点名 2:标签 2) where 节点名 1.属性名=属性值 and 节点名 2.属
性=属性值 merge (节点名 1)-[r:关系标签名]->(节点名 2) delete r
```

7.5.4　在 Neo4j 浏览器中创建节点和关系

下面通过一个示例，演示如何通过 Cypher 命令，创建 3 个节点和 3 个关系。

```
create (m:Person { name: '康熙', title: '皇帝' }) return m;
create (n:Person { name: '雍正', title: '皇帝' }) return n;
create (k:Person { name: '乾隆', title: '皇帝' }) return k;
match (m:Person {name:"康熙"}),(n:Person{name:"雍正"}) create (m)-[r1:父子]->
(n) return r1;
match(n:Person {name: "雍正"}),(k:Person{name:"乾隆"}) create (n)-[r2:父子]->
(k) return r2;
match (m:Person {name:"康熙"}),(k:Person{name:"乾隆"}) create (m)-[r3:爷孙]->
(k) return r3;
```

1. 创建第一个节点

在 $ 命令行中，编写 Cypher 脚本代码，如图 7-16 所示，单击 Play 按钮，在图数据库中

创建第一个节点。

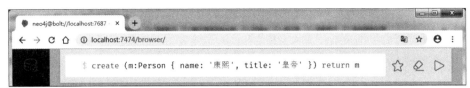

图 7-16　编写 Cypher 脚本代码

在节点创建之后,在 Graph 模式下,能够看到创建的图形,继续执行 Cypher 命令,创建其他节点。

2. 创建节点之间的关系

在 $ 命令行中,编写节点间关系代码,如图 7-17 所示,单击 Play 按钮,在图数据库中创建第一个关系。

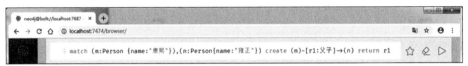

图 7-17　编写节点间关系代码

同理,创建其他两个关系。

3. 查看节点之间的关系

在创建完 3 个节点和 3 条关系之后,执行下述语句得到的 3 个节点和 3 个关系的图形如图 7-18 所示:

```
match(Person) return Person;
```

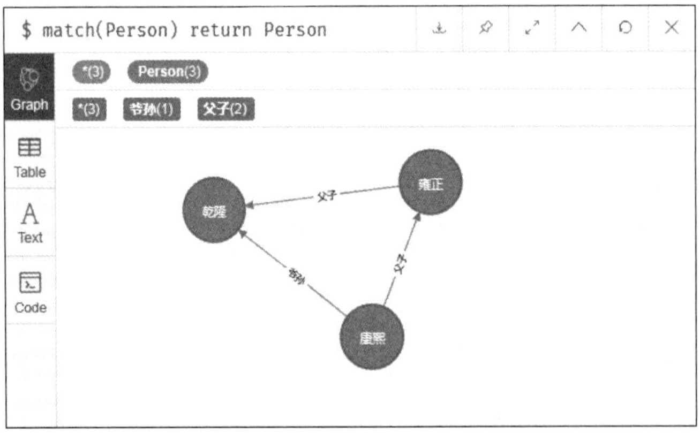

图 7-18　3 个节点和 3 个关系的图形

7.6　习　　题

1. 概述 NoSQL 数据库兴起的原因。

2. 简述"键-值"数据库、列族数据库、文档数据库和图数据库的使用特点。

3. 简述 Redis 字符串常用命令。

4. 简述 MongoDB 插入文档的几种方法。

第8章

分布式数据分析工具 Pig

Pig 是一个基于 Hadoop 的大规模数据分析平台,为复杂的海量数据并行计算提供了一个简易的操作和编程接口。Pig 提供了一种高级语言 Pig Latin,可以用来编写数据分析程序,简化大数据处理的编程难度。本章主要介绍 Pig 安装与配置和 Pig Latin 语言。

◆ 8.1 Pig 概述

Pig 概述

当业务比较复杂的时候,使用 MapReduce 将会是一个很复杂的事情,比如,需要对数据进行很多预处理或转换,以便能够适应 MapReduce 的处理模式。另一方面,编写 MapReduce 程序,发布及运行作业都将是一个比较耗时的事情。

Pig 的出现很好地弥补了上述不足。Pig 能够让开发者专心于数据及业务本身,而不是纠结于数据的格式转换和 MapReduce 程序的编写。从本质上来说,当使用 Pig 进行数据处理时,Pig 本身会在后台生成一系列的 MapReduce 任务来执行作业,但是这个过程对用户来说是透明的。Pig 通常与 Hadoop 一起使用,可以使用 Pig 在 Hadoop 中执行所有的数据处理操作。

要使用 Pig 分析数据,开发者需要使用 Pig Latin 语言编写脚本。所有这些脚本都在内部转换为 Map 任务和 Reduce 任务。Pig 有一个名为 Pig Engine 的组件,它接收 Pig Latin 语言的脚本作为输入,并将这些脚本转换为 MapReduce 作业。

◆ 8.2 Pig 安装与配置

8.2.1 Pig 安装

到 Pig 官网下载最新的 Pig 安装文件,本书下载的版本是 pig-0.17.0.tar.gz,将其下载到"/home/hadoop/下载"目录下。

下载完安装文件以后,需要对文件进行解压,这里将其解压到/usr/local 目录下。使用 hadoop 用户登录 Linux 操作系统,打开一个终端,执行如下命令:

```
$ sudo tar -zxvf /home/hadoop/下载/pig-0.17.0.tar.gz -C /usr/local
```

然后将解压的文件夹的名称修改为 pig,命令如下:

```
$ sudo mv /usr/local/pig-0.17.0 /usr/local/pig
```

下面把/usr/local/pig 目录的权限赋予当前登录 Linux 操作系统的用户,本书是 hadoop 用户。

```
$ sudo chown -R hadoop /usr/local/pig
```

8.2.2 配置环境变量

执行如下命令编辑~/.bashrc 文件。

```
$ sudo gedit ~/.bashrc
```

在打开的文件中,添加如下内容:

```
export PIG_HOME=/usr/local/pig
export PIG_CLASSPATH=$HADOOP_HOME/etc/hadoop
export PATH=$PATH:$PIG_HOME/bin
```

说明:PIG_CLASSPATH 变量是为 Pig 配置 MapReduce 模式,让 Pig 软件找到 Hadoop 集群;将 Pig 的 bin 目录添加到 PATH 环境变量中,方便执行 Pig 相关命令。

保存文件并退出 gedit 编辑器,在终端执行命令: source ~/.bashrc,使环境变量生效。

```
$ source ~/.bashrc
```

注销或重启,就可以执行 pig -help 命令来查看使用帮助,如果正常输出相关使用说明信息,如图 8-1 所示,则说明 Pig 配置成功。

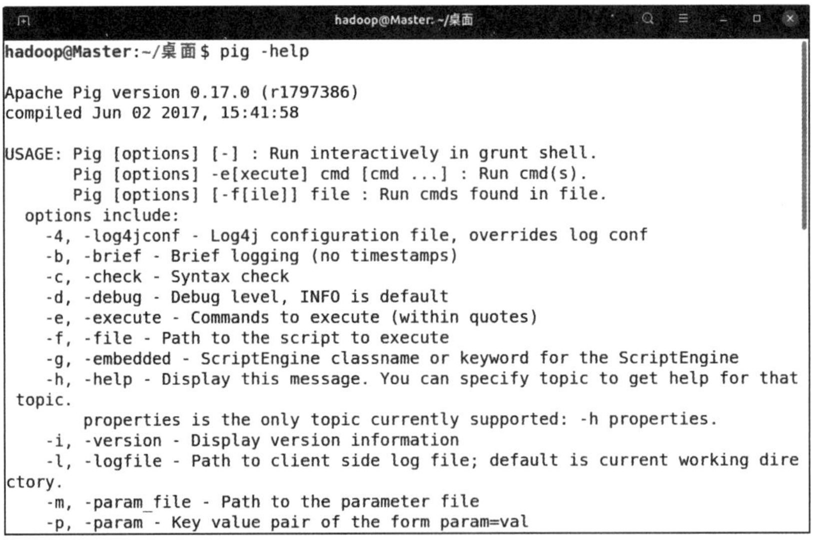

图 8-1 执行 pig -help 命令查看使用帮助

8.2.3 Pig 运行模式和工作方式

Pig 有两种运行模式,一种是 local 模式,也就是本地模式,这种模式下 Pig 运行在一个 JVM 里,访问的是本地的文件系统,只适合于小规模数据集,一般是用来体验 Pig。

另一种运行模式是 MapReduce 模式,Pig 将访问一个 Hadoop 集群和 HDFS 文件系统。这时,Pig 将自动地对集群进行分配和回收。

Pig 的 local 模式和 MapReduce 模式都有三种工作方式,分别为:Grunt Shell 方式、脚本文件方式和嵌入式程序方式。

1. Grunt Shell 方式

用户使用 Grunt Shell 方式时,需要首先执行命令开启 Pig 的 Grunt Shell,只需在 Linux 操作系统的终端中输入 pig -x local 并执行即可启动 Local 模式的 Pig,执行 pig -x mapreduce 命令启动 MapReduce 模式的 pig:

```
$pig -x local
```

然后进入 grunt 命令提示符状态:

```
grunt>
```

这样 Pig 将进入 Grunt Shell 的 local 模式,如果直接执行"pig"命令,Pig 将首先检测 Pig 的环境变量设置,然后进入相应的模式。如果没有设置 MapReduce 环境变量,Pig 将直接进入 local 模式。

而退出 Grunt Shell 方式的方法是执行 quit 命令。

```
grunt>quit
```

2. 脚本文件方式

使用脚本文件作为批处理作业来执行 Pig 命令,它实际上就是第一种工作方式中命令的集合,执行 pig -x local test.pig 命令可以在本地模式下运行 Pig 脚本 test.pig,执行 pig -x mapreduce test.pig 命令,在 MapReduce 模式下运行 Pig 脚本文件 test.pig:

```
$pig -x local test.pig
```

其中,test.pig 是对应的 Pig 脚本,用户在这里需要正确指定 Pig 脚本的位置,否则,系统将不能识别。例如,Pig 脚本放在/home/hadoop 目录下,那么这里就要写成/home/hadoop/test.pig。

3. 嵌入式程序方式

用户可以把 Pig 命令嵌入 Java 语言中,并且运行这个嵌入式程序。和运行普通的 Java 语言程序相同,这里需要书写特定的 Java 语言程序,并且将其编译生成对应的 CLASS 文件或 package 包,然后调用 main()函数运行程序。

◆ 8.3 Pig Latin 语言

Pig Latin 是在 MapReduce 并行计算框架上构建的类 SQL 高级查询语言。Pig Latin 语言提供了四种基本的数据模型,提供类似 SQL 关键字功能的常用操作符,为用户以命令式编程的方式分析、处理海量数据提供便利。下面如果没有特别说明,将在 Pig 的 Local 模式的 Grunt Shell 下执行相关命令。

8.3.1 Pig Latin 语言基本概念

一个 Pig Latin 语言程序由一系列的操作和变换组成。每个操作或变换对输入进行数据处理,然后产生输出结果。下面给出 Pig Latin 语言的一些基本概念。

1. Pig Latin 标识符

Pig Latin 标识符用于定义 Pig Latin 语言中的变量名,Pig Latin 标识符以字母开头,后面可以跟任意数目的字母、数字、下画线。

Pig Latin 语言的大小写规则:操作和命令是大小写无关的,而变量名和函数名是大小写敏感的,即区分大小写的。

2. Pig Latin 语句

一个 Pig Latin 语言程序由一组语句构成,一个语句可以理解为一个操作或变换,或一个命令。并且为保证语句的正确性,一般以分号作为语句结束符。例如:

```
grouped_records =GROUP records BY day;
```

3. Pig Latin 注释

Pig Latin 语言有两种注释方法。

(1) 双减号表示单行注释。Pig Latin 语言解析器会忽略从双减号开始到行尾的所有内容,例如:

```
--my program
DUMP A;
```

(2) /＊……＊/多行注释。这样,注释即可以跨多行,也可以内嵌在某一行内,例如:

```
/*
 * 多行注释 1
 * 多行注释 2
 */
item =LOAD '/home/hadoop/pigTest.txt' using PigStorage(',') as (id:int,name:
chararray);
Dump item;
```

8.3.2 Pig Latin 语言数据类型

Pig Latin 语言提供了两种数据类型:原子数据类型和复合数据类型。

Pig 原子数据类型如表 8-1 所示。

表 8-1 Pig 原子数据类型

原子数据类型	说　　明	声明方式举例
int	有符号 32 位整数	as（a:int）
long	有符号 64 位整数	as（a:long）
float	32 位浮点数	as（a:float）
double	64 位浮点数	as（a:double）
chararray	字符串类型,UTF-8 格式的字符数组	as（a:chararray）
bytearray	字节数组,用于二进制数据	as（a:bytearray）
boolean	布尔类型,取值为 true 或 false	as（a:boolean）
datetime	日期类型	as（a:datetime）

Pig 复合数据类型如表 8-2 所示。

表 8-2　**Pig 复合数据类型**

复合数据类型	说　　明	示　　例
tuple	元组,写在( )之间、用逗号分隔开的元素序列	("Java"，"Python"，1999)
bag	包,写在{}之间的无序元组集	{("bob"，55)，("sally"，52)，("john"，25)}
map	映射,写在[]之间的键值对的集合,key 和 value 之间以符号"♯"连接在一起,key 在 map 中必须唯一且数据类型为 chararray,value 可以为任何数据类型	["name"♯"Jack"，"age"♯19]

8.3.3　Pig 操作 HDFS 文件系统常用的命令

下面给出 Pig 操作 HDFS 文件系统常用的命令。

1. pwd 命令

Grunt Shell 中可以执行 pwd 命令打印当前工作目录的路径。

首先执行下面命令启动 Hadoop(这里采样伪分布式模式)：

```
$cd /usr/local/hadoop
$./sbin/start-dfs.sh
```

执行 pig -x mapreduce 命令启动 MapReduce 模式的 pig：

```
$pig -x mapreduce
```

然后进入 grunt 命令提示符状态,执行 pwd 命令：

```
grunt>pwd
hdfs://localhost:9000/user/hadoop
```

2. ls 命令

Grunt Shell 中可以执行 ls 命令列出指定目录下的内容。

```
grunt>ls /input   --列出 HDFS 用户目录(/user/hadoop)下的 input 目录下的内容
hdfs://localhost:9000/input/myLocalFile.txt<r 1>    18
hdfs://localhost:9000/input/myLocalFile1.txt<r 1>    18
```

3. cd 命令

Grunt Shell 中可以执行 cd 命令改变当前目录。

```
grunt>cd /input
grunt>pwd
hdfs://localhost:9000/input
grunt>ls
hdfs://localhost:9000/input/myLocalFile.txt<r 1>    18
hdfs://localhost:9000/input/myLocalFile1.txt<r 1>    18
```

4. cat 命令

Grunt Shell 中可以执行 cat 命令打印一个或多个文件的内容。

```
grunt>pwd    --打印当前工作目录的路径
hdfs://localhost:9000/input
grunt>cat myLocalFile.txt
Hadoop
Spark
Hive
```

5. copyFromLocal 命令

Grunt Shell 中可以执行 copyFromLocal 命令把一个本地文件或目录复制到 HDFS 文件系统。

```
grunt>pwd
hdfs://localhost:9000/user/hadoop
grunt>copyFromLocal  /home/hadoop/pigTest.txt  /input
grunt>ls /input
hdfs://localhost:9000/input/myLocalFile.txt<r 1>    18
hdfs://localhost:9000/input/myLocalFile1.txt<r 1>    18
hdfs://localhost:9000/input/pigTest.txt<r 1>    24
```

6. copyToLocal 命令

Grunt Shell 中可以执行 copyToLocal 命令把一个文件或目录从 HDFS 文件系统复制到本地文件系统。

7. sh 命令

Grunt Shell 中可以执行 sh 命令调用 Linux 的 Shell 命令,但无法执行作为 Shell 环境（ex -cd）一部分的命令。

sh 命令的语法格式如下。

```
shShell 命令 Shell 命令参数
```

可以执行 sh 命令在 Grunt Shell 中调用 Linux Shell 的 ls 命令列出"/home/hadoop/下载"目录中的文件,具体执行示例如下。

```
grunt>sh ls /home/hadoop/下载
myLocalFile.txt
pig-0.17.0.tar.gz
```

8. fs 命令

Grunt Shell 中可以执行 fs 命令调用 HDFS 的 Shell 命令。

```
grunt>fs -ls /home/hadoop/下载
Found 2 items
-rw-rw-r--   1 hadoop hadoop         18 2022-09-24 21:05 /home/hadoop/下载
/myLocalFile.txt
-rwxrwxrwx   1 hadoop hadoop  230606579 2023-01-31 11:11 /home/hadoop/下载
/pig-0.17.0.tar.gz
```

如果要显示 Hadoop 伪分布式模式下/user/hadoop/input 目录下的文件,需要执行如下命令进入 MapReduce 方式下的 Grunt Shell。

```
$pig -x mapreduce test.pig 在 MapReduce
grunt>fs -ls hdfs://localhost:9000/input/
Found 2 items
-rw-r--r--   1 hadoop supergroup         18 2023-01-31 18:31
hdfs://localhost:9000/input/myLocalFile.txt
-rw-r--r--   1 hadoop supergroup         18 2023-01-28 19:54
hdfs://localhost:9000/input/myLocalFile1.txt
```

8.3.4 实用程序命令

Grunt Shell 提供了 clear、help、history、quit、setexec、kill 和 run 等实用程序命令来控

制 Pig。

1. clear 命令

clear 命令用于清除 Grunt shell 的屏幕,如下所示。

```
grunt>clear
```

2. help 命令

可以执行 help 命令获取 Pig 的命令列表,如下所示。

```
grunt>help
```

3. history 命令

显示自打开 Grunt Shell 之后,执行的语句的列表。

4. quit 命令

可以执行 quit 命令退出 Grunt Shell 编程。

5. exec 命令

可以执行 exec 命令在 Grunt Shell 中执行 Pig 脚本。

假设在/home/hadoop/目录中有一个名为 pigTest.txt 的文件,其中包含以下内容。

```
1,Hadoop
2,Spark
3,Hive
```

并且,假设在/home/hadoop/目录中有一个名为 sample_script.pig 的脚本文件,并具有以下内容。

```
item = LOAD '/home/hadoop/pigTest.txt' using PigStorage(',') as (id:int,name:
chararray);
Dump item;
```

现在,通过执行 exec 命令从 Grunt Shell 中执行上面的脚本,如下所示。

```
grunt>exec /home/hadoop/sample_script.pig
(1,Hadoop)
(2,Spark)
(3,Hive)
```

通过执行 exec 命令执行 sample_script.pig 中的脚本。

6. kill 命令

可以执行 kill 命令在 Grunt Shell 中终止一个作业。

7. run 命令

可以执行 run 命令在 Grunt Shell 运行 Pig 脚本。

```
grunt>run /home/hadoop/sample_script.pig
(1,Hadoop)
(2,Spark)
(3,Hive)
```

注意:exec 命令和 run 命令之间的区别是:如果执行 run 命令,则脚本中的语句在 history 命令中可用。

8.3.5　Pig 常用的数据分析命令

下面介绍 Pig 一些常用的数据分析命令。

1. load 命令

load 命令用来加载数据文件中的数据到指定模式的表中(表也是一种关系),语法格式如下:

```
relation_name =LOAD 'input file path' USING function as schema;
```

参数说明如下。

relation_name:存储数据的关系名,实际上是一个变量名。

input file path:存储文件的本地目录或 HDFS 目录(在 MapReduce 模式下)。

function:从 Pig 提供的一组加载函数中选择一个函数(如 BinStorage,JsonLoader,PigStorage,TextLoader)。

schema:定义存储数据的模式,可以定义所需的模式如下:

```
(id:int, name:chararray)
```

注意:默认分隔符是制表符 Tab,如果数据文件中的数据字段之间不是以 Tab 分割的,必须指定分隔符,否则加载数据失败。例如:

```
grunt>item =LOAD '/home/hadoop/pigTest.txt' using PigStorage(',') as (id:int,
name:chararray);
```

通过执行 dump 命令查看经过处理后的信息 item:

```
grunt>dump item;
(1,Hadoop)
(2,Spark)
(3,Hive)
```

注意:等号=两边必须有空格,否则容易出错。

2. describe 命令

describe 命令用于查看表结构,语法格式如下:

```
describe 表名;
grunt>describe item;
item: {id: int,name: chararray}
```

3. group 命令

group 命令用来将数据分组,语法格式如下:

```
group 表名 by 字段名;
```

例如,在本地文件系统/home/hadoop 目录中,创建一个包含数据的输入文件 student.txt(学号,姓名,性别,课程),如下所示:

```
1001,WangGang,male,C
1002,WangLi,female,Java
1003,LiMing,male,C
1004,LiQiang,male,Python
1005,YangXue,female,C
1006,LiuTao,female,Python
```

下面将 student.txt 加载到 Pig 中。

```
grunt>student =LOAD '/home/hadoop/student.txt' using PigStorage(',') as
(id:int,name:chararray,gender:chararray,course:chararray);
```

```
grunt>dump student;
(1001,WangGang,male,C)
(1002,WangLi,female,Java)
(1003,LiMing,male,C)
(1004,LiQiang,male,Python)
(1005,YangXue,female,C)
(1006,LiuTao,female,Python)
grunt>courseG =group student by course;　--按 course 分组
grunt>dump courseG;　　　　　　　　　　--查看经过处理后的信息 courseG
(C,{(1005,YangXue,female,C),(1003,LiMing,male,C),(1001,WangGang,male,C)})
(Java,{(1002,WangLi,female,Java)})
(Python,{(1006,LiuTao,female,Python),(1004,LiQiang,male,Python)})
```

4. foreach 命令

foreach 命令用来对数据集进行迭代处理,语法格式如下:

```
foreach 表名 generate 字段列表;
```

例如:

```
grunt>IG =foreach student generate id,gender;
grunt>dump IG;
(1001,male)
(1002,female)
(1003,male)
(1004,male)
(1005,female)
(1006,female)
```

也可以使用 $0 类似的命令来获取数据集中的数据:

```
grunt>C =foreach student generate $0,$1;
grunt>dump C;
(1001,WangGang)
(1002,WangLi)
(1003,LiMing)
(1004,LiQiang)
(1005,YangXue)
(1006,LiuTao)
```

5. filter 命令

filter 命令用来过滤数据,语法格式如下:

```
filter 表名 by 过滤条件;
grunt>A =filter student by id >=1004;
grunt>dump A;
(1004,LiQiang,male,Python)
(1005,YangXue,female,C)
(1006,LiuTao,female,Python)
```

6. limit 命令

limit 命令用于取出有限大小的数据集,语法格式如下:

```
limit 表名 大小;
```

例如,取出 student 中的前 3 条数据赋给 B:

```
grunt>B =limit student 3;
grunt>dump B;
(1001,WangGang,male,C)
(1002,WangLi,female,Java)
(1003,LiMing,male,C)
```

8.4 习 题

1. 概述 Pig Latin 语言的原子数据类型和复合数据类型。
2. 概述 Pig 操作 HDFS 文件系统常用的命令。

Spark 大数据处理框架

Hadoop MapReduce 基于磁盘计算,在计算的过程中需要不断从磁盘存取数据,计算模型延迟高,无法胜任实时。而 Spark 吸取教训,采取了基于内存计算,中间计算结果也存于内存当中,计算效率极大地提升。本章主要介绍 Spark 概述、Spark 运行机制、Spark 的安装及配置、使用 PySpark 编写 Python 语言代码、安装 pip 工具和一些常用的数据分析库、安装 Anaconda 和配置 Jupyter Notebook。

◈ 9.1 Spark 概述

Spark 概述

Spark 最初是由美国加州大学伯克利分校 AMP 实验室开发的基于内存计算的大数据并行计算框架。Spark 在 2013 年 6 月进入 Apache,成为孵化项目,8 个月后成为 Apache 顶级项目。Spark 以其先进的设计理念,迅速成为社区的热门项目。Spark 生态圈包含 Spark SQL、Spark Streaming、GraphX 和 MLlib 等组件,这些组件可以相互调用,可以非常容易地组成处理大数据的完整流程。Spark 的这种特性极大地减轻了原先需要对各种平台分别管理、维护依赖关系的负担。

9.1.1 Spark 的产生背景

在大数据处理领域,已经广泛使用分布式编程模型在众多计算机搭建的集群上处理日益增长的数据,典型的批处理模型是 Hadoop 中的 MapReduce 框架。但该框架存在以下局限性。

(1)仅支持 Map 和 Reduce 两种任务。数据处理流程中的每一步都需要一个 Map 阶段和一个 Reduce 阶段。如果要利用这一解决方案,需要将所有用例都转换成 MapReduce 模式。

(2)处理效率低效。Map 任务的中间结果写入磁盘,Reduce 任务的中间结果写入 HDFS,多个 Map 任务和 Reduce 任务之间通过 HDFS 交换数据,任务调度和启动开销大。开销具体表现在以下两点:一是客户端需要把应用程序提交给 ResourcesManager,ResourcesManager 再选择节点去运行;二是当 Map 任务和 Reduce 任务被 ResourcesManager 调度时,会先启动一个 Container 进程,然后让任务运行起来,每一个任务都要经历 Java 虚拟机的启动、销毁等流程。

(3)Map 任务和 Reduce 任务均需要排序,但是有的任务处理完全不需要排序(如求最大值或最小值等),所以就造成了性能的下降。

(4) 不适合做迭代计算(如机器学习、图计算等)、交互式处理(如数据挖掘)和流式处理(如日志分析)。

而 Spark 既可以基于内存,也可以基于磁盘做迭代计算。Spark 处理的数据可以来自任何一种存储介质,如关系数据库、本地文件系统、分布式存储等。Spark 装载需要处理的数据至内存,并将这些数据集抽象为弹性分布数据集(resilient distributed dataset,RDD)对象。然后采用一系列 RDD 操作处理 RDD,并将处理好的结果以 RDD 的形式输出到内存,以数据流的方式持久化写入其他存储介质。

9.1.2　Spark 的优点

Spark 计算框架处理数据时,所有的中间数据都保存在内存中,从而减少了磁盘读写操作,提高了框架计算效率。Spark 具有以下几个显著优点。

1. 运行速度快

根据 Apache Spark 官方描述,Spark 基于磁盘做迭代计算比基于磁盘做迭代计算的 MapReduce 快十余倍,Spark 基于内存做迭代计算则比基于磁盘做迭代计算的 MapReduce 快百倍以上。Spark 实现了高效的 DAG 执行引擎,可以通过内存计算高效地处理数据流。

2. 易用性好

Spark 支持 Java、Python、Scala 等语言进行编程,支持交互式的 Python 和 Scala 的 Shell。

3. 通用性强

Spark 提供了统一的大数据处理解决方案。Spark 可用于批处理、交互式查询(通过 Spark SQL 组件)、实时流处理(通过 Spark Streaming 组件)、机器学习(通过 Spark MLlib 组件)和图计算(通过 Spark GrapbX 组件),这些不同类型的处理都可以在同一个应用中无缝使用。

4. 兼容性好

Spark 可以非常方便地与其他的开源大数据处理产品进行融合,例如,Spark 可以使用 Hadoop 的 YARN 作为它的资源管理和调度器。Spark 也可以不依赖第三方的资源管理和调度器,它实现了 Standalone 作为其内置的资源管理和调度框架。能够读取 HDFS、Cassandra、HBase、S3 和 Tachyon 中的数据。

9.1.3　Spark 的应用场景

Spark 的应用场景主要有以下几个。

(1) Spark 是基于内存的迭代计算框架,适用于需要多次操作特定数据集的应用场景。需要反复操作的次数越多,所需读取的数据量越大,受益越大;在数据量小但是计算密集度较高的场景,受益相对较小。

(2) 由于 RDD 的特性,Spark 不适用于那种异步细粒度更新状态的应用场景,例如,Web 服务的存储或者增量的 Web 爬虫和索引。

(3) 数据量不是特别大,但是要求实时统计分析需求的应用场景。

9.1.4　Spark 的生态系统

Spark 是一个大数据并行计算框架,是对广泛使用的 MapReduce 计算模型的扩展。

Spark 有自己的生态系统,如图 9-1 所示,但同时兼容 HDFS、Hive 等分布式存储系统,可以完美融入 Hadoop 的生态圈中,代替 MapReduce 执行更为高效的分布式计算。Spark 的生态系统以 Spark Core 为核心,能够从 HDFS、Amazon S3 和 HBase 等持久层读取数据,以Mesos、YARN 和 Spark 自身携带的 Standalone 为资源管理器调度作业完成 Spark 应用程序的计算。这些应用程序可以来自不同的组件,如 Spark Streaming 的实时处理应用、Spark SQL 的交互式查询、Spark MLlib 的机器学习、Spark GraphX 的图处理和 SparkR 的数学计算等。

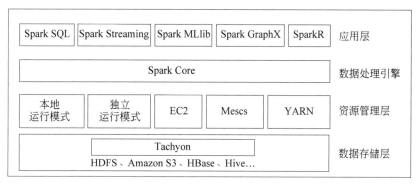

图 9-1　Spark 生态系统

下面对 Spark 的生态组件进行简要介绍。

(1) Spark Core。Spark 生态系统的核心组件,是一个分布式大数据处理框架。它主要包含两部分功能:一是负责任务调度、内存管理、错误恢复、与存储系统交互等;二是对RDD 的 API 定义,RDD 是一个只读的分区记录集合,可被并行操作,每个分区就是一个数据集片段。

(2) Spark SQL。用来操作结构化数据的核心组件,能够统一处理关系表和 RDD。通过 Spark SQL 可以直接查询 Hive、HBase 等多种外部数据源中的数据。Spark SQL 还支持将 SQL 语句融入 Spark 应用程序开发过程中,使用户可以在单个应用中同时进行 SQL 查询和复杂的数据分析。

(3) Spark Streaming。Spark 提供的用于处理流式数据的计算框架,具有可伸缩、高吞吐量、容错能力强等特点。Spark Streaming 可以从 Kafka、Flume、Kinesis、Twitter、TCPSockets 等多个数据源中获取数据。Spark Streaming 的核心原理是将流数据分解成一系列短小的批处理作业,每个短小的批处理作业都可以使用 Spark Core 进行快速处理。处理的结果既可以保存在文件系统和数据库中,也可以进行实时展示。

(4) Spark MLlib。MLlib(machine learning library)是 Spark 提供的可扩展的机器学习库。MLlib 中包含了一些通用的学习算法和工具,包括分类、回归、聚类、协同过滤算法等,还提供了降维、模型评估、数据导入等额外的功能。

(5) Spark GraphX。Spark 提供的分布式图处理框架,拥有图计算和图挖掘算法的简洁易用的 API,极大地方便了人们对分布式图处理的需求,能在海量数据上运行复杂的图算法。GraphX 通过扩展 RDD 引入了图抽象数据结构——弹性分布式属性图(Resilient Distributed Property Graph,RDPG),它是一种顶点和边都带属性的有向多重图。

◆ 9.2 Spark 运行机制

9.2.1 Spark 基本概念

具体讲解 Spark 运行架构之前,首先介绍几个重要的概念。

1. 弹性分布式数据集(RDD)

RDD 是只读分区记录的集合,是 Spark 对其所处理的数据的基本抽象。Spark 中的计算可以简单抽象为对 RDD 的创建、转换和返回操作结果的过程。

通过加载外部物理存储(如 HDFS)中的数据集,或 Spark 应用中定义的对象集合(如 List)创建 RDD。RDD 在创建后不可被改变,只可以对其执行下面的转换操作和行动操作。

(1) 转换(transformation)操作。对已有的 RDD 中的数据执行转换操作产生新的 RDD,在这个过程中有时会产生中间 RDD。Spark 对转换操作采用惰性计算机制,遇到转换操作时并不会立即转换,而是要等到遇到行动操作时才一起执行。

(2) 行动(action)操作。对已有的 RDD 中的数据执行计算,产生结果,将结果返回驱动程序或写入外部物理存储。在行动操作过程中同样有可能生成中间 RDD。

2. 分区

Spark RDD 是一种分布式的数据集,由于数据量很大,因此要把它切分成多个分区,分别存储在不同的节点上。对 RDD 进行操作时,对每个分区分别启动一个任务进行处理,增加处理数据的并行度,加快数据处理。

在分布式系统中,通信的代价是巨大的,Spark 程序可以通过控制 RDD 分区方式减少网络通信的开销。

3. Spark 应用

Spark 应用指的是用户使用 Spark API 编写的应用程序。Spark 应用的 main()函数为应用程序的入口。Spark 应用通过 Spark API 创建 RDD,对 RDD 进行操作。

4. 驱动程序和执行器

Spark 在执行每个 Spark 应用的过程中会启动驱动程序(driver)和执行器(executor)两种 JVM 进程。

驱动程序运行 Spark 应用中的 main()函数,创建 SparkContext(应用上下文,控制整个生命周期),准备 Spark 应用的运行环境,划分 RDD 并生成有向无环图(directed acyclic graph,DAG),如图 9-2 所示。驱动程序也负责提交作业,并将作业转化为任务,在各个执行器进程间协调任务的调度。

执行器是 Spark 应用运行在工作节点(WorkerNode)上的一个进程,如图 9-3 所示,该进程负责运行某些任务,并将结果返回给驱动程序,同时为需要缓存的 RDD 提供存储功能。每个 Spark 应用都有各自独立的一批执行器。

5. 作业

在一个 Spark 应用中,每个行动操作都触发生成一个作业。Spark 对 RDD 采用惰性求解机制,对 RDD 的创建和转换并不会立即执行,只有在遇到行动操作时才会生成一个作业,然后统一调度执行。一个作业包含 n 个转换操作和一个行动操作。一个作业会被拆分

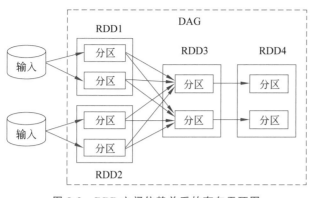

图 9-2　RDD 之间依赖关系的有向无环图

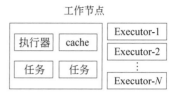

图 9-3　执行器

为多组任务,任务被称为阶段(stage)或任务集(taskset)。

6. 洗牌

有一部分转换操作或行动操作会让 RDD 产生宽依赖,这样 RDD 的操作过程就像是将父 RDD 中所有分区的记录(record)进行了洗牌(shuffle),数据被打散重组。例如,转换操作的 join 和行动操作的 reduce 等都会产生洗牌。

7. 阶段

用户提交的应用程序的计算过程表示为一个由 RDD 构成的 DAG,如果 RDD 在转换的时候需要洗牌,那么这个洗牌的过程就将这个 DAG 分为不同的阶段。由于洗牌的存在,不同的阶段是不能并行计算的,因为后面阶段的计算需要前面阶段的洗牌的结果。在对作业中的所有操作划分阶段时,一般会按照倒序进行,即从行动操作开始,在遇到窄依赖操作时,则划分到同一个执行阶段,在遇到宽依赖操作时,则划分一个新的执行阶段,且新的阶段为之前阶段的父阶段,然后依此类推,递归执行。阶段之间根据依赖关系构成了一个大粒度的 DAG。

8. 任务

一个作业在每个阶段内都会按照 RDD 的分区数量创建多个任务。每个阶段内多个并发的任务执行逻辑完全相同,只是作用于不同的分区。任务是运行在执行器上的工作单元,是单个分区数据集上的最小处理流程单元。

9. 工作节点

Spark 的工作节点用于执行提交的作业。在 YARN 部署模式下 Worker 由 NodeManager 代替。工作节点的作用有 3 个:一是通过注册机制向集群管理器(cluster manager)汇报自身的 CPU 和内存等资源;二是在主节点的指示下创建并启动执行器,将资源和任务分配给执行器,由执行器负责运行某些任务;三是同步资源信息、执行器状态信息给集群管理节点(cluster master)。

10. 资源管理器

Spark 以自带的 Standalone、Hadoop 的 YARN 等为资源管理器以调度作业,完成 Spark 应用的计算。Standalone 是 Spark 原生的资源管理器,由主节点负责资源的分配。而在 YARN 中,由 ResearchManager 负责资源的分配。

9.2.2 Spark 运行架构

Spark 运行架构如图 9-4 所示,主要包括集群管理器、运行作业任务的工作节点、Spark 应用的驱动程序和每个工作节点上负责具体任务的执行器。

驱动程序负责执行 Spark 应用中的 main()函数,准备 Spark 应用的运行环境,创建 SparkContext 对象,进而用它创建 RDD,提交作业,并将作业转化为多组任务,在各个执行器进程间协调任务的调度执行。此外,SparkContext 对象还负责和集群管理器进行通信、资源申请、任务分配和运行监控等。

集群管理器负责申请和管理在工作节点上运行应用所需的资源,集群管理器的具体实现方式包括 Spark 自带的集群管理器、Mesos 的集群管理器和 Hadoop YARN 的集群管理器。

Executor 是 Spark 应用运行在工作节点上的一个进程,负责运行 Spark 应用的某些任务,并将结果返回给 Driver,同时为需要缓存的 RDD 提供存储功能。每个 Spark 应用都有各自独立的一批执行器。

工作节点上的不同执行器服务于不同的 Spark 应用,它们之间是不共享数据的。与 MapReduce 计算框架相比,Spark 采用执行器具有如下两大优势。

(1) 执行器利用多线程来执行具体任务,相比 MapReduce 的进程模型,使用的资源和启动开销要小很多。

(2) 执行器中有一个 BlockManager 存储模块,BlockManager 会将内存和磁盘共同作为存储设备。当需要多轮迭代计算时,可以将中间结果存储到这个存储模块中,供下次需要时直接使用,而不需要从磁盘中读取,从而有效减少 I/O 开销。在交互式查询场景下,可以预先将数据缓存到 BlockManager 存储模块中,从而提高读写性能。

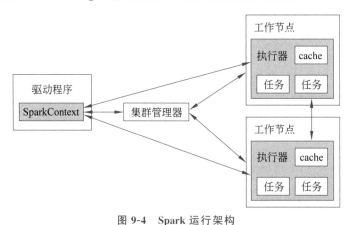

图 9-4 Spark 运行架构

◆ 9.3 Spark 的安装与配置

Spark 运行模式可分为单机模式、伪分布式模式和完全分布式模式。下面只给出单机模式和伪分布模式的配置过程。

9.3.1　下载 Spark 安装文件

在 1.8 节中已经安装了版本为 hadoop-2.7.7.tar.gz 的 Hadoop,这里登录 Linux 操作系统,打开浏览器,访问 Spark 官网,将安装包 spark-3.2.0-bin-hadoop2.7.tgz 下载到"/home/hadoop/下载"目录下。

下载完安装包以后,需要对文件进行解压。按照 Linux 操作系统使用的默认规范,用户安装的软件一般都存放在/usr/local 目录下。使用 hadoop 用户登录 Linux 操作系统,打开一个终端,执行如下命令将下载的 spark-3.2.0-bin-hadoop2.7.tgz 解压到/usr/local 目录下:

```
$ sudo tar -zxf ~/下载/spark-3.2.0-bin-hadoop2.7.tgz -C /usr/local/        #解压
$ cd /usr/local
$ sudo mv ./spark-3.2.0-bin-hadoop2.7 ./spark                  #更改文件名
$ sudo chown -R hadoop:hadoop ./spark                         #修改文件权限
```

上面最后一条命令用来把./spark 和它下面的所有文件和子目录的 owner 改成hadoop:hadoop,其中 hadoop 是当前登录 Linux 系统的用户名。

9.3.2　单机模式配置

单机模式就是在单机上运行 Spark。安装文件解压缩以后,还需要修改 Spark 的配置文件 spark-env.sh。复制 Spark 安装目录中 conf 目录下的模板文件 spark-env.sh.template并重命名为 spark-env.sh,命令如下:

```
$ cd /usr/local/spark
$ cp ./conf/spark-env.sh.template ./conf/spark-env.sh
                                    #复制生成 spark-env.sh 文件
```

然后使用 gedit 编辑器打开 spark-env.sh 文件进行编辑,命令如下:

```
$ gedit /usr/local/spark/conf/spark-env.sh
                                #用 gedit 编辑器打开 spark-env.sh 文件
```

在 spark-env.sh 文件的第一行添加以下配置信息:

```
export SPARK_DIST_CLASSPATH=$(/usr/local/hadoop/bin/hadoop classpath)
```

有了上面的配置信息以后,Spark 就可以把数据存储到 Hadoop 分布式文件系统 HDFS中,也可以从 HDFS 中读取数据。如果没有配置上面的信息,Spark 就只能读写本地数据,无法读写 HDFS 中的数据。

然后通过执行如下命令修改环境变量:

```
$ gedit ~/.bashrc
```

在.bashrc 文件中添加如下内容:

```
export JAVA_HOME=/opt/jvm/jdk1.8.0_181
export HADOOP_HOME=/usr/local/hadoop
export SPARK_HOME=/usr/local/spark
export PYTHONPATH=$SPARK_HOME/python:$SPARK_HOME/python/lib/py4j-0.10.9.2-
src.zip:$PYTHONPATH
export PYSPARK_PYTHON=python3
export PATH=$HADOOP_HOME/bin:$SPARK_HOME/bin:$PATH
```

PYTHONPATH 环境变量主要是为了在 Python 3 中引入 PySpark 库,PYSPARK_

PYTHON 变量主要是设置 PySpark 运行的 Python 版本。PYTHONPATH 这一行中有 py4j-0.10.9.2-src.zip，这个 ZIP 文件的版本号一定要和/usr/local/spark/python/lib 目录下的 py4j-0.10.9.2-src.zip 文件保持一致。

执行如下命令让配置生效：

```
$ source ~/.bashrc
```

完成上述步骤后，就可以实现 Hadoop（伪分布式模式）和 Spark（单机模式）相互协作，由 Hadoop 的 HDFS、HBase 等组件负责数据的存储和管理，由 Spark 负责数据计算。

Spark 配置完成后就可以直接使用，不需要像 Hadoop 那样执行启动命令。通过运行 Spark 自带的求圆周率的近似值实例，以验证 Spark 是否安装成功，命令如下：

```
$ cd /usr/local/spark/bin          #进入 Spark 安装包的 bin 目录
$ ./run-example SparkPi            #运行求圆周率的近似值实例
```

运行时会输出很多屏幕信息，不容易找到最终的输出结果，为了从大量的输出信息中快速找到运行结果，可以通过执行 grep 命令进行过滤：

```
$ ./run-example SparkPi 2>&1 | grep "Pi is roughly"
```

过滤后的运行结果如图 9-5 所示，可以得到圆周率的近似值。

```
hadoop@Master:/usr/local/spark/bin$ ./run-example SparkPi 2>&1 | grep "Pi is roughly"
Pi is roughly 3.1380356901784507
```

图 9-5　执行 grep 命令过滤后的运行结果

为了能够让 Spark 操作 HDFS 中的数据，需要先启动伪分布式模式的 HDFS。打开一个终端，在终端中执行如下命令启动 HDFS：

```
$ gedit ~/.bashrc
$ cd /usr/local/hadoop
$ ./sbin/start-dfs.sh
```

HDFS 启动完成后，可以通过执行 jps 命令判断 HDFS 是否成功启动：

```
$ jps
3875 NameNode
4022 DataNode
4344 Jps
4236 SecondaryNameNode
```

若显示类似上面所示的信息，说明 HDFS 已成功启动，然后 Spark 就可以读写 HDFS 中的数据了。

不再使用 HDFS 时，可以执行如下命令关闭 HDFS：

```
$ ./sbin/stop-dfs.sh
```

9.3.3　伪分布式模式配置

Spark 伪分布式模式是在一台计算机上既有 Master 进程又有 Worker 进程。Spark 伪分布式模式环境可在 Hadoop 伪分布式模式的基础上搭建。下面介绍如何配置 Spark 伪分布式模式环境。

1. 将 Spark 安装包解压到/usr/local 目录下

下载完 Spark 安装包以后，将 Spark 安装包解压到/usr/local 目录下。使用 hadoop 用户登录 Linux 操作系统,打开一个终端,执行如下命令将下载的 spark-3.2.0-bin-hadoop2.7.
tgz 解压到/usr/local 目录下:

```
$ sudo tar -zxf ~/下载/spark-3.2.0-bin-hadoop2.7.tgz -C /usr/local/      #解压
$ cd /usr/local
$ sudo mv ./spark-3.2.0-bin-hadoop2.7 ./spark      #更改文件名
$ sudo chown -R hadoop:hadoop ./spark          #hadoop 是当前登录 Linux 系统的用户名
```

2. 复制模板文件 spark-env.sh.template 得到 spark-env.sh

复制 Spark 安装目录中 conf 目录下的模板文件 spark-env.sh.template 为 spark-env.
sh,命令如下:

```
$ cd /usr/local/spark
$ cp ./conf/spark-env.sh.template ./conf/spark-env.sh
                                              #复制生成 spark-env.sh 文件
```

然后使用 gedit 编辑器打开 spark-env.sh 文件进行编辑,命令如下:

```
$ gedit /usr/local/spark/conf/spark-env.sh   #用 gedit 编辑器打开 spark-env.sh
                                             #文件
```

在该文件的末尾添加以下配置信息:

```
export JAVA_HOME=/opt/jvm/jdk1.8.0_181
export HADOOP_HOME=/usr/local/hadoop
export HADOOP_CONF_DIR=/usr/local/hadoop/etc/hadoop
export SPARK_MASTER_IP=Master
export SPARK_LOCAL_IP=Master
```

然后保存并关闭该文件。对上面添加的参数的说明如表 9-1 所示。

表 9-1　在 spark-env.sh 中添加的参数

参　　　数	说　　　明
JAVA_HOME	Java 的安装路径
HADOOP_HOME	Hadoop 的安装路径
HADOOP_CONF_DIR	Hadoop 配置文件的路径
SPARK_MASTER_IP	Spark 主节点的 IP 地址或计算机名称
SPARK_LOCAL_IP	Spark 本地的 IP 地址或计算机名称

3. 切换到/sbin 目录下启动集群

启动 Spark 伪分布式模式之前,先启动 Hadoop 环境,执行下面的命令启动 Hadoop:

```
$ cd /usr/local/hadoop
$ ./sbin/start-dfs.sh
```

切换到/sbin 目录下,执行如下命令启动 Spark 伪分布式模式:

```
$ cd /usr/local/spark/sbin
$ ./start-all.sh                    #启动命令,停止命令为./stop-all.sh
$ jps                               #查看进程
3875 NameNode
4022 DataNode
```

```
15082 Master
15243 Jps
15196 Worker
4236 SecondaryNameNode
```

通过执行上面的 jps 命令查看进程,输出结果既有 Master 进程又有 Worker 进程,说明 Spark 伪分布式模式启动成功。

注意:如果 Spark 不使用 HDFS,那么就不用启动 Hadoop,此时也可以正常使用 Spark;如果在使用 Spark 的过程中需要用到 HDFS,就要首先启动 Hadoop。

4. 验证 Spark 是否安装成功

通过运行 Spark 自带的求圆周率的近似值实例验证 Spark 是否安装成功,命令如下:

```
$ cd /usr/local/spark/bin          #进入 Spark 安装包的 bin 目录
```

运行求圆周率的近似值实例,并结合 grep 命令进行计算结果过滤。

```
$ ./run-example SparkPi 2>&1 | grep "Pi is roughly"
Pi is roughly 3.14088
```

注意:由于计算圆周率的近似值时采用了随机数,所以每次计算结果也会有差异。

使用 PySpark
编写 Python
语言代码

◆ 9.4 使用 PySpark 编写 Python 语言代码

Spark 支持 Scala 和 Python 两种编程语言。由于 Spark 框架本身是使用 Scala 语言开发的,使用 Scala 语言更贴近 Spark 的内部实现,所以使用 spark-shell 命令会默认进入 Scala 语言的交互式编程环境。

在 Spark 的安装目录下执行./bin/spark-shell 命令,进入 Scala 语言的交互式编程环境:

```
$ cd /usr/local/spark
$./bin/spark-shell
```

Spark Shell 启动后的界面如图 9-6 所示,从中可以看到 Spark 的版本为 3.2.0,Spark 内嵌的 Scala 版本为 2.12.15,Java 版本为 1.8.0_181。

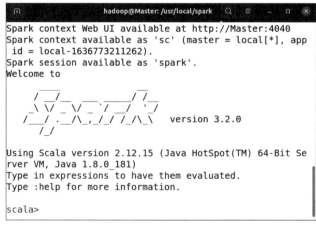

图 9-6 Spark Shell 启动后的界面

可以执行：quit 命令退出 Scala 语言的交互式编程环境。

```
scala> :quit
```

Spark 为了支持 Python 语言，在 Spark 社区发布了 PySpark 工具，它是 Spark 为 Python 语言开发者提供的 API。进入 PySpark Shell 就可以使用 PySpark 了。

如果按照前面所述将/usr/local/spark/bin 目录加入环境变量 PATH 中，那么就可以直接执行如下命令启动 PySpark 交互式编程环境：

```
$ pyspark
```

启动 PySpark 交互式编程环境后，就会进入 Python 命令提示符界面，如图 9-7 所示。

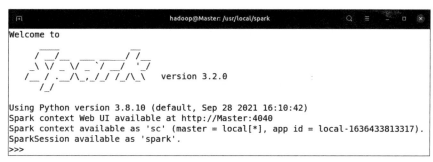

图 9-7　PySpark Shell 提供的 Python 命令提示符界面

从图 9-7 中可以看出，PySpark 当前使用的 Python 版本为 3.8.10。

进入 PySpark 的交互式编程环境后，输入一条语句，按 Enter 键，PySpark 会立即执行该语句并返回结果，具体实例如下：

```
>>> print("Hello PySpark")
Hello PySpark
```

如果没有将/usr/local/spark/bin 目录加入环境变量 PATH 中，可以执行如下命令启动 PySpark：

```
$ cd /usr/local/spark
$./bin/pyspark
```

执行 quit()命令可以退出 PySpark 的交互式编程环境。

◆ 9.5　安装 pip 工具和常用的数据分析库

如果没有安装 Python 扩展库管理工具 pip，可以打开一个终端，执行如下命令安装 pip：

```
$ sudo apt-get install python3-pip
```

执行如下命令安装 NumPy：

```
$ python3 pip install numpy
```

然后，启动 PySpark，就可以使用 NumPy 了。

执行如下命令安装 Matplotlib 绘图库：

```
pip3 install matplotlib
```

◇ 9.6 安装 Anaconda 和配置 Jupyter Notebook

9.6.1 安装 Anaconda

到清华大学镜像网站 https://mirrors.tuna.tsinghua.edu.cn/anaconda/archive/下载 Anaconda 安装文件，这里下载的是 Anaconda3-5.3.1-Linux-x86_64.sh，将其下载到 /home/hadoop 目录下。执行如下命令开始安装 Anaconda:

```
$ cd /home/hadoop
$ bash Anaconda3-5.3.1-Linux-x86_64.sh
```

执行命令以后，如图 9-8 所示，会提示用户查看许可文件，在此直接按 Enter 键，就会显示软件许可文件。可以不断地按 Enter 键，直到许可文件的末尾。

图 9-8　启动 Anaconda 的安装

阅读完许可文件以后，会询问用户是否接受许可条款，输入 yes 后按 Enter 键，如图 9-9 所示。

接下来，会出现图 9-10 所示界面，提示选择安装路径。这里不要自己指定路径，直接按 Enter 键（然后 Anaconda 就会被安装到默认路径，本书是/home/hadoop/anaconda3 目录）。

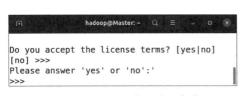

图 9-9　询问是否接受许可条款

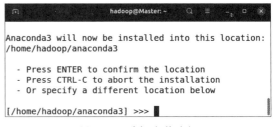

图 9-10　选择安装路径

安装过程中会出现图 9-11 所示的提示，询问用户是否进行 Anaconda3 初始化，也就是设置一些环境变量。这里输入 yes，然后按 Enter 键。

Anaconda 安装成功以后，可以看到图 9-12 所示的信息。

安装结束后，关闭当前终端，然后重新打开一个终端，查看 Anaconda 的版本信息，命令如下:

```
$ anaconda -V
anaconda Command line client (version 1.7.2)
```

```
For best results, please verify that your PYTHO
NPATH only points to
    directories of packages that are compatible wit
h the Python interpreter
    in Anaconda3: /home/hadoop/anaconda3
Do you wish the installer to initialize Anaconda3
in your /home/hadoop/.bashrc ? [yes|no]
[no] >>> yes
```

图 9-11　询问是否进行 Anaconda3 初始化

```
Initializing Anaconda3 in /home/hadoop/.bashrc
A backup will be made to: /home/hadoop/.bashrc-anac
onda3.bak


For this change to become active, you have to open
a new terminal.

Thank you for installing Anaconda3!
```

图 9-12　Anaconda 安装成功的界面

9.6.2　配置 Jupyter Notebook

在安装 Anaconda 时默认自动安装 Jupyter Notebook。下面开始配置 Jupyter Notebook，在终端中执行如下命令：

```
$ jupyter notebook --generate-config
Writing default config to: /home/hadoop/.jupyter/jupyter_notebook_config.py
```

然后，在终端中执行如下命令：

```
$ cd /home/hadoop/anaconda3/bin
$ ./python
```

执行效果如图 9-13 所示。

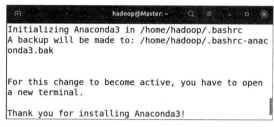

```
hadoop@Master:~/anaconda3/bin$ ./python
Python 3.7.0 (default, Jun 28 2018, 13:15:42)
[GCC 7.2.0] :: Anaconda, Inc. on linux
Type "help", "copyright", "credits" or "license" for more information.
>>>
```

图 9-13　进入 Python 命令提示符界面

然后，在 Python 命令提示符>>>后面执行如下命令：

```
>>> from notebook.auth import passwd
>>> passwd()
Enter password:
```

执行后，提示输入密码（如输入 123456），随后会让用户确认密码，然后系统会生成一个密码字符串，这里生成的密码字符串是

```
'sha1:73db209e7633:571704e7158e5dbda476c2cb086a5862ee34da94'
```

需要记下该字符串，后面用于配置密码。

然后，在 Python 命令提示符>>>后面执行 exit()命令，退出 Python 交互式编程环境。

在终端执行如下命令开始配置文件：

```
$ sudo gedit ~/.jupyter/jupyter_notebook_config.py
```

进入配置文件页面,在文件的开头增加以下内容:

```
c.NotebookApp.ip='*'                        #设置所有 IP 地址均可访问
c.NotebookApp.password = 'sha1:73db209e7633:571704e7158e5dbda476c2cb086a58-
62ee34da94'
#这是前面生成的密码字符串
c.NotebookApp.open_browser=False            #禁止自动打开浏览器
c.NotebookApp.port=8888                      #端口
c.NotebookApp.notebook_dir= '/home/hadoop/jupyternotebook'
#设置 Notebook 启动后进入的目录
```

然后保存并关闭文件。

c.NotebookApp.notebook_dir = '/home/hadoop/jupyternotebook'用于设置 Jupyter Notebook 启动后进入的目录。由于该目录还不存在,可执行如下命令创建:

```
$ mkdir /home/hadoop/jupyternotebook
```

9.6.3 运行 Jupyter Notebook

在终端执行如下命令运行 Jupyter Notebook:

```
$ jupyter notebook
```

执行 jupyter notebook 命令后的界面如图 9-14 所示。

```
hadoop@Master:~/anaconda3/bin                          Q  ≡  _  □  ×
hadoop@Master:~/anaconda3/bin$ jupyter notebook
[I 17:27:31.525 NotebookApp] Writing notebook server cookie secret to /run/user/
1001/jupyter/notebook_cookie_secret
[W 17:27:31.942 NotebookApp] WARNING: The notebook server is listening on all IP
 addresses and not using encryption. This is not recommended.
[I 17:27:31.998 NotebookApp] JupyterLab extension loaded from /home/hadoop/anaco
nda3/lib/python3.7/site-packages/jupyterlab
[I 17:27:31.998 NotebookApp] JupyterLab application directory is /home/hadoop/an
aconda3/share/jupyter/lab
[I 17:27:32.004 NotebookApp] Serving notebooks from local directory: /home/hadoo
p/jupyternotebook
[I 17:27:32.005 NotebookApp] The Jupyter Notebook is running at:
[I 17:27:32.005 NotebookApp] http://(Master or 127.0.0.1):8888/
[I 17:27:32.005 NotebookApp] Use Control-C to stop this server and shut down all
 kernels (twice to skip confirmation).
```

图 9-14 执行 jupyter notebook 命令后的界面

打开浏览器,输入 http://localhost:8888,跳转到登录页面,输入在 9.6.2 节中生成密码字符串时输入的密码 123456,单击 Log in 按钮,如图 9-15 所示。

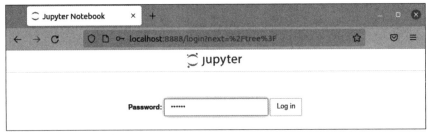

图 9-15 登录页面

登录后的页面如图 9-16 所示。这时,Jupyter Notebook 的工作目录是/home/hadoop/jupyternotebook,该目录下没有任何文件。

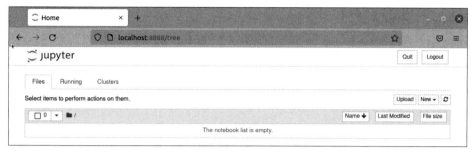

图 9-16 登录后的页面

可以在界面中单击 New 按钮,在弹出的子菜单中单击 Python 3 命令,就可打开编写 Python 语言代码的页面,如图 9-17 所示。在文本框中输入 Python 语言代码,如 print("Hello Jupyter Notebook!"),然后单击 Run 按钮,就可以执行文本框中的代码。

图 9-17 编写 Python 语言代码的页面

单击上方的 Untitled,可重新设置代码文件的名称,如 HelloJupyter,然后单击 Rename 按钮就可实现重命名。重命名后的代码编写页面如图 9-18 所示。

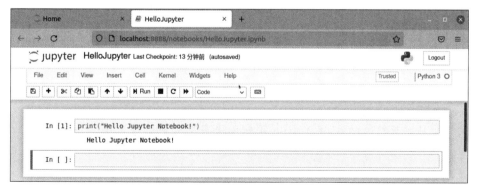

图 9-18 重命名后的代码编写页面

单击图 9-18 中的 按钮可保存编写的代码文件。

9.6.4 配置 Jupyter Notebook 实现和 PySpark 交互

修改配置文件,实现 Jupyter Notebook 与 PySpark 的交互,具体命令如下:

```
$ sudo gedit ~/.bashrc
```

然后,删除 .bashrc 文件中的 export PYSPARK_PYTHON＝python3,在该文件中增加如下两行:

```
export PYSPARK_PYTHON=/home/hadoop/anaconda3/bin/python
export PYSPARK_DRIVER_PYTHON=/home/hadoop/anaconda3/bin/python
```

保存并退出该文件,执行如下命令使配置生效:

```
$ source ~/.bashrc
```

在 Jupyter Notebook 的代码编写页面的文本框中输入如下内容:

```
from pyspark import SparkConf, SparkContext
conf = SparkConf().setMaster("local").setAppName("MyApp")
sc = SparkContext(conf = conf)
arr = [1, 2, 3, 4, 5, 6]
rdd = sc.parallelize(arr)          #把 arr 这个数据集并行化到节点上来创建 RDD
rdd.collect()                      #以列表形式返回 RDD 中的所有元素
```

然后,单击页面上的 Run 按钮运行该代码,会在文本框下面给出运行结果,如图 9-19 所示。

图 9-19　运行代码的页面

注意:出现运行结果以后,单击 Run 按钮无法实现重新运行代码。如果要再次运行代码,可以先单击界面上的 **C** 按钮,然后会弹出如图 9-20 所示的对话框,可以单击 Restart 按钮,重新启动内核。

这时,再次单击 Run 按钮,就可以成功运行代码了。

注意:在使用 Jupyter Notebook 调试 PySpark 程序时,有些代码的输出信息可能无法从代码编写和运行页面上看到,这时需要到终端界面上查看。

如果要退出 Jupyter Notebook,可以回到终端界面(正在运行 Jupyter Notebook 的界

图 9-20　重新启动内核对话框

面),按 Ctrl＋C 组合键,出现提示,输入字母 y,就可以退出了。

9.6.5　为 Anaconda 安装扩展库

可通过执行“conda install 扩展库名”(或“pip install 扩展库名”)命令安装 Anaconda 所需的扩展库。

 **9.7　习　　题**

1. 简述 Spark 的优点。
2. 简述 Spark 的应用场景。
3. 简述 Spark 的主要概念。

第 10 章

基于 Python 语言的 Spark RDD 编程

RDD 是 Spark 的核心概念。Spark 基于 Python 语言提供了对 RDD 的转换操作和行动操作,通过这些操作可实现复杂的应用。本章主要介绍 RDD 创建的方式、RDD 转换操作、RDD 行动操作、RDD 之间的依赖关系和 RDD 的持久化,最后给出案例实战——利用 Spark RDD 实现词频统计。

10.1 RDD 的创建方式

传统的 MapReduce 虽然具有自动容错、平衡负载和可拓展性的优点,但是其最大的缺点是在迭代计算式的时候要进行大量的磁盘 I/O 操作,而 RDD 正是为解决这一缺点而出现的。

Spark 数据处理引擎 Spark Core 是建立在统一的 RDD 之上的,这使得 Spark 的 Spark Streaming、Spark SQL、Spark MLlib、Spark GraphX 等应用组件可以无缝地进行集成,能够在同一个应用程序中完成大数据处理。RDD 是 Spark 对具体数据对象的一种抽象(封装),本质上是一个只读的分区记录集合,每个分区就是一个数据集片段,每个分区对应一个任务。一个 RDD 的不同分区可以保存到集群中的不同节点上,对 RDD 进行操作,相当于对 RDD 的每个分区进行操作。RDD 中的数据对象可以是 Python、Java、Scala 语言中任意类型的对象,甚至是用户自定义的对象。Spark 中的所有操作都是基于 RDD 进行的,一个 Spark 应用可以看作一个由 RDD 的创建到一系列 RDD 转化操作再到 RDD 存储的过程。图10-1 展示了 RDD 的分区及分区与工作节点的分布关系,其中的 RDD 被切分成 4 个分区。

RDD 最重要的特性是容错性。如果 RDD 某个节点上的分区因为节点故障导致数据丢了,那么 RDD 会自动通过自己的数据来源重新计算得到该分区,这一切对用户是透明的。

创建 RDD 有两种方式:通过 Spark 应用程序中的数据集创建;使用本地及HDFS、HBase 等外部存储系统上的文件创建。

下面讲解创建 RDD 的常用方式。

10.1.1 使用程序中的数据集创建 RDD

可通过调用 SparkContext 对象的 parallelize()方法并行化程序中的数据集合

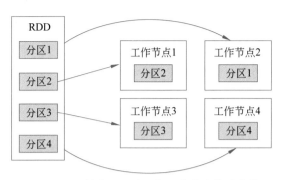

图 10-1　RDD 的分区及分区与工作节点的分布关系

以创建 RDD。可以序列化 Python 对象得到 RDD。例如：

```
>>> arr = [1, 2, 3, 4, 5, 6]
>>> rdd = sc.parallelize(arr)          #把 arr 这个数据集并行化到节点上以创建 RDD
>>> rdd1 = sc.parallelize([('a', 7), ('a', 2), ('b', 2)])
>>> rdd2 = sc.parallelize(range(100))
>>> rdd3 = sc.parallelize([('a', [1, 2, 3]), ('b', [4, 5, 6])])
>>> rdd.collect()                      #以列表形式返回 RDD 中的所有元素
[1, 2, 3, 4, 5, 6]
>>> rdd3.collect()
[('a', [1, 2, 3]), ('b', [4, 5, 6])]
```

在上述语句中,使用了 Spark 提供的 SparkContext 对象,名称为 sc,这是 PySpark 启动的时候自动创建的,在交互式编程环境中可以直接使用。如果编写脚本程序文件,则在程序文件中通过如下语句创建 sc：

```
from pyspark import SparkConf, SparkContext
conf = SparkConf().setAppName("Spark Demo").setMaster("local")
sc = SparkContext(conf = conf)
```

任何 Spark 程序都是从 SparkContext 对象开始的,SparkContext 对象的初始化需要一个 SparkConf 对象,SparkConf 对象包含了 Spark 集群配置的各种参数。创建 SparkContext 对象后,就可以使用 SparkContext 对象所包含的各种方法创建和操作 RDD。

实际上,RDD 也是一个数据集合。与 Python 语言的 list 对象不同的是,RDD 的数据可能分布于多台计算机上。

在调用 parallelize()方法时,可以设置一个参数指定将一个数据集合切分成多少个分区,例如,parallelize(arr, 3)指定 RDD 的分区数是 3。Spark 会为每一个分区运行一个任务,对其进行处理。Spark 默认会根据集群的情况设置分区的数量。当调用 parallelize()方法时,若不指定分区数,则使用系统给出的分区数。例如：

```
>>> rdd4 = sc.parallelize([1, 2, 3, 4, 5, 6], 3)
>>> rdd4.getNumPartitions()            #获取 rdd4 的分区数
3
```

RDD 对象的 glom()方法分别将 RDD 对象的每个分区上的元素分别放入一个列表中,返回一个由这些列表组成的新 RDD。例如：

```
>>> rdd4.glom().collect()
[[1, 2], [3, 4], [5, 6]]
```

10.1.2 使用文本文件创建 RDD

Spark 可以使用任何 Hadoop 支持的存储系统上的文件（如 HDFS、HBase、本地文件）创建 RDD。调用 SparkContext 对象的 textFile() 方法读取文件的位置，即可创建 RDD。textFile() 方法支持针对目录、文本文件、压缩文件和通配符匹配的文件进行 RDD 的创建。

Spark 支持的常见文件格式如表 10-1 所示。

表 10-1 Spark 支持的常见文件格式

文 件 格 式	数据类型	描　　　述
文本文件	非结构化	普通的文本文件，每行一条记录
JSON	半结构化	常见的基于文本的格式
CSV	结构化	常见的基于文本的格式，通常应用在电子表格中
SequenceFile	结构化	用于键值对数据的常见 Hadoop 文件格式
对象文件	结构化	用来存储 Spark 作业中的数据，给共享的代码读取

1. 读取 HDFS 中的文本文件创建 RDD

在 HDFS 中有一个文件名为/user/hadoop/input/data.txt，其内容如下：

```
Business before pleasure.
Nothing is impossible to a willing heart.
I feel strongly that I can make it.
```

在读取该文件创建 RDD 之前，需要先启动 Hadoop 系统，命令如下：

```
$ cd /usr/local/hadoop
$ ./sbin/start-dfs.sh                    #启动 Hadoop
#读取 HDFS 上的文件创建 RDD
>>> rdd = sc.textFile("/user/hadoop/input/data.txt")
>>> rdd.foreach(print)                   #输出 rdd 中的每个元素
Business before pleasure.
Nothing is impossible to a willing heart.
I feel strongly that I can make it.
>>> rdd.keys().collect()                 #获取 rdd 的 key
['B', 'N', 'I']
```

执行 rdd = sc.textFile("/user/hadoop/input/data.txt") 语句后，Spark 从 data.txt 文件中加载数据到内存中，在内存中生成一个 RDD 对象 rdd。这个 rdd 里面包含了若干元素，元素的类型是字符串，从 data.txt 文件中读取的每一行文本内容都成为 rdd 中的一个元素。

使用 textFile() 方法读取文件创建 RDD 时，可指定分区的个数。例如：

```
>>> rdd = sc.textFile("/user/hadoop/input/data.txt", 3)
                                #创建包含 3 个分区的 RDD 对象
```

2. 读取本地的文本文件创建 RDD

读取 Linux 操作系统的本地文件也是通过 sc.textFile("路径") 方法实现的，但需要在路径前面加上"file:"以表示从 Linux 操作系统的本地文件系统读取。在 Linux 操作系统的本地文件系统上存在一个文件/home/hadoop/data.txt,其内容和上面的 HDFS 中的文件/user/hadoop/input/data.txt 完全一样。

下面给出读取 Linux 操作系统本地的/home/hadoop/data.txt 文件创建一个 RDD 的例子:

```
>>> rdd1 = sc.textFile("file:/home/hadoop/data.txt")       #读取本地文件
>>> rdd1.foreach(print)                                     #输出 rdd1 中的每个元素
Business before pleasure.
Nothing is impossible to a willing heart.
I feel strongly that I can make it.
```

3. 读取目录创建 RDD

textFile()方法也可以读取目录。将目录作为参数,会将目录中的各个文件中的数据都读入 RDD 中。在/home/hadoop/input 目录中有文件 text1.txt 和 text2.txt,text1.txt 文件中的内容为“Hello Spark”,text2.txt 文件中的内容为“Hello Python”。

```
>>> rddw1 = sc.textFile("file:/home/hadoop/input")  #读取本地文件夹
>>> rddw1.collect()
['Hello Python', 'Hello Spark']
```

4. 使用 wholeTextFiles()方法读取目录创建 RDD

SparkContext 对象的 wholeTextFiles()方法也可用来读取给定目录中的所有文件,可在输入路径时使用通配符(如 part- * .txt)。wholeTextFiles()方法会返回若干键值对组成的 RDD,每个键值对的键是目录中一个文件的文件名,值是该文件名所表示的文件的内容。

```
>>> rddw2 = sc.wholeTextFiles ("file:/home/hadoop/input")       #读取本地目录
>>> rddw2.collect()
[('file:/home/hadoop/input/text2.txt', 'Hello Python\n'),
 ('file:/home/hadoop/input/text1.txt', 'Hello Spark\n')]
```

10.1.3 使用 JSON 文件创建 RDD

JavaScript 对象标记(javascript object notation,JSON)是一种轻量级的数据交换格式,JSON 文件在许多编程 API 中都得到支持。简单地说,JSON 可以将 JavaScript 对象表示的一组数据转换为字符串,然后就可以在网络或者程序之间轻松地传递这个字符串,并在需要的时候将它还原为各编程语言所支持的数据格式,是互联网上最受欢迎的数据交换格式。

在 JSON 中,一切皆对象。任何支持的类型都可以通过 JSON 表示,如字符串、数字、对象、数组等。但是对象和数组是比较特殊且常用的两种类型。

对象在 JSON 中是用“{}”括起来的内容,采用{key1:value1,key2:value2,…}这样的键值对结构。在面向对象的语言中,key 为对象的属性,value 为对应的值。键名可以用整数和字符串表示,值可以是任意类型。

数组在 JSON 中是用“[]”括起来的内容,例如["Java", "Python", "VB",…]。数组是一种比较特殊的数据类型,数组内也可以像对象那样使用键值对。

JSON 格式的 5 条规则如下。

(1) 并列的数据之间用“,”分隔。

(2) 映射(键值对)用“:”表示。

(3) 并列数据的集合(数组)用“[]”表示。

(4) 映射(键值对)的集合(对象)用"{}"表示。

(5) 元素值可具有的类型为 string、number、object(对象)、array(数组),元素值也可以是 true、false、null。

在 Windows 操作系统中,可以使用记事本或其他类型的文本编辑器打开 JSON 文件以查看内容;在 Linux 操作系统中,可以使用 vim 编辑器打开和查看 JSON 文件。

例如,表示中国部分省市的 JSON 数据如下:

```
{
    "name": "中国",
    "province": [{
        "name": "河南",
        "cities": {
            "city": ["郑州", "洛阳"]
        }
    }, {
        "name": "广东",
        "cities": {
            "city": ["广州", "深圳"]
        }
    }, {
        "name": "陕西",
        "cities": {
            "city": ["西安", "咸阳"]
        }
    }]
}
```

下面再给出一个 JSON 文件示例数据:

```
{
    "code": 0,
    "msg": "",
    "count": 2,
    "data": [
    {
        "id": "101",
        "username": "ZhangSan",
        "city":"XiaMen",
    }, {
        "id": "102",
        "username": "LiMing",
        "city": "ZhengZhou",
    }]
}
```

创建 JSON 文件的一种方法是:新建一个扩展名为.txt 的文本文件,在文件中写入 JSON 数据,保存该文件,将扩展名修改成.json,就成为 JSON 文件了。

在本地文件系统/home/hadoop/目录下有一个 student.json 文件,内容如下:

```
{"学号":"106","姓名":"李明","数据结构":"92"}
{"学号":"242","姓名":"李乐","数据结构":"96"}
{"学号":"107","姓名":"冯涛","数据结构":"84"}
```

从文件内容可看到每个"{…}"中为一个 JSON 格式的数据,一个 JSON 文件包含若干

JSON 格式的数据。

读取 JSON 文件创建 RDD 最简单的方法是将 JSON 文件作为文本文件读取。例如：

```
>>> jsonStr = sc.textFile("file:/home/hadoop/student.json")
>>> jsonStr.collect()
['{"学号":"106","姓名":"李明","数据结构":"92"}', '{"学号":"242","姓名":"李乐",
"数据结构":"96"}', '{"学号":"107","姓名":"冯涛","数据结构":"84"}']
```

10.1.4　使用 CSV 文件创建 RDD

逗号分隔值(comma separated values,CSV)文件是一种用来存储表格数据(数字和文本)的纯文本格式文件。CSV 文件的内容由以“,”分隔的一列列数据构成,它可以被导入各种电子表格和数据库中。纯文本意味着该文件是一个字符序列。在 CSV 文件中,列之间以逗号分隔。CSV 文件由任意数目的记录组成,记录间以某种换行符分隔,一行为一条记录。可使用 Word、Excel、记事本等方式打开 CSV 文件。

创建 CSV 文件的方法有很多,最常用的方法是用电子表格创建。例如,在 Excel 中,选择“文件”→“另存为”选项,然后在“文件类型”下拉列表框中选择“CSV (逗号分隔)(* . csv)”选项,最后单击“保存”按钮,即创建了一个 CSV 文件。

如果 CSV 文件的所有数据字段均不包含换行符,可以使用 textFile()方法读取并解析数据。

例如,在/home/hadoop 目录下保存了一个名为 grade.csv 的 CSV 文件,文件内容如下：

```
101,LiNing,95
102,LiuTao,90
103,WangFei,96
```

使用 textFile()方法读取 grade.csv 文件,创建 RDD：

```
>>> gradeRDD = sc.textFile("file:/home/hadoop/grade.csv")      #创建 RDD
>>> gradeRDD.collect()
['101,LiNing,95', '102,LiuTao,90', '103,WangFei,96']
```

◇　10.2　RDD 转换操作

从相关数据源获取数据形成初始 RDD 后,根据应用需求,调用 RDD 对象的转换操作(算子)方法对得到的初始 RDD 进行操作,生成一个新的 RDD。对 RDD 的操作分为两大类型：转换操作和行动操作。Spark 里的计算就是操作 RDD。

转换操作负责对 RDD 中的数据进行计算并转换为新的 RDD。RDD 转换操作是惰性求值的,只记录转换的轨迹,而不会立即转换,直到遇到行动操作时才会与行动操作一起执行。

下面给出 RDD 对象的常用转换操作方法。

10.2.1　映射操作

映射操作方法主要有 map()、flatMap()、mapValues()、flatMapValues()和 mapPartitions()。

1. map()

map(func)方法对一个 RDD 中的每个元素执行 func()函数,通过计算得到新元素,这

些新元素组成的 RDD 作为 map(func)方法的返回结果。例如:

```
>>> rdd1 = sc.parallelize([1, 2, 3, 4])
>>> result=rdd1.map(lambda x:x * 2)        #用 map()对 rdd1 中的每个数进行乘 2 操作
>>> result.collect()                       #以列表形式返回 RDD 中的所有元素
[2, 4, 6, 8]
```

上述代码中,向 map()操作方法传入了一个匿名函数 lambda x:x * 2。其中,x 为函数的参数名称,也可以使用其他字符,如 y;x * 2 为函数解析式,用来实现函数的运算。Spark 会将 RDD 中的每个元素依次传入该函数的参数中,返回一个由所有函数值组成的新 RDD。

collect()为行动操作方法,将生成的 RDD 对象 result 转化为 list 类型,同时可实现查看 RDD 中数据的效果。

map(func)方法可用来将一个普通的 RDD 转换为一个键值对形式的 RDD,供只能操作键值对类型的 RDD 使用。

例如,对一个由英语单词组成的文本行,提取其中的第一个单词作为 key,将整个句子作为 value,建立键值对 RDD,具体实现如下:

```
>>> wordsRDD = sc.parallelize(["Who is that", "What are you doing", "Here you
are"])
>>> PairRDD = wordsRDD.map(lambda x: (x.split(" ")[0], x))
>>> PairRDD.collect()
[('Who', 'Who is that'), ('What', 'What are you doing'), ('Here', 'Here you are')]
```

2. flatMap()方法

flatMap(func)方法类似于 map(func)方法,但又有所不同。flatMap(func)方法中的 func()函数会返回 0 个或多个元素,flatMap(func)方法将 func()函数返回的元素合并成一个 RDD,作为本操作的返回值。例如:

```
>>> wordsRDD = sc.parallelize(["Who is that", "What are you doing", "Here you
are"])
>>> FlatRDD = wordsRDD.flatMap(lambda x: x.split(" "))
>>> FlatRDD.collect()
['Who', 'is', 'that', 'What', 'are', 'you', 'doing', 'Here', 'you', 'are']
```

flatMap()方法的一个简单用途是把输入的字符串切分为单词。例如:

```
#定义函数
>>> def tokenize(ws):
        return ws.split(" ")
>>> lines = sc.parallelize(["One today is worth two tomorrows","Better late than
never","Nothing is impossible for a willing heart"])
>>> lines.map(tokenize).foreach(print)
['One', 'today', 'is', 'worth', 'two', 'tomorrows']
['Better', 'late', 'than', 'never']
['Nothing', 'is', 'impossible', 'for', 'a', 'willing', 'heart']
>>> lines.flatMap(tokenize).collect()
['One', 'today', 'is', 'worth', 'two', 'tomorrows', 'Better', 'late', 'than',
'never', 'Nothing', 'is', 'impossible', 'for', 'a', 'willing', 'heart']
```

3. mapValues()方法

mapValues(func)方法对键值对组成的 RDD 对象中的每个 value 都执行函数 func(),返回由键值对(key,func(value))组成的新 RDD,但是,key 不会发生变化。键值对 RDD 是

指 RDD 中的每个元素都是(key,value)二元组,key 为键,value 为值。例如:

```
>>> rdd = sc.parallelize(["Hadoop","Spark","Hive","HBase"])
>>> pairRdd = rdd.map(lambda x: (x,1))                #转换为键值对 RDD
>>> pairRdd.collect()
[('Hadoop', 1), ('Spark', 1), ('Hive', 1), ('HBase', 1)]
>>> pairRdd.mapValues(lambda x: x+1).foreach(print)        #对每个值加 1
('Hadoop', 2)
('Spark', 2)
('Hive', 2)
('HBase', 2)
```

再给出一个 mapValues()方法应用示例:

```
>>> rdd1 = sc.parallelize(list(range(1,9)))
>>> rdd1.collect()
[1, 2, 3, 4, 5, 6, 7, 8]
>>> result = rdd1.map(lambda x: (x % 4, x)).mapValues(lambda v: v + 10)
>>> result.collect()
[(1, 11), (2, 12), (3, 13), (0, 14), (1, 15), (2, 16), (3, 17), (0, 18)]
```

4. flatMapValues()方法

flatMapValues(func)方法转换操作把键值对 RDD 中的每个键值对的值都传给一个函数处理,对于每个值,该函数返回 0 个或多个输出值,键和每个输出值构成一个二元组,作为 flatMapValues(func)函数返回的新 RDD 中的一个元素。使用 flatMapValues(func)方法会保留原 RDD 的分区情况。

```
>>> stuRDD = sc.parallelize(['Wang,81|82|83','Li,76|82|80|','Liu,90|88|91'])
>>> kvRDD = stuRDD.map(lambda x: x.split(','))
>>> print('kvRDD: ',kvRDD.take(2))
kvRDD: [['Wang', '81|82|83'], ['Li', '76|82|80|']]
>>> RDD = kvRDD.flatMapValues(lambda x: x.split('|')).map(lambda x:(x[0],int(x
[1])))
>>> print('RDD: ', RDD.take(6))
RDD: [('Wang', 81), ('Wang', 82), ('Wang', 83), ('Li', 76), ('Li', 82), ('Li',
80)]
```

5. mapPartitions()方法

mapPartitions(func)方法对每个分区数据执行指定函数。

```
>>> rdd = sc.parallelize([1, 2, 3, 4],2)
>>> rdd.glom().collect()                         #查看每个分区中的数据
[[1, 2], [3, 4]]
>>> def f(x):
        yield sum(x)
>>> rdd.mapPartitions(f).collect()               #对每个分区中的数据执行 f()函数操作
[3, 7]
```

10.2.2 去重操作

去重操作包括 filter()方法和 distinct()方法。

1. filter()方法

filter(func)方法使用过滤函数 func()过滤 RDD 中的元素,func()函数的返回值为

Boolean 类型,filter(func)方法执行 func()函数后返回值为 true 的元素,组成新的 RDD。例如:

```
>>> rdd4=sc.parallelize([1,2,2,3,4,3,5,7,9])
>>> rdd4.filter(lambda x:x>4).collect()        #对 rdd4 进行过滤,得到大于 4 的数据
[5, 7, 9]
```

创建 4 名学生考试数据信息的 RDD,学生考试数据信息包括姓名、考试科目、考试成绩,各项之间用空格分隔。下面给出找出成绩为 100 的学生姓名和考试科目的具体命令语句。

(1) 创建学生考试数据信息的 RDD:

```
>>> students = sc.parallelize(["XiaoHua Scala 85","LiTao Scala 100","LiMing
Python 95","WangFei Java 100"])
```

(2) 将 students 的数据存储为 3 元组:

```
>>> studentsTup = students.map(lambda x : (x.split(" ")[0], x.split(" ")[1], int
(x.split(" ")[2])))
>>> studentsTup.collect()
[('XiaoHua', 'Scala', 85), ('LiTao', 'Scala', 100), ('LiMing', 'Python', 95), ('
WangFei', 'Java', 100)]
```

(3) 过滤出成绩为 100 的学生的姓名和考试科目:

```
>>> studentsTup.filter(lambda x: x[2]==100).map(lambda x:(x[0], x[1])).foreach
(print)
('LiTao', 'Scala')
('WangFei', 'Java')
```

2. distinct()方法

distinct([numPartitions])方法对 RDD 中的数据进行去重操作,返回一个新的 RDD。其中,可选参数 numPartitions 用来设置操作的并行任务个数。例如:

```
>>> Rdd = sc.parallelize([1,2,1,5,3,5,4,8,6,4])
>>> distinctRdd = Rdd.distinct()
>>> distinctRdd.collect()
[1, 2, 5, 3, 4, 8, 6]
```

从返回结果[1,2,5,3,4,8,6]中可以看出,数据已经去重。

10.2.3 排序操作

排序操作包括 sortByKey()方法和 sortBy()方法。

1. sortByKey()方法

sortByKey(ascending,[numPartitions])方法对 RDD 中的数据集进行排序操作,对键值对类型的数据按照键进行排序,返回一个排序后的键值对类型的 RDD。参数 ascending 用来指定是升序还是降序,默认值是 True,按升序排序。可选参数 numPartitions 用来指定排序分区的并行任务个数。

```
>>> rdd = sc.parallelize([("WangLi", 1), ("LiHua", 3), ("LiuFei", 2),
("XuFeng", 1)])
>>> rdd.collect()
[('WangLi', 1), ('LiHua', 3), ('LiuFei', 2), ('XuFeng', 1)]
```

```
>>> rdd1 = rdd.sortByKey(False)#False 表示降序
>>> rdd1.collect()
[('XuFeng', 1), ('WangLi', 1), ('LiuFei', 2), ('LiHua', 3)]
```

2. sortBy()方法

sortBy(keyfunc,[ascending],[numPartitions])方法使用 keyfunc()函数先对数据进行处理,按照处理后的数据排序,默认为升序。sortBy()可以指定按键还是按值进行排序。

第一个参数 keyfunc 是一个函数,sortBy()方法按 keyfunc()函数对 RDD 中的每个元素计算的结果对 RDD 中的元素进行排序。

第二个参数是 ascending,决定排序后 RDD 中的元素是升序还是降序。默认是 True,按升序排序。

第三个参数是 numPartitions,该参数决定排序后的 RDD 的分区个数。默认排序后的分区个数和排序之前相等。

例如,创建 4 种商品数据信息的 RDD,商品数据信息包括名称、单价、数量,各项之间用空格分隔。命令如下:

```
>>> goods = sc.parallelize(["radio 30 50","soap 3 60","cup 6 50","bowl 4 80"])
```

(1) 按键进行排序,等同于 sortByKey()方法。

首先将 goods 的数据存储为 3 元组:

```
>>> goodsTup = goods.map(lambda x: (x.split(" ")[0], int(x.split(" ")[1]),
int(x.split(" ")[2])))
```

然后按商品名称进行排序:

```
>>> goodsTup.sortBy(lambda x:x[0]).foreach(print)
('bowl', 4, 80)
('cup', 6, 50)
('radio', 30, 50)
('soap', 3, 60)
```

(2) 按值进行排序。

按照商品单价降序排序:

```
>>> goodsTup.sortBy(lambda x:x[1], False).foreach(print)
('radio', 30, 50)
('cup', 6, 50)
('bowl', 4, 80)
('soap', 3, 60)
```

按照商品数量升序排序:

```
>>> goodsTup.sortBy(lambda x:x[2]).foreach(print)
('radio', 30, 50)
('cup', 6, 50)
('soap', 3, 60)
('bowl', 4, 80)
```

按照商品数量与 7 相除的余数升序排序:

```
>>> goodsTup.sortBy(lambda x:x[2]%7).foreach(print)
('radio', 30, 50)
```

```
('cup', 6, 50)
('bowl', 4, 80)
('soap', 3, 60)
```

(3) 通过 Tuple 方式,按照数组的元素进行排序:

```
>>> goodsTup.sortBy(lambda x: (-x[1], -x[2])).foreach(print)
('radio', 30, 50)
('cup', 6, 50)
('bowl', 4, 80)
('soap', 3, 60)
```

10.2.4 分组聚合操作

分组聚合操作方法包括 groupBy()、groupByKey()、groupWith()、reduceByKey()和 combineByKey()。

1. groupBy()方法

groupBy(func)方法返回一个按指定条件(用函数 func()表示)对元素进行分组的 RDD。参数 func 可以是有名称的函数,也可以是匿名函数,用来指定对所有元素进行分组的键,或者指定对元素进行求值以确定其所属分组的表达式。注意,groupBy()方法返回的是一个可迭代对象,称为迭代器。例如:

```
>>> rdd=sc.parallelize([1,2,3,4,5, 6, 7, 8])
>>> res=rdd.groupBy(lambda x:x%2).collect()
>>> for x,y in res:                              #输出迭代器的具体值
        print(x)
        print(y)
        print(sorted(y))
        print("*"*44)
1
<pyspark.resultiterable.ResultIterable object at 0x7fe71012ea60>
[1, 3, 5, 7]
********************************************
0
<pyspark.resultiterable.ResultIterable object at 0x7fe70de43bb0>
[2, 4, 6, 8]
********************************************
```

2. groupByKey()方法

groupByKey()方法对一个由键值对(K,V)组成的 RDD 进行分组聚合操作,返回由键值对(K,Seq[V])组成的新 RDD,Seq[V]表示由键相同的值所组成的序列。

```
>>> rdd=sc. parallelize([("Spark",1),("Spark",1),("Hadoop",1),("Hadoop",1)])
>>> rdd. groupByKey().map(lambda x : (x[0], list(x[1]))).collect()
[('Spark', [1, 1]), ('Hadoop', [1, 1])]
>>> rdd. groupByKey().map(lambda x : (x[0], len(list(x[1])))).collect()
[('Spark', 2), ('Hadoop', 2)]
```

3. groupWith()方法

groupWith(otherRDD1, otherRDD2,…)方法把多个 RDD 按键进行分组,输出(键,迭代器)形式的数据。分组后的数据是有顺序的,每个键对应的值是按列出 RDD 的顺序排序的。如果 RDD 没有键,则对应位置取空值。例如:

```
>>> w = sc.parallelize([("a", "w"), ("b", "w")])
>>> x = sc.parallelize([("a", "x"), ("b", "x")])
>>> y = sc.parallelize([("a", "y")])
>>> z = sc.parallelize([("b", "z")])
>>> w.groupWith(x, y, z).collect()
[('b', (<pyspark.resultiterable.ResultIterable object at 0x7fe70de3abb0>,
        <pyspark.resultiterable.ResultIterable object at 0x7fe70ddea2b0>,
        <pyspark.resultiterable.ResultIterable object at 0x7fe70ddea310>,
        <pyspark.resultiterable.ResultIterable object at 0x7fe70ddea370>)),
 ('a', (<pyspark.resultiterable.ResultIterable object at 0x7fe70ddea3d0>,
        <pyspark.resultiterable.ResultIterable object at 0x7fe70ddea430>,
        <pyspark.resultiterable.ResultIterable object at 0x7fe70ddea490>,
        <pyspark.resultiterable.ResultIterable object at 0x7fe70ddea4f0>))]
```

迭代输出每个分组：

```
>>> [(x, tuple(map(list, y))) for x, y in list(w.groupWith(x, y, z).collect())]
[('b', (['w'], ['x'], [], ['z'])), ('a', (['w'], ['x'], ['y'], []))]
```

4. reduceByKey()方法

reduceByKey(func)方法对一个由键值对组成的 RDD 进行聚合操作，对键相同的值，使用指定的 func()函数将它们聚合到一起。例如：

```
>>> rdd=sc. parallelize([("Spark",1),("Spark",2),("Hadoop",1),("Hadoop",5)])
>>> rdd.reduceByKey(lambda x, y: x+ y).collect()
[('Spark', 3), ('Hadoop', 6)]
```

下面给出一个统计词频的例子：

```
>>> wordsRDD = sc.parallelize(["HewhodoesnotreachtheGreatWallisnotatrueman", " He
who has never been to the Great Wall is not a true man"])   #创建 RDD
>>> FlatRDD = wordsRDD.flatMap(lambda x: x.split(" "))
>>> FlatRDD.collect()
['He', 'who', 'does', 'not', 'reach', 'the', 'Great', 'Wall', 'is', 'not', 'a', '
true', 'man', '', 'He', 'who', 'has', 'never', 'been', 'to', 'the', 'Great', 'Wall
', 'is', 'not', 'a', 'true', 'man']
>>> KVRdd = FlatRDD.map(lambda x:(x,1))                      #创建键值对 RDD
>>> KVRdd.collect()
[('He', 1), ('who', 1), ('does', 1), ('not', 1), ('reach', 1), ('the', 1), ('Great
', 1), ('Wall', 1), ('is', 1), ('not', 1), ('a', 1), ('true', 1), ('man', 1), ('',
1), ('He', 1), ('who', 1), ('has', 1), ('never', 1), ('been', 1), ('to', 1), ('the',
1), ('Great', 1), ('Wall', 1), ('is', 1), ('not', 1), ('a', 1), ('true', 1), ('man',
1)]
>>> KVRdd.reduceByKey(lambda x, y: x+ y).collect()     #统计词频
[('He', 2), ('who', 2), ('does', 1), ('not', 3), ('reach', 1), ('the', 2), ('Great
', 2), ('Wall', 2), ('is', 2), ('a', 2), ('true', 2), ('man', 2), ('', 1), ('has',
1), ('never', 1), ('been', 1), ('to', 1)]
```

5. combineByKey()方法

combineByKey(createCombiner, mergeValue, mergeCombiners)方法是对键值对 RDD 中的每个键值对按照键进行聚合操作，即合并相同键的值。聚合操作的逻辑是通过自定义函数提供给 combineByKey()方法的，把键值对(K,V)类型的 RDD 转换为键值对(K,C)类型的 RDD，其中 C 表示聚合对象类型。

三个参数含义如下:

(1) createCombiner 是函数。在遍历(K,V)时,若 combineByKey()方法是第一次遇到键为 K 的键值对,则对该键值对调用 createCombiner()函数将 V 转换为 C,C 会作为 K 的累加器的初始值。

(2) mergeValue 是函数。在遍历(K,V)时,若 comineByKey()方法不是第一次遇到键为 K 的键值对,则对该键值对调用 mergeValue()函数将 V 累加到 C 中。

(3) mergeCombiners 是函数。combineByKey()方法是在分布式环境中执行的,RDD 的每个分区单独进行 combineBykey()方法操作,最后需要利用 mergeCombiners()函数对各个分区进行最后的聚合。

下面给出一个例子。

(1) 定义 createCombiner()函数:

```
>>> def createCombiner(value):
        return(value,1)
```

(2) 定义 mergeValue()函数:

```
>>> def mergeValue(acc, value):
        return(acc[0]+value, acc[1]+1)
```

(3) 定义 mergeCombiners()函数:

```
>>> def mergeCombiners(acc1, acc2):
        return(acc1[0]+acc2[0], acc1[1]+acc2[1])
```

(4) 创建考试成绩 RDD 对象:

```
>>> Rdd = sc.parallelize([('ID1', 80),('ID2', 85),('ID1', 90),('ID2', 95),
('ID3', 99)], 2)
>>> combineByKeyRdd = Rdd. combineByKey ( createCombiner, mergeValue,
mergeCombiners)
>>> combineByKeyRdd.collect()
[('ID1', (170, 2)), ('ID2', (180, 2)), ('ID3', (99, 1))]
```

(5) 求平均成绩:

```
>>> avgRdd = combineByKeyRdd.map(lambda x:(x[0],float(x[1][0])/x[1][1]))
>>> avgRdd.collect()
[('ID1', 85.0), ('ID2', 90.0), ('ID3', 99.0)]
```

10.2.5　集合操作

集合操作方法包括 union()、intersection()、subtract()和 cartesian()。

1. union()方法

union(otherRDD)方法对源 RDD 和参数 otherRDD 指定的 RDD 求并集后返回一个新的 RDD,不进行去重操作。例如:

```
>>> rdd1 = sc.parallelize(list(range(1,5)))
>>> rdd2 = sc.parallelize(list(range(3,7)))
>>> rdd1.union(rdd2).collect()
[1, 2, 3, 4, 3, 4, 5, 6]
```

2. intersection()方法

intersection(otherRDD)方法对源 RDD 和参数 otherRDD 指定的 RDD 求交集后返回

一个新的 RDD,且进行去重操作。例如:

```
>>> rdd1.intersection(rdd2).collect()
[4, 3]
```

3. subtract()方法

subtract(otherRDD)方法相当于进行集合的差集操作,即从源 RDD 中去除与参数 otherRDD 指定的 RDD 中相同的元素。例如:

```
>>> rdd1.subtract(rdd2).collect()
[2, 1]
```

4. cartesian()方法

cartesian(otherRDD)方法对源 RDD 和参数 otherRDD 指定的 RDD 进行笛卡儿积操作。例如:

```
>>> rdd1.cartesian(rdd2).collect()
[(1, 3), (1, 4), (1, 5), (1, 6), (2, 3), (2, 4), (2, 5), (2, 6), (3, 3), (3, 4), (3, 5),
(3, 6), (4, 3), (4, 4), (4, 5), (4, 6)]
```

10.2.6　抽样操作

抽样操作包括 sample()方法和 sampleByKey()方法。

1. sample()方法

sample(withReplacement,fraction,seed)方法操作以指定的抽样种子 seed 从 RDD 的数据中抽取比例为 fraction 的数据。参数 withReplacement 表示抽出的数据是否放回,True 为有放回的抽样,False 为无放回的抽样。相同的 seed 得到的随机序列一样。

```
>>> SampleRDD=sc.parallelize(list(range(1,1000)))
>>> SampleRDD.sample(False,0.01,1).collect()          #输出取样
[14, 100, 320, 655, 777, 847, 858, 884, 895, 935]
```

2. sampleByKey()方法

sampleByKey(withReplacement,fractions,seed)方法按键的比例抽样,参数 withReplacement 表示是否有放回,参数 fractions 表示抽样比例,参数 seed 表示抽样种子。例如:

```
>>> fractions = {"a":0.5, "b":0.1}
>>> rdd = sc.parallelize(fractions.keys(),3).cartesian(sc.parallelize(range
(0,10),2))
>>> sample = dict(rdd.sampleByKey(False,fractions,2).groupByKey(3).collect())
>>> [(iter[0],list(iter[1])) for iter in sample.items()]
[('b', [5, 9]), ('a', [1, 4, 5, 7])]
```

10.2.7　连接操作方法

连接操作方法包括 join()、leftOuterJoin()、rightOuterJoin()和 fullOuterJoin()。

1. join()方法

join(otherRDD,[numPartitions])方法对两个键值对 RDD 进行内连接,将两个 RDD 中键相同的(K,V)和(K,W)进行连接,返回键值对(K,(V,W))。其中,V 表示源 RDD 的值,W 表示参数 otherRDD 指定的 RDD 的值。例如:

```
>>> pairRDD1 = sc.parallelize([("Scala",2), ("Scala", 3), ("Java", 4),
("Python", 8)])
>>> pairRDD2 = sc.parallelize([ ("Scala",3), ("Java", 5), ("HBase", 4),
( "Java", 10)])
>>> pairRDD3 = pairRDD1.join(pairRDD2)
>>> pairRDD3.collect()
[('Java', (4, 5)), ('Java', (4, 10)), ('Scala', (2, 3)), ('Scala', (3, 3))]
```

2. leftOuterJoin()方法

leftOuterJoin()方法可用来对两个键值对 RDD 进行左外连接操作,保留第一个 RDD 的所有键。在左外连接中,如果第二个 RDD 中有对应的键,则连接结果中显示为 Some 类型,表示有值可以引用;如果没有,则为 None 值。例如:

```
>>> left_Join = pairRDD1.leftOuterJoin(pairRDD2)
>>> left_Join.collect()
[('Java', (4, 5)), ('Java', (4, 10)), ('Python', (8, None)), ('Scala', (2, 3)), ('
Scala', (3, 3))]
```

3. rightOuterJoin()方法

rightOuterJoin()方法可用来对两个键值对 RDD 进行右外连接操作,确保第二个 RDD 的键必须存在,即保留第二个 RDD 的所有键。

4. fullOuterJoin()方法

fullOuterJoin()方法是全外连接操作,会保留两个 RDD 中所有键的连接结果。例如:

```
>>> full_Join = pairRDD1.fullOuterJoin (pairRDD2)
>>> full_Join.collect()
[('Java', (4, 5)), ('Java', (4, 10)), ('Python', (8, None)), ('Scala', (2, 3)), ('
Scala', (3, 3)), ('HBase', (None, 4))]
```

10.2.8 打包操作方法

zip(otherRDD)方法将两个 RDD 打包成键值对形式的 RDD,要求两个 RDD 的分区数量以及每个分区中元素的数量都相同。例如:

```
>>> rdd1=sc.parallelize([1, 2, 3], 3)
>>> rdd2=sc.parallelize(["a","b","c"], 3)
>>> zipRDD=rdd1.zip(rdd2)
>>> zipRDD.collect()
[(1, 'a'), (2, 'b'), (3, 'c')]
```

10.2.9 获取键值对 RDD 的键和值集合

对一个键值对 RDD,调用 keys()方法返回一个仅包含键的 RDD,调用 values()方法返回一个仅包含值的 RDD。

```
>>> zipRDD.keys().collect()
[1, 2, 3]
>>> zipRDD.values().collect()
['a', 'b', 'c']
```

10.2.10 重新分区操作

重新分区操作包括 coalesce()方法和 repartition()方法。

1. coalesce() 方法

在分布式集群里,网络通信的代价很大,减少网络传输可以极大地提升性能。MapReduce 框架的性能开销主要在 I/O 和网络传输两方面。I/O 因为要大量读写文件,性能开销是不可避免的;但可以通过优化方法降低网络传输的性能开销,例如,把大文件压缩为小文件可减少网络传输的开销。

I/O 在 Spark 中也是不可避免的,但 Spark 对网络传输进行了优化。Spark 对 RDD 进行分区(切片),把这些分区放在集群的多个计算节点上并行处理。例如,把 RDD 分成 100 个分区,平均分布到 10 个节点上,一个节点上有 10 个分区。当进行求和型计算的时候,先进行每个分区的求和,然后把分区求和得到的结果传输到主程序进行全局求和,这样就可以降低求和计算时网络传输的开销。

coalesce(numPartitions, shuffle) 方法的作用是:默认使用哈希分区方式(HashPartitioner)对 RDD 进行重新分区,返回一个新的 RDD,且该 RDD 的分区个数等于参数 numPartitions。

参数说明如下。

(1) numPartitions:要生成的新 RDD 的分区个数。

(2) shuffle:指定是否进行洗牌。默认为 False,重设的分区个数只能比 RDD 原有分区数小;如果 shuffle 为 True,重设的分区个数不受原有 RDD 分区个数的限制。

下面给出一个例子:

```
>>> rdd = sc.parallelize(range(1,17), 4)    #创建 RDD,分区个数为 4
>>> rdd.getNumPartitions()                   #查看 RDD 分区个数
4
>>> coalRDD=rdd.coalesce(5)                   #重新分区,分区个数为 5
>>> coalRDD.getNumPartitions()
4
>>> coalRDD1 = rdd.coalesce(5, True)          #重新分区,shuffle 为 True
>>> coalRDD1.getNumPartitions()               #查看 coalRDD1 分区个数
5
```

2. repartition() 方法

repartition(numPartitions) 方法其实就是 coalesce() 方法的第二个参数 shuffle 为 True 的简单实现。例如:

```
>>> coalRDD2 = coalRDD1.repartition(2)        #转换成两个分区的 RDD
>>> coalRDD2.getNumPartitions()               #查看 coalRDD2 分区个数
2
```

Spark 支持自定义分区方式,即通过一个自定义的分区函数对 RDD 进行分区。需要注意,Spark 的分区函数针对的是键值对类型的 RDD,分区函数根据键对 RDD 的元素进行分区。因此,当需要对一些非键值对类型的 RDD 进行自定义分区时,需要先把该 RDD 转换成键值对类型的 RDD,然后再使用分区函数。

下面给出一个自定义分区的实例,要求根据键的最后一位数字将键值对写入不同的分区中。打开一个终端,使用 gedit 编辑器创建一个代码文件,将其命名为/usr/local/spark/myproject/rdd/partitionerTest.py,输入以下代码:

```
from pyspark import SparkConf,SparkContext
def SelfPartitioner(key):                    #自定义分区函数
    print('Self Defined Partitioner is running')
    print('The key is %d'%key)
    return key%5                             #设定分区方式
def main():
    print('The main function is running')
    #设置运行模式为本地
    conf = SparkConf().setMaster('local').setAppName('SelfPartitioner')
    sc = SparkContext(conf=conf)             #创建 SparkContext 对象
    data = sc.parallelize(range(1,11),2)     #创建包含两个分区的 RDD
    KVRdd = data.map(lambda x:(x,0))         #转换为键值对 RDD
    SKVRdd = KVRdd.partitionBy(5,SelfPartitioner)
                                             #调用自定义分区函数把 KVRdd 分成 5 个分区
    Rdd = SKVRdd.map(lambda x:x[0])          #把 SKVRdd 的每个(x,0)中的 x 提取出来组
                                             #成一个 RDD
    #把 Rdd 写入本地目录中,会自动生成 partitioner 目录,若该目录已存在则会报错
    Rdd.saveAsTextFile('file:/usr/local/spark/myproject/rdd/partitioner')
if __name__=='__main__':
    main()
```

执行如下命令运行 partitionerTest.py 文件:

```
$ cd /usr/local/spark/myproject/rdd
$ python partitionerTest.py
```

或者执行如下命令运行 partitionerTest.py 文件:

```
$ cd /usr/local/spark/myproject/rdd
$ /usr/local/spark/bin/spark-submit partitionerTest.py
```

执行该文件后,会返回如下信息:

```
The main function is running
Self defined partitioner is running
The key is 1
Self defined partitioner is running
The key is 2
...
Self defined partitioner is running
The key is 9
Self defined partitioner is running
The key is 10
```

运行结束后,可以看到 file:/usr/local/spark/myproject/rdd/partitioner 目录中会生成 part-00000、part-00001、part-00002、part-00003、part-00004 和_SUCCESS 文件。其中,part-00000 文件包含数字 5 和 10,part-00001 文件包含数字 1 和 6。

◈ 10.3　RDD 行动操作

行动操作是向驱动器程序返回结果或把结果写入外部系统的操作,会触发实际的计算。行动操作接收 RDD,但是不返回 RDD,而是输出一个结果值,并把该结果值返回到驱动器程序中。如果对于一个特定的函数是转换操作还是行动操作感到困惑,可以看看它的返回

值类型：转换操作返回的是 RDD，而行动操作返回的是其他的数据类型。

下面给出 RDD 对象的常用行动操作方法。

10.3.1　统计操作

统计操作方法包括 sum()、max()、min()、mean()、stdev()、stats()、count()、countByValue()和 countByKey()。

1. sum()方法

sum()方法返回 RDD 对象中数据的和。例如：

```
>>> rdd = sc.parallelize(range(101))
>>> rdd.sum()
5050
```

2. max()方法和 min()方法

max()方法返回 RDD 对象中数据的最大值。例如：

```
>>> rdd.max()
100
```

min()方法返回 RDD 对象中数据的最小值。

3. mean()方法求平均值

mean()方法返回 RDD 对象中数据的平均值。例如：

```
>>> rdd.mean()
50.0
```

4. stdev()方法

stdev()方法返回 RDD 对象中数据的标准差。例如：

```
>>> rdd.stdev()
29.154759474226502
```

此外，variance()方法用来求方差。

5. stats()方法

stats()方法返回 RDD 对象中数据的统计信息。例如：

```
>>> rdd.stats()
(count: 101, mean: 50.0, stdev: 29.154759474226502, max: 100, min: 0)
```

6. count()方法

count()方法返回 RDD 中数据的个数。例如：

```
>>> rdd.count()
101
```

7. countByValue()方法

countByValue()方法返回 RDD 中各数据出现的次数。例如：

```
>>> rdd1 = sc.parallelize([1, 1, 2, 2, 2, 3, 3, 3, 3])
>>> rdd1.countByValue()
defaultdict(<class 'int'>, {1: 2, 2: 3, 3: 4})
```

8. countByKey()方法

countByKey()方法返回键值对类型的 RDD 中键相同的键值对数量，返回值的类型是

字典。例如:

```
>>> KVRdd = sc.parallelize([("Scala",2), ("Scala", 3), ("Scala", 4),("C", 8), ("
C", 5)])
>>> KVRdd.countByKey()
defaultdict(<class 'int'>, {'Scala': 3, 'C': 2})
```

10.3.2 取数据操作

取数据操作方法包括 collect()、first()、take()、top()和 lookup()。

1. collect()方法

collect()方法以列表形式返回 RDD 中的所有元素。例如:

```
>>> rddInt = sc.parallelize([1,2,3,4,5,6,2,5,1])        #创建 RDD
>>> rddList = rddInt.collect()
>>> type(rddList)                                        #查看数据类型
<class 'list'>
>>> rddList
[1, 2, 3, 4, 5, 6, 2, 5, 1]
```

2. first()方法

first()方法返回 RDD 的第一个元素。first()方法不考虑元素的顺序,是一个非确定性的操作,尤其是在完全分布式的环境中。例如:

```
>>> rdd = sc.parallelize(["Scala","Python","Spark", "Hadoop"])
>>> rdd.first()
'Scala'
```

3. take()方法

take(num)方法返回 RDD 的前 num 个元素。take()方法选取的元素没有特定的顺序。事实上,take(num)方法返回的元素是不确定的,这意味着再次运行该操作时返回的元素可能会不同,尤其是在完全分布式的环境中。例如:

```
>>>rdd1 = sc.parallelize([3, 2, 5, 1, 6, 8, 7, 4])
>>> rdd1.take(4)
[3, 2, 5, 1]
```

4. top()方法

top(num)以列表形式返回 RDD 中按照指定排序(默认降序)方式排序后最前面的 num 个元素。例如:

```
>>> rdd1.top(3)
[8, 7, 6]
```

5. lookup()方法

lookup(key)方法用于键值对类型的 RDD,查找参数 key 指定的键对应的值,返回 RDD 中该键对应的所有值。例如:

```
>>> LKRDD = sc.parallelize([("A",0),("A",2),("B",1),("B",2),("C",1)])
                                                        #创建键值对 RDD
>>> LKRDD.lookup("A")
[0, 2]
```

聚合操作

10.3.3　聚合操作

聚合操作包括 reduce( )方法和 fold( )方法。

1. reduce( )方法

reduce(func)方法使用指定的满足交换律或结合律的运算符(由 func( )函数定义)来归约 RDD 中的所有元素,这里的交换律和结合律意味着操作与执行的顺序无关,这是分布式处理所要求的,因为在分布式处理中顺序无法保证。参数 func 指定接收两个输入的匿名函数(lambda x,y:…)。例如:

```
>>> numbers = sc.parallelize([1,2,3,4,5])
>>> print(numbers.reduce(lambda x,y: x+y))    #通过求和合并 RDD 中的所有元素
15
>>> print(numbers.reduce(lambda x,y: x * y))  #通过求积合并 RDD 中的所有元素
120
```

2. fold( )方法

fold(zeroValue,func)方法使用给定的参数 zeroValue 和 func 把 RDD 中每个分区的元素归约,然后把每个分区的聚合结果再归约。尽管 fold( )方法和 reduce( )方法的功能相似,但两者还是有区别的,fold( )不满足交换律,需要给定初始值 zeroValue。例如:

```
>>> RDD1 = sc.parallelize([1, 2, 3, 4], 2)    #创建两个分区的 RDD
>>> RDD1.glom().collect()                      #查看每个分区中的数据
>>> RDD1.fold(0,lambda x,y: x+y)               #提供的初始值为 0
10
>>> RDD1.fold(100,lambda x,y: x+y)             #提供的初始值为 100
310
```

从上面输出结果 310 可以看出,fold( )方法中参数 zeroValue 除了在每个分区计算中作为初始值使用之外,在最后的归约操作中仍然需要使用一次。以加法为例,在 zeroValue 不为 0 时,fold( )方法的计算结果为"reduce( )+(分区数+1)×zeroValue"。

10.3.4　迭代操作

foreach(func)方法把 func 参数指定的有名称的函数或匿名函数应用到 RDD 中的每个元素上。因为 foreach( )方法是行动操作而不是转化操作,所以它可以使用在转换操作中无法使用或不该使用的函数。例如:

```
>>> words = sc.parallelize(["Difficult circumstances serve as a textbook of life
for people"])
>>> longwords = words.flatMap(lambda x: x.split(' ')).filter(lambda x: len(x) >
6)
>>> longwords.foreach(print)
Difficult
circumstances
textbook
>>> longwords.foreach(lambda x: print(x+"***"))
Difficult***
circumstances***
textbook***
```

10.3.5 存储操作

saveAsTextFile(path)方法将 RDD 的元素以文本的形式保存到 path 所表示的目录下的文本文件中。Spark 会对 RDD 中的每个元素调用 toString()方法,将其转化为文本文件中的一行。Spark 将传入的路径作为目录对待,会在那个目录下输出多个文件。

下面给出一个例子。

(1) 创建 RDD:

```
>>> rddText = sc.parallelize(["Constant dropping wears the stone.", "A great
ship asks for deep waters.","It is never too late to learn."],3)
```

(2) 将上面创建的 rddText 写入/home/hadoop/input 目录:

```
>>> rddText.saveAsTextFile("file:/home/hadoop/input/output")
```

结果在/home/hadoop/input 目录下生成了 output 目录,在 output 目录下生成 4 个文件,如图 10-2 所示。part-00000 文件存放的内容是"Constant dropping wears the stone."。part-00001 文件存放的内容是"A great ship asks for deep waters."。part-00002 文件存放的内容是"It is never too late to learn."。part 代表分区,有多个分区,就会有多少个名为 part-xxxxxx 的文件。

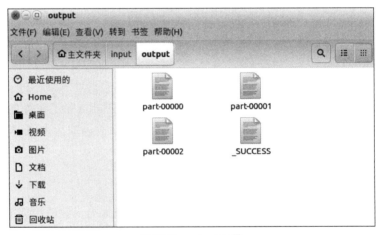

图 10-2 output 目录

(3) 执行下面的命令可以以一个分区文件(part-00000)保存 RDD 中的内容:

```
>>>rddw1.repartition(1).saveAsTextFile("file:/home/hadoop/input/output")
```

10.4 RDD 之间的依赖关系

RDD 中不同的操作会使得不同 RDD 中的分区之间产生不同的依赖。RDD 的每次转换都会生成一个新的 RDD,所以 RDD 之间就会形成类似于流水线一样的前后依赖关系。在部分分区数据丢失时,Spark 可以通过这个依赖关系重新计算丢失的分区数据,而不是对 RDD 的所有分区进行重新计算。RDD 之间的依赖关系分为窄依赖(narrow dependency)和宽依赖(wide dependency)。

10.4.1　窄依赖

窄依赖是指父 RDD 的每个分区只被子 RDD 的一个分区使用,子 RDD 分区通常对应常数个父 RDD 分区,如图 10-3 所示。

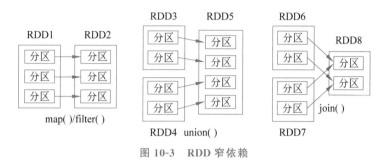

图 10-3　RDD 窄依赖

10.4.2　宽依赖

宽依赖是指父 RDD 的每个分区都可能被多个子 RDD 分区所使用,子 RDD 分区通常对应所有的父 RDD 分区如图 10-4 所示。

相比于宽依赖,窄依赖对优化更有利,主要基于以下两点。

（1）宽依赖往往对应着洗牌操作,需要在运行过程中将同一个父 RDD 的分区传入不同的子 RDD 的分区中,中间可能涉及多个节点之间的数据传输;而窄依赖的每个父 RDD 的分区只会传入一个子 RDD 的分区中,通常可以在一个节点内完成转换。

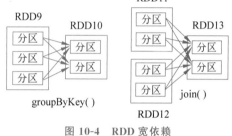

图 10-4　RDD 宽依赖

（2）当 RDD 分区丢失（某个节点出现故障）时,Spark 会对数据进行重新计算。

① 对于窄依赖,由于一个父 RDD 的分区只对应一个子 RDD 的分区,这样只需要重新计算和子 RDD 的分区对应的父 RDD 的分区即可,所以这个重新计算操作对数据的利用率是 100% 的。

② 对于宽依赖,重新计算的父 RDD 的分区对应多个子 RDD 的分区,这样实际上父 RDD 中只有一部分数据被用于恢复这个丢失的子 RDD 的分区,其他部分对应子 RDD 的未丢失分区,这就造成了计算是多余的;更一般地看,宽依赖中子 RDD 的分区通常来自多个父 RDD 的分区,极端情况下,所有父 RDD 的分区都要进行重新计算。

❖ 10.5　RDD 的持久化

Spark 的 RDD 转换操作是惰性求值的,只有执行 RDD 行动操作时才会触发执行前面定义的 RDD 转换操作。如果某个 RDD 会被反复重用,Spark 会在每一次调用行动操作时重新进行 RDD 的转换操作,这样频繁的重新计算在迭代算法中的开销很大,迭代计算经常需要多次重复使用同一组数据。

Spark 非常重要的一个功能特性就是可以将 RDD 持久化（缓存）到内存中。当对 RDD 执行持久化操作时，每个节点都会将自己操作的 RDD 的分区持久化到内存中，然后在对该 RDD 的反复使用中直接使用内存中缓存的分区，而不需要从头计算才能得到这个 RDD。对于迭代算法和快速交互式应用来说，RDD 持久化是非常重要的。例如，有多个 RDD，它们的依赖关系如图 10-5 所示。

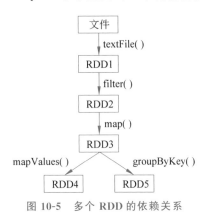

图 10-5 多个 RDD 的依赖关系

在图 10-5 中，对 RDD3 进行了两次转换操作，分别生成了 RDD4 和 RDD5。若 RDD3 没有持久化保存，则每次对 RDD3 进行操作时都需要从 textFile() 方法开始计算，将文件数据转换为 RDD1，再转换为 RDD2，然后转换为 RDD3。

Spark 的持久化机制还是自动容错的。如果持久化的 RDD 的任何分区丢失了，那么 Spark 会自动通过源 RDD 使用转换操作重新计算该分区，但不需要计算所有的分区。

要持久化一个 RDD，只需调用 RDD 对象的 cache() 方法或者 persist() 方法即可。cache() 方法是使用默认存储级别的快捷方法，只有一个默认的存储级别 MEMORY_ONLY（数据仅保留在内存）。RDD.persist（存储级别）方法可以设置不同的存储级别，默认存储级别是 MEMORY_ONLY。存储级别如表 10-2 所示。通过 RDD.unpersist() 方法可以取消持久化。

表 10-2 存储级别

存 储 级 别	说　　　明
MEMORY_ONLY	数据仅保存在内存中
MEMORY_ONLY_SER	数据序列化后保存在内存中
MEMORY_AND_DISK	数据先写到内存中；如果内存放不下所有数据，则溢写到磁盘中
MEMORY_AND_DISK_SER	数据序列化后先写到内存中；如果内存放不下所有数据则溢写到磁盘中
DISK_ONLY	数据仅保存在磁盘中

注意：对于上述任意一种存储级别，如果加上后缀_2，代表把持久化数据存为两份。

巧妙使用 RDD 持久化，在某些场景下可以将 Spark 应用程序的性能提升 10 倍。

持久化举例如下：

```
>>> rdd1 = sc.parallelize([1,2,3,4,5,6,2,5,1])
>>> rdd2 =rdd1.map(lambda x: x+2)          #用 map()对 rdd1 中的每个数进行加 2 操作
>>> rdd3 = rdd2.map(lambda x: x * x)
>>> rdd3.cache()                 #持久化,这时并不会缓存 rdd3,因为它还没有被计算生成
PythonRDD[5] at RDD at PythonRDD.scala:53
>>> rdd3.count()                          #count()返回 rdd3 中元素的个数
9
```

rdd3.count() 方法为第一次行动操作，触发一次真正从头到尾的计算，这时执行上面的 rdd3.cache() 方法，把 rdd3 放到内存中。

```
>>> rdd3.countByValue()                    #返回各元素在 rdd3 中出现的次数
defaultdict(<class 'int'>, {9: 2, 16: 2, 25: 1, 36: 1, 49: 2, 64: 1})
```

rdd3.countByValue()方法为第二次行动操作,不需要触发从头到尾的计算,只需要重复使用上面缓存的 rdd3。

◈ 10.6 案例实战:利用 Spark RDD 实现词频统计

WordCount(词频统计程序)是大数据领域经典的例子,与 Hadoop 实现的 WordCount 程序相比,Spark 实现的版本显得更加简洁。

打开一个终端,使用 gedit 编辑器创建代码文件/home/hadoop/桌面/WordCount.py,然后在 WordCount.py 文件中输入以下代码:

```python
from pyspark import SparkConf,SparkContext
#设置运行模式为本地
conf = SparkConf().setMaster('local').setAppName('SelfPartitioner')
sc = SparkContext(conf=conf)                        #创建 SparkContext 对象
lines = sc.textFile("file:/home/hadoop/data.txt")   #读取本地文件
words = lines.flatMap(lambda line: line.split(" "))
pairs = words.map(lambda word: (word, 1))
wordCounts = pairs.reduceByKey(lambda x, y: x+ y)
wordCounts.foreach(lambda word : print(str(word[0]) + " " + str(word[1])))
```

上述代码的功能是统计/home/hadoop/data.txt 文件中单词的词频。data.txt 文件的内容如下:

```
What is your most ideal day
Do you know exactly how you want to live your life for the next five days
five weeks
five months or five years
When was the last best day of your life
When is the next
```

执行如下命令运行 WordCount.py 文件:

```
$ cd /home/hadoop/桌面
$ python WordCount.py
```

或者执行如下命令运行 WordCount.py 文件:

```
$ spark-submit WordCount.py
```

执行程序文件后,会返回类似下面的信息:

```
What 1
is 2
your 3
most 1
ideal 1
day 2
…
When 2
was 1
```

```
last 1
best 1
of 1
```

◆ 10.7 实验 1：RDD 编程实验

一、实验目的

1. 掌握 RDD 常用的转换操作和行动操作。

2. 了解使用 RDD 编程解决实际问题的流程。

二、实验平台

操作系统：Ubuntu-20.04。

JDK 版本：1.8 或以上版本。

Spark 版本：3.2.0。

Python 版本：3.7。

三、实验任务

"学生成绩.txt"文件存储了学生考试成绩，其内容如下：

学号	姓名	Scala	Python	Java
106	丁晶晶	92	95	91
242	闫晓华	96	93	90
107	冯乐乐	84	92	91
230	王博漾	87	86	91
153	张新华	85	90	92
235	王璐璐	88	83	92
224	门甜甜	83	86	90
236	王振飞	87	85	89
210	韩盼盼	73	93	88
101	安蒙蒙	84	93	90
140	徐梁攀	82	89	88
127	彭晓梅	81	93	91
237	邬嫚玉	83	81	85
149	张嘉琦	80	86	90
118	李珂珂	86	76	88
150	刘宝庆	82	89	90
205	崔宗保	80	87	90
124	马泽泽	67	83	83
239	熊宝静	76	81	80

编程实现下面 8 个任务。

(1) 输出文件中前 3 个学生的信息。

(2) 输出文件中前 3 个学生每人的平均分。

(3) 输出文件中前 3 个学生每人的单科最高分。

(4) 输出总分数的前 3 名。

(5) 输出 Scala 分数的前 3 名。

(6) 输出 Python 分数的前 3 名。

(7) 输出 Java 分数的前 3 名。

四、实验结果

列出代码及实验结果(截图形式)。

五、总结

总结本次实验的经验教训、遇到的问题及解决方法、待解决的问题等。

六、实验报告格式

Spark 大数据分析技术(Python 版)实验报告

学号		姓名		专业班级	
实验课程	Spark 大数据分析技术	实验日期		实验时间	
实验情况					
实验 1：RDD 编程实验					
一、实验目的					
二、实验平台					
三、实验任务					
四、实验结果					
五、总结					
实验报告成绩			指导老师		

◇ 10.8　拓展阅读——中国女排精神

2019 年 9 月 30 日,习近平总书记在会见中国女排代表时指出:"广大人民群众对中国女排的喜爱,不仅是因为你们夺得了冠军,更重要的是你们在赛场上展现了祖国至上、团结协作、顽强拼搏、永不言败的精神面貌。"

1978 年,郴州女排训练基地初建的时候,只有一个四面透风的竹棚训练馆。中国女排的姑娘们就是在这样简陋的训练场地上开启了此后的五连冠辉煌。在那个还不富裕的年代,中国女排和许许多多艰苦奋斗的中国人一样,对物质无欲无求,但是对心中的理想有着无限渴望和奋发的力量。

1981—1986 年,中国女排在世界杯、世界锦标赛和奥运会上 5 次蝉联世界冠军,成为世界排球史上第一支连续 5 次夺冠的队伍。中国女排姑娘们在比赛中表现出来的顽强拼搏、为国争光的奋斗精神给改革开放初期的中国人民以巨大的鼓舞,成为中华民族精神的象征。

祖国至上,为国争光,无论时代如何变迁,这种发自内心的朴素共鸣都是点燃亿万国人奋斗激情的动力引擎,都是成就中国各项伟业的强大推力。钱学森、钱三强、邓稼先等一大批科学家把知识和一生奉献给新中国国防事业;王继才用 32 年的执着坚守践行"家就是岛,岛就是国,我会一直守到守不动为止"的承诺;57 岁的聂海胜第三次代表祖国出征太空,因为"只要祖国需要、任务需要,我们都会以最佳状态,随时准备为祖国出征太空"……

每个人前进的脚步,叠合成一个国家昂首向前的步伐;每个人创造的价值,汇聚为中华民族伟大复兴的磅礴力量。

10.9 习 题

1. 列举创建 RDD 的方式。
2. 简述划分窄依赖、宽依赖的依据。
3. 简述 RDD 转换操作与行动操作的区别。
4. 列举常用的转换操作。
5. 列举常用的行动操作。

基于 Python 语言的 Spark SQL 结构化数据处理

Spark SQL 是 Spark 中用于处理结构化数据的组件,提供了 DataFrame 和 DataSet 两种抽象数据模型。Spark SQL 可以无缝地将 SQL 查询与 Spark 程序进行结合,能够将结构化数据对象 DataFrame 作为 Spark 中的分布式数据集。本章主要介绍如何创建 DataFrame 对象、如何将 DataFrame 保存为不同格式的文件、DataFrame 的常用操作,以及使用 Spark SQL 读写 MySQL 数据库的方法。

◆ 11.1 Spark SQL 概述

11.1.1 Spark SQL 简介

Spark SQL 是 Spark 用来处理结构化数据的一个组件,可被视为一个分布式的 SQL 查询引擎。Spark SQL 的前身是 Shark,由于 Shark 太依赖 Hive 而制约了 Spark 各个组件的相互集成,因此 Spark 团队提出了 Spark SQL 项目。Spark SQL 汲取了 Shark 的一些优点并摆脱了对 Hive 的依赖性。相对于 Shark,Spark SQL 在数据兼容、性能优化、组件扩展等方面表现优越。

Spark SQL 可以直接处理 RDD、Parquet 文件或者 JSON 文件,甚至可以处理外部数据库中的数据和 Hive 中存在的表。Spark SQL 提供了 DataFrame 和 DataSet 抽象数据模型。Spark SQL 通常将外部数据源加载为 DataFrame 对象,然后通过 DataFrame 对象丰富的操作方法对 DataFrame 对象中的数据进行查询、过滤、分组、聚合等操作。DataSet 是 Spark 1.6 新添加的抽象数据模型,Spark 会逐步将 DataSet 作为主要的抽象数据模型,弱化 RDD 和 DataFrame。

Spark SQL 已经集成在 PySpark Shell 中。在 Spark 2.0 版本之前,通过在终端执行 pyspark 命令进入 PySpark Shell 交互式编程环境,启动后会初始化 SQLContext 对象为 sqlContext,它是创建 DataFrame 对象和执行 SQL 的入口。在 Spark 2.0 版本之后,Spark 使用 SparkSession 代替 SQLContext,启动 PySpark Shell 交互式编程环境后,会初始化 SparkSession 对象为 spark。

11.1.2 DataFrame 与 DataSet

Spark SQL 使用的数据抽象并非 RDD,而是 DataFrame。DataFrame 是以列(包括列名、列类型、列值)的形式构成的分布式数据集。DataFrame 是 Spark SQL

提供的最核心的数据抽象。DataFrame 的推出让 Spark 具备了处理大规模结构化数据的能力。DataFrame 不仅比原有的 RDD 转化方式更加简单易用,而且获得了更高的计算性能。以 Person 类型对象为数据集的 RDD 和 DataFrame 的逻辑框架如图 11-1 所示。

			Name	Age	Height
	Person		String	Int	Double
	Person		String	Int	Double
	Person		String	Int	Double
	Person		String	Int	Double
	Person		String	Int	Double
	Person		String	Int	Dluble
(a)			(b)		

图 11-1　以 **Person** 类型对象为数据集的 **RDD** 和 **DataFrame** 的逻辑框架
(a) RDD;(b) DataFrame

从图 11-1 中可以看出,DataFrame 中存储的对象是行对象,同时 Spark 存储行的模式(schema)信息。在 RDD 中,只能看出每个行对象是 Person 类型;而在 DataFrame 中,可以看出每个行对象包含 Name、Age、Height 3 个字段。当只需处理 Age 这一列数据时,RDD需要处理整个数据,而 DataFrame 则可以只处理 Age 这一列数据。

DataSet 是类型安全的 DataFrame,即每行数据加了类型约束。例如,DataSet[Person]表示其每行数据都是 Person 类型的对象,包含其模式信息。

创建
DataFrame
对象的方法

◆ 11.2　创建 DataFrame 对象的方法

11.2.1　使用 Parquet 文件创建 DataFrame 对象

Spark SQL 最常见的结构化数据文件格式是 Parquet 格式或 JSON 格式。Spark SQL可以通过 load()方法将 HDFS 上的格式化文件转换为 DataFrame 对象。load()方法默认导入的文件格式是 Parquet。Parquet 是面向分析型业务的列式存储格式。

Spark 1. x 版本通过执行 dfUsers = sqlContext. read. load("/user/hadoop/users.parquet")命令可将 HDFS 上的 Parquet 格式的文件 users.parquet 转换为 DataFrame 对象dfUsers。users. parquet 文件可在 Spark 安装包的/examples/src/main/resources/目录下找到,如图 11-2 所示。

在 Spark 2.0 之后,SparkSession 封装了 SparkContext 和 SqlContext,通过 SparkSession 可以获取 SparkConetxt 和 SqlContext 对象。在 Spark 3.2 版本中,启动 PySpark Shell 交互式编程环境后会初始化 SparkSession 对象为 spark,通过 spark.read.load()方法可将 Parquet格式的 users.parquet 文件转化为 DataFrame 对象。复制 Spark 安装包中的 users.parquet、people.csv、people.json、people.txt 文件到/home/hadoop/sparkdata 目录下。下面给出使用users.parquet 创建 DataFrame 对象的命令:

```
>>> usersDF = spark.read.load("file:/home/hadoop/sparkdata/users.parquet")
>>> usersDF.show()                              #展示 usersDF 中的数据
+-----+-------------+--------------+
| name |favorite_color |favorite_numbers|
+-----+-------------+--------------+
|Alyssa|         null |    [3, 9, 15, 20]|
|  Ben |          red |              []|
+-----+-------------+--------------+
```

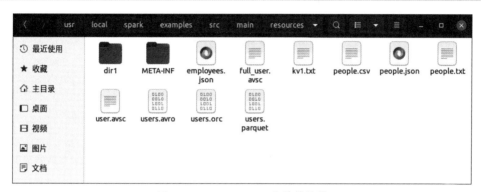

图 11-2　users.parquet 文件的位置

11.2.2　使用 JSON 文件创建 DataFrame 对象

在 PySpark Shell 交互式编程环境中,通过 spark.read.format("json").load()方法可将 JSON 文件转换为 DataFrame 对象。在/home/hadoop/sparkdata 目录中的 JSON 文件 people.json 的内容如图 11-3 所示。

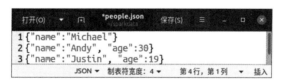

图 11-3　people.json 文件内容

使用 people.json 文件创建 DataFrame 对象的语句如下:

```
>>> dfGrade = spark.read.format("json").load("file:/home/hadoop/sparkdata/
people.json")
>>> dfGrade.show()
+---+------+
| age| name |
+---+------+
|null|Michael |
| 30| Andy |
| 19| Justin |
+---+------+
```

使用
SparkSession
方式创建
DataFrame
对象

11.2.3 使用 SparkSession 方式创建 DataFrame 对象

在 Spark 2.0 版本之前,SparkContext 是 Spark 的主要切入点,RDD 是主要的 API,Spark 通过 SparkContext 创建和操作 RDD。对于其他的 API,需要使用不同的 Context。例如,对于 Spark Streaming,需要使用 StreamingContext;对于 Spark SQL,使用 SQLContext;对于 Hive,使用 HiveContext。

从 Spark 2.0 开始,引入 SparkSession 作为 DataSet 和 DataFrame API 的切入点,SparkSession 封装了 SparkConf、SparkContext 和 SQLContext。为了向后兼容,SQLContext 和 HiveContext 也被保存下来。在实际编写程序时,只需要定义一个 SparkSession 对象就可以了。创建 SparkSession 对象的代码如下:

```
from pyspark.sql import SparkSession
spark = SparkSession.builder .appName("ccc") \
    .config("spark.some.config.option", "some-value") \
    .master("local[*]") \
    .enableHiveSupport() \                    #连接 Hive 时需要这个方法
    .getOrCreate()                            #使用 builder 方式必须有该方法
```

SparkSession 对象的参数如表 11-1 所示。

表 11-1　SparkSession 对象的参数

参　　数	说　　明
builder	通过 builder 属性构造 SparkSession 对象
appName("ccc")	设置 Spark 应用程序的名称;如果不设置名称,将随机生成
config("spark.some.config.option", "some-value")	设置 SparkSession 的配置选项,可设置成 • config("spark.executor.heartbeatInterval", "60s") • config("spark.executor.cores", "1") • config("spark.cores.max","2") • config("spark.driver.memory", "4g")
master("local[*]")	设置要连接的 Spark 的主机 master 的 URL。例如,"local"表示在本地运行;"local[4]"表示在本地使用 4 核运行;而使用类似"Spark://192.168.3.112:7077"这样的形式,则表示在 Spark 集群上运行

通过 builder 创建 SparkSession 对象后,就可以调用该对象的方法和属性进行更多的操作了。

1. 使用 createDataFrame()方法创建 DataFrame 对象

createDataFrame(data, schema)方法中的参数 data 用来指定创建 DataFrame 对象的数据,可以是 RDD、Python 的列表或 Pandas 的 DataFrame 对象;参数 schema 用来指定 DataFrame 对象的数据模式,可以是 pyspark.sql.types 类型指定的字段名和字段名数据类型的列表。下面给出具体示例。

在 Spark 3.2 中,启动 PySpark 交互式编程环境后,会生成一个名为 spark 的 SparkSession 对象。

1）使用 RDD 创建 DataFrame 对象

```
>>> RDD1 = spark.sparkContext.parallelize([(101, "李丽", 19, "北京"),(102, "李
菲", 22, "上海"),(103, "张华", 23, "天津")])       #创建 RDD 对象
#导入类型
>>> from pyspark.sql.types import StructType, StructField, LongType, StringType
#创建模式
>>> schema = StructType([StructField("ID", LongType(), True), StructField("
Name", StringType(), True), StructField("Age", LongType(), True), StructField("
HomeTown", StringType(), True)])
#使用 RDD1 和 schema 创建 DataFrame 对象
>>> DataFrame1 = spark.createDataFrame(RDD1, schema)
>>> DataFrame1
DataFrame[ID: bigint, Name: string, Age: bigint, HomeTown: string]
>>> DataFrame1.show()                      #展示 DataFrame1 中存放的数据
+---+----+---+--------+
| ID |Name |Age |HomeTown |
+---+----+---+--------+
|101 |李丽 | 19 |    北京    |
|102 |李菲 | 22 |    上海    |
|103 |张华 | 23 |    天津    |
+---+----+---+--------+
```

2）使用元组构成的列表创建 DataFrame 对象

下面使用元组构成的列表创建 DataFrame 对象，数据的类型由系统自动推断。

```
>>> data = [(101, "李丽", 19, "北京"), (102, "李菲", 22, "上海"), (103, "张华", 23, "
天津")]
>>> DataFrame2 = spark.createDataFrame(data, schema=['ID', 'Name', 'Age',
'HomeTown'])
>>> DataFrame2.show()
+---+----+---+--------+
| ID |Name |Age |HomeTown |
+---+----+---+--------+
|101 |李丽 | 19 |    北京    |
|102 |李菲 | 22 |    上海    |
|103 |张华 | 23 |    天津    |
+---+----+---+--------+
```

3）使用 Pandas 的 DataFrame()方法创建 DataFrame 对象

```
>>> import pandas as pd
>>> data={'C':[86,90,87,95],'Python':[92,89,89,96],'DataMining': [90,91,89,86]}
>>> studentDF=pd.DataFrame(data,index=['LiQian','WangLi','YangXue', 'LiuTao
'])
>>> studentDF
         C   Python  DataMining
LiQian  86       92          90
WangLi  90       89          91
YangXue 87       89          89
LiuTao  95       96          86
>>> pd_dataframe = spark.createDataFrame(studentDF)
>>> pd_dataframe.collect()
[Row(C=86, Python=92, DataMining=90), Row(C=90, Python=89, DataMining=91), Row
(C=87, Python=89, DataMining=89), Row(C=95, Python=96, DataMining=86)]
```

2. 使用 range() 方法创建 DataFrame 对象

下面使用 range(start，end，step，numPartitions)方法创建一个列名为 id 的 DataFrame 对象：

```
>>> spark.range(1,6,2)
DataFrame[id: bigint]
>>> spark.range(1,6,2).show()
+---+
| id |
+---+
|  1 |
|  3 |
|  5 |
+---+
```

3. 使用 spark.read.xxx() 方法从文件中加载数据创建 DataFrame 对象

可以使用 spark.read.xxx()方法从不同类型的文件中加载数据创建 DataFrame 对象，如表 11-2 所示。

表 11-2　使用 spark.read.xxx() 方法创建 DataFrame 对象的方法

方　法　名	描　　述
spark.read.json("***.json")	读取 JSON 格式的文件，创建 DataFrame 对象
spark.read.csv("***.csv")	读取 CSV 格式的文件，创建 DataFrame 对象
spark.read.parquet("***.parquet")	读取 Parquet 格式的文件，创建 DataFrame 对象

1) 使用 JSON 格式的文件创建 DataFrame 对象

在/home/hadoop/sparkdata 目录下存在一个名为 grade.json 的文件，文件内容如下：

```
{"ID":"106","Name":"DingHua","Class":"1","Scala":92,"Spark":91}
{"ID":"242","Name":"YanHua","Class":"2","Scala":96,"Spark":90}
{"ID":"107","Name":"Feng","Class":"1","Scala":84,"Spark":91}
{"ID":"230","Name":"WangYang","Class":"2","Scala":87,"Spark":91}
{"ID":"153","Name":"ZhangHua","Class":"2","Scala":85,"Spark":92}
```

下面给出在 Spark 3.2 版本中使用 grade.json 文件创建 DataFrame 对象的代码：

```
>>> grade1DF = spark.read.json("file:/home/hadoop/sparkdata/grade.json")
>>> grade1DF.show()
+-----+---+--------+-----+-----+
|Class | ID |   Name  |Scala |Spark |
+-----+---+--------+-----+-----+
|    1 |106 | DingHua |  92  |  91  |
|    2 |242 |  YanHua |  96  |  90  |
|    1 |107 |    Feng |  84  |  91  |
|    2 |230 |WangYang |  87  |  91  |
|    2 |153 |ZhangHua |  85  |  92  |
+-----+---+--------+-----+-----+
```

2) 使用 CSV 格式的文件创建 DataFrame 对象

在/home/hadoop 目录下存在一个名为 grade.csv 的文件，文件内容如图 11-4 所示。

下面给出使用 grade.csv 文件创建 DataFrame 对象的代码：

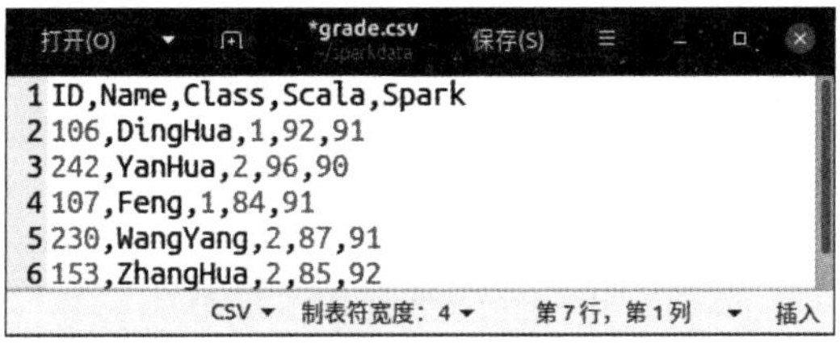

图 11-4　grade.csv 文件的内容

```
>>> grade2DF = spark.read.option("header", True).csv("file:/home/hadoop/
grade.csv")
>>> grade2DF.show()
+----------+--------------+---------+----------+----------+
|{"ID":"106" | "Name":"DingHua" |"Class":"1"|"Scala":92  |"Spark":91} |
+----------+--------------+---------+----------+----------+
|{"ID":"242" |"Name":"YanHua"   |"Class":"2"|"Scala":96  |"Spark":90} |
|{"ID":"107" |"Name":"Feng"     |"Class":"1"|"Scala":84  |"Spark":91} |
|{"ID":"230" |"Name":"WangYang" |"Class":"2"|"Scala":87  |"Spark":91} |
|{"ID":"153" |"Name":"ZhangHua" |"Class":"2"|"Scala":85  |"Spark":92} |
+----------+--------------+---------+----------+----------+
```

下面使用 spark.read.csv("***.csv")方法读取 CSV 文件创建 DataFrame 对象：

```
#header 表示数据的第一行是否为列名,inferSchema 表示自动推断模式,此时未指定模式
>>> df1 = spark.read.csv("file:///home/hadoop/grade.csv", encoding='gbk',
header=False, inferSchema=True)
>>> df1.show()
+---+-------+---+
|_c0 |   _c1 |_c2 |
+---+-------+---+
|101 | LiNing | 95 |
|102 | LiuTao | 90 |
|103 |WangFei | 96 |
+---+-------+---+
>>> from pyspark.sql.types import StructType, StructField, LongType, StringType
>>> schema = StructType([StructField("column_1", StringType(), True),
StructField("column_2", StringType(), True),StructField("column_3", StringType
(), True), ])
>>> df2 = spark.read.csv("file:///home/hadoop/grade.csv", encoding='gbk',
header=True, schema=schema)                                    #使用指定的模式
>>> df2.show()
+--------+--------+--------+
|column_1 |column_2 |column_3 |
+--------+--------+--------+
|    102 | LiuTao |     90 |
|    103 | WangFei |     96 |
+--------+--------+--------+
```

3）使用 Parquet 格式的文件创建 DataFrame 对象

使用/home/hadoop/sparkdata 目录下的 users.parquet 文件创建 DataFrame 对象的代码如下：

```
>>> grade3DF = spark.read.parquet("file:/home/hadoop/sparkdata/users.
parquet")
```

```
>>> grade3DF.show()
+------+--------------+-----------------+
| name |favorite_color |favorite_numbers |
+------+--------------+-----------------+
|Alyssa |         null  | [3, 9, 15, 20]  |
| Ben  |          red  |            []   |
+------+--------------+-----------------+
```

◇ 11.3 将 DataFrame 对象保存为不同格式的文件

11.3.1 通过 write.xxx() 方法保存 DataFrame 对象

可以使用 DataFrame 对象的 write.xxx() 方法将 DataFrame 对象保存为相应格式的文件。

1. 保存为 JSON 格式的文件

```
#创建 DataFrame 对象
>>> grade1DF = spark.read.json("file:/home/hadoop/sparkdata/grade.json")
#将 grade1DF 保存为 JSON 格式的文件
>>> grade1DF.write.json("file:/home/hadoop/grade1.json")
```

执行后，可以看到/home/hadoop 目录下面会生成一个名称为 grade1.json 的目录（而不是文件），该目录包含两个文件，分别为 part-00000-41e0749a-ef50-4337-bcec-03339b94fa8b-c000.json 和_SUCCESS。

如果需读取/home/hadoop/grade1.json 中的数据生成 DataFrame 对象，可使用 grade1.json 目录名称，而不需要使用 part-00000-41e0749a-ef50-4337-bcec-03339b94fa8b-c000.json 文件（当然，使用这个文件名也可以），代码如下：

```
>>> grade2DF= spark.read.json("file:/home/hadoop/grade1.json")
>>> grade2DF.show()
+-----+---+--------+-----+-----+
|Class | ID |  Name  |Scala |Spark |
+-----+---+--------+-----+-----+
|   1 |106 | DingHua |  92 |  91 |
|   2 |242 | YanHua  |  96 |  90 |
|   1 |107 |  Feng   |  84 |  91 |
|   2 |230 |WangYang |  87 |  91 |
|   2 |153 |ZhangHua |  85 |  92 |
+-----+---+--------+-----+-----+
```

2. 保存为 Parquet 格式的文件

通过执行如下命令将 grade1DF 保存为 Parquet 格式的文件：

```
>>> grade1DF.write.parquet("file:/home/hadoop/grade1.parquet")
```

3. 保存为 CSV 格式的文件

通过执行如下命令将 grade1DF 保存为 CSV 格式的文件：

```
>>> grade1DF.write.csv("file:/home/hadoop/grade1.csv")
```

11.3.2　通过 write.format()方法保存 DataFrame 对象

通过 write.format()方法可将 DataFrame 对象保存成 JSON 格式的文件、Parquet 格式的文件和 CSV 格式的文件。

1. 保存成 JSON 格式的文件

执行如下命令将 DataFrame 对象 grade1DF 保存成 JSON 格式的文件：

```
>>> grade1DF.write.format("json").save("file:/home/hadoop/grade2.json")
```

2. 保存成 Parquet 格式的文件

执行如下命令将 DataFrame 对象 grade1DF 保存成 Parquet 格式的文件：

```
>>> grade1DF.write.format("parquet").save("file:/home/hadoop/grade2.parquet")
```

3. 保存成 CSV 格式的文件

执行如下命令将 DataFrame 对象 grade1DF 保存成 CSV 格式的文件：

```
>>> grade1DF.write.format("csv").save("file:/home/hadoop/grade2.csv")
```

11.3.3　将 DataFrame 对象转化成 RDD 保存到文件中

通过 grade1DF.rdd.saveAsTextFile("file:/…")方法将 grade1DF 先转化成 RDD,然后再写入文本文件。例如：

```
>>> grade1DF.rdd.saveAsTextFile("file:/home/hadoop/grade")
```

 ## 11.4　DataFrame 的常用操作

11.4.1　行类操作

行类操作的完整格式是 pyspark.sql.Row。可使用 Row 类的对象创建 DataFrame 对象。例如：

```
>>> from pyspark.sql import functions as f
>>> from pyspark.sql import Row
>>> row1 = Row(name='Wang', spark=89, python=85)#创建 Row 类的对象
>>> type(row1)                                   #查看 row1 的类型
<class 'pyspark.sql.types.Row'>
>>> row2 = Row(name='Li', spark=95, python=86)
>>> row3 = Row(name='Ding', spark=90, python=88)
>>> rdd = sc.parallelize([row1,row2,row3])       #利用 Row 类的对象创建 RDD 对象
>>> df = rdd.toDF()             #将 RDD 对象转换为 DataFrame 对象,可以指定新的列名
>>> type(df.name)                                #查看 name 的类型
<class 'pyspark.sql.column.Column'>
>>> df.show()
+----+-----+------+
|name |spark |python |
```

```
+----+-----+------+
|Wang |  89 |   85 |
| Li  |  95 |   86 |
|Ding |  90 |   88 |
+----+-----+------+
```

此外,也可以通过 Row 类的对象的列表直接创建 DataFrame 对象,示例如下:

```
>>> DataFrame2 = spark.createDataFrame([row1,row2,row3])
```

调用 Row 类的对象的 asDict()方法将其转换为字典对象:

```
>>> row1.asDict()
{'name': 'Wang', 'spark': 89, 'python': 85}
```

11.4.2 列类操作

Column 类的对象用来创建 DataFrame 对象中的列。列类操作的完整格式是 pyspark. sql.Column。

1. 调用列的 alias()方法对输出的列重命名

输出 DataFrame 对象中的列时,调用列的 alias()方法可对输出的列重命名。例如:

```
>>> df.select('name',df.spark.alias("SPARK")).show(2)        #将 spark 列重命名
+----+-----+
|name |SPARK |
+----+-----+
|Wang |  89 |
| Li  |  95 |
+----+-----+
```

2. 对列进行排序

调用 asc()方法返回列的升序排列,调用 desc()方法返回列的降序排列。

例如,以 spark 的升序返回数据:

```
>>> df.select(df.spark,df.python).orderBy(df.spark.asc()).show()
+-----+------+
|spark |python |
+-----+------+
|  89 |   85 |
|  90 |   88 |
|  95 |   86 |
+-----+------+
```

3. 改变列的数据类型

调用 astype()方法改变列的数据类型。例如:

```
>>> df.select(df.spark.astype('string').alias('Spark')).collect()
[Row(Spark='89'), Row(Spark='95'), Row(Spark='90')]
```

4. 按条件筛选

between(lowerBound,upperBound)方法用于筛选出指定列的某个范围内的值,返回的是 true 或 false。

```
>>> df.select(df.name, df.python.between(85, 87)).show()
```

```
+----+----------------------------------+
|name |((python >= 85) AND (python <= 87)) |
+----+----------------------------------+
|Wang |                             true |
| Li |                              true |
|Ding |                             false |
+----+----------------------------------+
```

when(condition，value1).otherwise(value2)方法用于对于指定的列根据条件 condition 重新赋值，满足条件的项赋值为 values1，不满足条件的项赋值为 values2。例如：

```
>>> df.select(df.name, f.when(df.spark > 90, 1).when(df.spark < 90, -1).
otherwise(0)).show()
+----+-------------------------------------------------------------+
|name |CASE WHEN (spark > 90) THEN 1 WHEN (spark < 90) THEN -1 ELSE 0 END |
+----+-------------------------------------------------------------+
|Wang |                                                          -1 |
| Li |                                                            1 |
|Ding |                                                           0 |
+----+-------------------------------------------------------------+
```

5. 判断列中是否包含特定的值

可以用 contains()方法判断指定列中是否包含特定的值，返回的是 true 或 false。例如：

```
>>> df.select(df.name.contains("g"), df.python).show()
+-----------------+------+
|contains(name, g) |python |
+-----------------+------+
|            true |   85 |
|           false |   86 |
|            true |   88 |
+-----------------+------+
```

6. 获取列中的子字符串

可以用 substr(startPos，length)方法获取从 startPos 索引下标开始、长度为 length 的子字符串。例如：

```
>>> df.select(df.name.substr(0,3)).show()
+-------------------+
|substring(name, 0, 3) |
+-------------------+
|              Wan |
|               Li |
|              Din |
+-------------------+
```

7. 更改列的值

可以用 withColumn()方法更改列的值、转换 DataFrame 对象中已存在的列的数据类型、添加或者创建一个新的列等。例如：

```
>>> from pyspark.sql.functions import col
>>> df3 = df.withColumn("python",col("python") * 100)    #更改列的值
>>> df3.show()
```

```
+----+-----+------+
|name |spark |python |
+----+-----+------+
|Wang | 89 | 8500 |
| Li | 95 | 8600 |
|Ding | 90 | 8800 |
+----+-----+------+
#使用现有列添加新列
>>> df4 = df.withColumn("PYTHON",col("python") * 10)
>>> df4.show()
+----+-----+------+
|name |spark |PYTHON |
+----+-----+------+
|Wang | 89 | 850 |
| Li | 95 | 860 |
|Ding | 90 | 880 |
+----+-----+------+
```

11.4.3　DataFrame 的常用属性

首先在/home/hadoop 目录下创建 grade.json 文件,文件内容如下:

```
{"ID":"106","Name":"DingHua","Class":"1","Scala":92,"Spark":91}
{"ID":"242","Name":"YanHua","Class":"2","Scala":96,"Spark":90}
{"ID":"107","Name":"Feng","Class":"1","Scala":84,"Spark":91}
{"ID":"230","Name":"WangYang","Class":"2","Scala":87,"Spark":91}
{"ID":"153","Name":"ZhangHua","Class":"2","Scala":85,"Spark":92}
{"ID":"235","Name":"WangLu","Class":"1","Scala":88,"Spark":92}
{"ID":"224","Name":"MenTian","Class":"2","Scala":83,"Spark":90}
```

然后使用 grade.json 文件创建 DataFrame 对象 gradedf:

```
>>> gradedf = spark.read.json("file:/home/hadoop/grade.json")
```

下面用 gradedf 演示 DataFrame 对象的常用属性:

```
>>> gradedf.columns                 #以列表的形式列出所有列名
['Class', 'ID', 'Name', 'Scala', 'Spark']
>>> gradedf.dtypes                  #列出各列的数据类型
[('Class', 'string'), ('ID', 'string'), ('Name', 'string'), ('Scala', 'bigint'),
('Spark', 'bigint')]
>>> gradedf.schema                  #以 StructType 的形式查看 gradedf 的模式
StructType ( List ( StructField ( Class, StringType, true ), StructField ( ID,
StringType, true ), StructField ( Name, StringType, true ), StructField ( Scala,
LongType,true),StructField(Spark,LongType,true)))
```

11.4.4　输出

本节介绍输出 DataFrame 对象中数据的方法。

1. show()方法

DataFrame 对象的 show()方法以表格的形式输出 DataFrame 对象中的数据。show()方法有 3 种调用方式:

(1) show()方法不带任何参数时默认输出前 20 条记录。例如:

```
>>> gradedf.show()
+-----+---+--------+-----+-----+
|Class | ID |   Name  |Scala |Spark |
+-----+---+--------+-----+-----+
|   1 |106 | DingHua |  92 |  91 |
|   2 |242 |  YanHua |  96 |  90 |
|   1 |107 |   Feng  |  84 |  91 |
|   2 |230 |WangYang |  87 |  91 |
|   2 |153 |ZhangHua |  85 |  92 |
|   1 |235 |  WangLu |  88 |  92 |
|   2 |224 |  MenTian |  83 |  90 |
+-----+---+--------+-----+-----+
```

（2）show(numRows)方法输出前 numRows 条记录。例如：

```
>>> gradedf.show(3)                        #输出前 3 条记录
+-----+---+--------+-----+-----+
|Class | ID |  Name  |Scala |Spark |
+-----+---+--------+-----+-----+
|   1 |106 |DingHua |  92 |  91 |
|   2 |242 |YanHua  |  96 |  90 |
|   1 |107 |  Feng  |  84 |  91 |
+-----+---+--------+-----+-----+
only showing top 3 rows
```

（3）show(truncate)方法利用参数 truncate 指定是否最多只输出字段值前 20 个字符，默认为 True，最多只输出前 20 个字符，为 False 时表示不进行信息的缩略。

2. collect()方法

不同于前面的 show()方法，collect()方法以列表的形式返回 DataFrame 对象中的所有数据，列表中的每个元素都是行类型。

```
>>> list = gradedf.collect()
>>> type(list)
<class 'list'>
>>> list
[Row(Class='1', ID='106', Name='DingHua', Scala=92, Spark=91), Row(Class='2',
ID='242', Name='YanHua', Scala=96, Spark=90), Row(Class='1', ID='107', Name='
Feng', Scala=84, Spark=91), Row(Class='2', ID='230', Name='WangYang', Scala=
87, Spark=91), Row(Class='2', ID='153', Name='ZhangHua', Scala=85, Spark=92),
Row(Class='1', ID='235', Name='WangLu', Scala=88, Spark=92), Row(Class='2', ID
='224', Name='MenTian', Scala=83, Spark=90)]
>>> list[0]
Row(Class='1', ID='106', Name='DingHua', Scala=92, Spark=91)
>>> list[0][1]
'106'
>>> list[0]['ID']
'106'
```

3. printSchema()方法

通过 DataFrame 对象的 printSchema()方法，可查看 DataFrame 对象中有哪些列，以及这些列的数据类型，即打印出字段名称和类型。例如

```
>>> gradedf.printSchema()
```

```
root
 |-- Class: string (nullable = true)
 |-- ID: string (nullable = true)
 |-- Name: string (nullable = true)
 |-- Scala: long (nullable = true)
 |-- Spark: long (nullable = true)
```

4. count()方法

DataFrame 对象的 count()方法用来输出 DataFrame 对象的行数。例如:

```
>>> gradedf.count()
7
```

5. first()方法、head()方法和 take()方法

first()方法获取第一行记录。例如:

```
>>> gradedf.first()
Row(Class='1', ID='106', Name='DingHua', Scala=92, Spark=91)
```

head()方法获取第一行记录,head(n)方法获取前 n 行记录。例如:

```
>>> gradedf.head(2)                                    #获取前两行记录
[Row(Class='1', ID='106', Name='DingHua', Scala=92, Spark=91), Row(Class='2',
ID='242', Name='YanHua', Scala=96, Spark=90)]
```

take(n)方法获取前 n 行记录。例如:

```
>>> gradedf.take(2)
[Row(Class='1', ID='106', Name='DingHua', Scala=92, Spark=91), Row(Class='2',
ID='242', Name='YanHua', Scala=96, Spark=90)]
```

6. distinct()方法

distinct()方法返回一个不包含重复记录的 DataFrame 对象。例如:

```
>>> gradedf.distinct().show()
+-----+---+--------+-----+-----+
|Class | ID |   Name |Scala |Spark |
+-----+---+--------+-----+-----+
|    2 |242 |  YanHua |  96 |   90 |
|    2 |153 |ZhangHua |  85 |   92 |
|    2 |230 |WangYang |  87 |   91 |
|    2 |224 | MenTian |  83 |   90 |
|    1 |107 |   Feng  |  84 |   91 |
|    1 |235 | WangLu  |  88 |   92 |
|    1 |106 | DingHua |  92 |   91 |
+-----+---+--------+-----+-----+
```

7. dropDuplicates()方法

dropDuplicates()方法根据指定字段去重后返回一个 DataFrame 对象。例如:

```
>>> gradedf.dropDuplicates(["Spark"]).show()           #根据 Spark 字段去重
+-----+---+--------+-----+-----+
|Class | ID |   Name |Scala |Spark |
+-----+---+--------+-----+-----+
|    2 |242 |  YanHua |  96 |   90 |
|    1 |106 | DingHua |  92 |   91 |
|    2 |153 |ZhangHua |  85 |   92 |
+-----+---+--------+-----+-----+
```

11.4.5　筛选

本节给出几种筛选 DataFrame 对象数据的方法。

1. where()方法

where(conditionExpr)方法根据条件表达式 conditionExpr(字符串类型)筛选数据。条件表达式中可以用 and 和 or,相当于 SQL 语言中 where 关键字后的条件。该方法返回一个 DataFrame 对象。例如:

```
>>> gradedf.where("Class ='1' and Spark = '91'").show()
+-----+---+-------+-----+-----+
|Class | ID |  Name  |Scala |Spark |
+-----+---+-------+-----+-----+
|    1 |106 |DingHua |  92  |  91  |
|    1 |107 |  Feng  |  84  |  91  |
+-----+---+-------+-----+-----+
```

2. filter()方法

filter(conditionExpr)方法可以根据字段进行筛选,通过传入筛选条件表达式(和 where()方法的使用条件相同),返回一个 DataFrame 对象。例如:

```
>>> gradedf.filter("Class ='1' ").show()
+-----+---+-------+-----+-----+
|Class | ID |  Name  |Scala |Spark |
+-----+---+-------+-----+-----+
|    1 |106 |DingHua |  92  |  91  |
|    1 |107 |  Feng  |  84  |  91  |
|    1 |235 |WangLu  |  88  |  92  |
+-----+---+-------+-----+-----+
```

3. 下标运算符[]

指定一个列名,通过下标运算符[]返回 Column 类型的数据;指定多个列名,通过下标运算符[]返回 DataFrame 类型的数据。例如:

```
>>> gradedf["Spark"]
Column<'Spark'>
>> gradedf.Spark
Column<'Spark'>
>>> gradedf["Spark","Scala"]
DataFrame[Spark: bigint, Scala: bigint]
>>> gradedf["Spark","Scala"].show(3)
+-----+-----+
|Spark |Scala |
+-----+-----+
|  91  |  92  |
|  90  |  96  |
|  91  |  84  |
+-----+-----+
only showing top 3 rows
```

4. drop()方法

drop(ColumnNames)方法去除指定字段,保留其他字段,返回一个新的 DataFrame 对象。例如:

```
>>> gradedf.drop("ID","Spark").show(3)
+-----+-------+-----+
|Class | Name  |Scala |
+-----+-------+-----+
|    1 |DingHua |  92 |
|    2 | YanHua |  96 |
|    1 | Feng   |  84 |
+-----+-------+-----+
only showing top 3 rows
```

5. limit()方法

limit(n)方法获取 DataFrame 对象的前 n 行记录,返回一个新的 DataFrame 对象。
例如:

```
>>> gradedf.limit(2)
DataFrame[Class: string, ID: string, Name: string, Scala: bigint, Spark: bigint]
>>> gradedf.limit(2).show(3)
+-----+---+-------+-----+-----+
|Class | ID |  Name  |Scala |Spark |
+-----+---+-------+-----+-----+
|    1 |106 |DingHua |  92  |  91  |
|    2 |242 | YanHua |  96  |  90  |
+-----+---+-------+-----+-----+
```

6. select()方法

select(ColumnNames)方法根据传入的字段名获取指定字段的值,返回一个 DataFrame 对象。例如:

```
>>> gradedf.select("Class","Name","Scala").show(3,False)
+-----+-------+-----+
|Class |Name    |Scala |
+-----+-------+-----+
|1     |DingHua |92    |
|2     |YanHua  |96    |
|1     |Feng    |84    |
+-----+-------+-----+
only showing top 3 rows
```

在输出筛选的数据时可以对列重命名。例如:

```
>>> gradedf.select("Name","Scala").withColumnRenamed("Name","NAME").
withColumnRenamed("Scala","SCALA").show(2)
+-------+-----+
|  NAME  |SCALA |
+-------+-----+
|DingHua |  92  |
| YanHua |  96  |
+-------+-----+
only showing top 2 rows
```

也可以用 alias(* alias)方法对列重命名。例如:

```
>>> gradedf.select("Name",gradedf.Spark.alias("spark")).show(3)
```

```
+-------+-----+
| Name  |spark |
+-------+-----+
|DingHua |  91  |
| YanHua |  90  |
|  Feng  |  91  |
+-------+-----+
only showing top 3 rows
```

7. selectExpr()方法

selectExpr(Expr)方法可以直接对指定字段调用用户自定义函数或者指定别名等。该方法传入字符串类型的 Expr 参数,返回一个 DataFrame 对象。例如:

```
>>> gradedf.selectExpr("Name","Name as Names","upper(Name)","Scala * 10").show
(3)
+-------+-------+-----------+------------+
| Name  | Names |upper(Name) |(Scala * 10) |
+-------+-------+-----------+------------+
|DingHua |DingHua |  DINGHUA  |     920     |
| YanHua | YanHua |  YANHUA   |     960     |
|  Feng  |  Feng  |   FENG    |     840     |
+-------+-------+-----------+------------+
only showing top 3 rows
```

11.4.6　排序

本节给出几种对 DataFrame 对象数据进行排序方法。

1. orderBy()方法和 sort()方法

orderBy()方法和 sort()方法用来按指定字段排序,默认为升序,返回一个 DataFrame 对象,两种方法的用法相同。例如:

```
>>> gradedf.orderBy("Spark","Scala").show(5)
+-----+---+--------+-----+-----+
|Class | ID |  Name  |Scala |Spark |
+-----+---+--------+-----+-----+
|   2  |224 | MenTian |  83  |  90  |
|   2  |242 | YanHua  |  96  |  90  |
|   1  |107 |  Feng   |  84  |  91  |
|   2  |230 |WangYang |  87  |  91  |
|   1  |106 | DingHua |  92  |  91  |
+-----+---+--------+-----+-----+
only showing top 5 rows
>>> gradedf.sort("Spark","Scala").show(5)
+-----+---+--------+-----+-----+
|Class | ID |  Name  |Scala |Spark |
+-----+---+--------+-----+-----+
|   2  |224 | MenTian |  83  |  90  |
|   2  |242 | YanHua  |  96  |  90  |
|   1  |107 |  Feng   |  84  |  91  |
|   2  |230 |WangYang |  87  |  91  |
|   1  |106 | DingHua |  92  |  91  |
```

```
+-----+---+--------+-----+-----+
only showing top 5 rows
>>> gradedf.sort("Spark","Scala",ascending=False).show(5)
+-----+---+--------+-----+-----+
|Class | ID |    Name   |Scala |Spark |
+-----+---+--------+-----+-----+
|    1 |235 |  WangLu  | 88 |   92 |
|    2 |153 |ZhangHua | 85 |   92 |
|    1 |106 | DingHua  | 92 |   91 |
|    2 |230 |WangYang | 87 |   91 |
|    1 |107 |   Feng   | 84 |   91 |
+-----+---+--------+-----+-----+
only showing top 5 rows
```

2. sortWithinPartitions()方法

sortWithinPartitions()方法和 sort()方法的功能类似,区别在于 sortWithinPartitions()方法返回的是按分区排序的 DataFrame 对象。例如:

```
>>> gradedf.sortWithinPartitions("ID").show()
+-----+---+--------+-----+-----+
|Class | ID |    Name   |Scala |Spark |
+-----+---+--------+-----+-----+
|    1 |106 | DingHua  | 92 |   91 |
|    1 |107 |   Feng   | 84 |   91 |
|    2 |153 |ZhangHua | 85 |   92 |
|    2 |224 |MenTian  | 83 |   90 |
|    2 |230 |WangYang | 87 |   91 |
|    1 |235 |  WangLu  | 88 |   92 |
|    2 |242 | YanHua   | 96 |   90 |
+-----+---+--------+-----+-----+
```

11.4.7 汇总与聚合

本节介绍执行汇总操作的 groupBy()方法和执行聚合操作的 agg()方法。

1. groupBy()方法

groupBy()方法按某些字段汇总(也称分组),返回结果是 GroupedData 类型的对象。GroupedData 对象提供了很多操作分组数据的方法。例如:

```
>>> gradedf.groupBy("Class")
<pyspark.sql.group.GroupedData object at 0x7fa62b0521c0>
>>> gradedf.groupBy("Class").count()
DataFrame[Class: string, count: bigint]
```

1) 结合 count()方法统计每一分组的记录数
例如:

```
>>> gradedf.groupBy("Class").count().show()
```

```
+-----+-----+
|Class |count |
+-----+-----+
|   1 |   3 |
|   2 |   4 |
+-----+-----+
```

2）结合 max()方法获取分组指定字段的最大值

这种汇总方法只能作用于数字型字段。例如：

```
>>> gradedf.groupBy("Class").max("Scala","Spark").show()
+-----+---------+---------+
|Class |max(Scala) |max(Spark) |
+-----+---------+---------+
|   1 |      92 |      92 |
|   2 |      96 |      92 |
+-----+---------+---------+
```

3）结合 min()方法获取分组指定字段的最小值

这种汇总方法只能作用于数字型字段。

4）结合 sum()方法获取分组指定字段的和值

这种汇总方法只能作用于数字型字段。例如：

```
>>> gradedf.groupBy("Class").sum("Spark","Scala").show()
+-----+---------+---------+
|Class |sum(Spark) |sum(Scala) |
+-----+---------+---------+
|   1 |     274 |     264 |
|   2 |     363 |     351 |
+-----+---------+---------+
```

5）结合 mean()方法获取分组指定字段的平均值

这种汇总方法只能作用于数字型字段。例如：

```
>>> gradedf.groupBy("Class").mean("Spark","Scala").show()
+-----+----------------+---------+
|Class |      avg(Spark) |avg(Scala) |
+-----+----------------+---------+
|   1 |91.33333333333333 |     88.0 |
|   2 |           90.75 |   87.75 |
+-----+----------------+---------+
```

2. agg()方法

agg()方法针对某列进行聚合操作，返回 DataFrame 类型的对象。agg()方法可以同时对多个列进行操作。例如：

```
>>> from pyspark.sql import functions as f
>>> gradedf.agg(f.min(gradedf.Spark),f.max(gradedf.Spark)).show()
```

```
+----------+----------+
|min(Spark)|max(Spark)|
+----------+----------+
|       90 |       92 |
+----------+----------+
```

11.4.8 统计

describe()方法用来获取数字列和字符串列的基本统计信息,如计数、均值、标准差、最小值、最大值等,返回结果仍然为 DataFrame 对象。

下面使用 DataFrame 对象的 describe()方法获取指定字段的统计信息。

```
>>> gradedf.describe().show()
+-------+----------+-------------+--------+-------------+----------+
|summary|     Class|           ID|    Name|        Scala|     Spark|
+-------+----------+-------------+--------+-------------+----------+
|  count|         7|            7|       7|            7|         7|
|   mean|1.5714…714|185.2857…428|    null|87.8571…286|      91.0|
| stddev|0.5345…488| 61.4321…875|    null| 4.6700…652|0.8164…268|
|    min|         1|          106| DingHua|           83|        90|
|    max|         2|          242|ZhangHua|           96|        92|
+-------+----------+-------------+--------+-------------+----------+
```

可以调用 summary()方法计算数字列和字符串列的指定统计信息,如计数、最小值、最大值、第一四分位数、第三四分位数、均值等。

```
>>> gradedf.summary("count","min","max","25%","75%","mean").show()
+-------+----------------+----------------+--------+--------------+-----+
|summary|           Class|              ID|    Name|         Scala|Spark|
+-------+----------------+----------------+--------+--------------+-----+
|  count|               7|               7|       7|             7|    7|
|    min|               1|             106| DingHua|            83|   90|
|    max|               2|             242|ZhangHua|            96|   92|
|    25%|             1.0|           107.0|    null|            84|   90|
|    75%|             2.0|           235.0|    null|            92|   92|
|   mean|1.5714285714285714|185.285714285714|    null|87.85714285714286| 91.0|
+-------+----------------+----------------+--------+--------------+-----+
>>> gradedf.summary("count","min","max","25%","75%","mean").select
("summary","Scala","Spark","Name").show()                    #显示指定的列
+-------+----------------+-----+--------+
|summary|           Scala|Spark|    Name|
+-------+----------------+-----+--------+
|  count|               7|    7|       7|
|    min|              83|   90| DingHua|
|    max|              96|   92|ZhangHua|
|    25%|              84|   90|    null|
|    75%|              92|   92|    null|
|   mean|87.85714285714286| 91.0|    null|
+-------+----------------+-----+--------+
>>> gradedf.corr("Scala","Spark")          #计算 Scala 列与 Spark 列的相关系数
-0.2622542517794866
```

11.4.9　合并

unionAll(other:DataFrame)方法用于合并两个 DataFrame 对象,unionAll()方法并不是按照列名合并,而是按照位置合并,对应位置的列将合并在一起,列名不同并不影响合并。要合并的两个 DataFrame 对象的字段数必须相同。

```
>>> gradedf.select("Name","Scala","Spark").unionAll( df.select ( "name",
"spark","python")).show()
+--------+-----+-----+
|   Name |Scala |Spark |
+--------+-----+-----+
| DingHua |  92 |  91 |
| YanHua |  96 |  90 |
|   Feng |  84 |  91 |
|WangYang |  87 |  91 |
|ZhangHua |  85 |  92 |
| WangLu |  88 |  92 |
| MenTian |  83 |  90 |
|   Wang |  89 |  85 |
|     Li |  95 |  86 |
|   Ding |  90 |  88 |
+--------+-----+-----+
```

11.4.10　连接

在 SQL 中用得比较多的就是连接操作,在 DataFrame 中同样也提供了连接的功能。DataFrame 提供了 6 种调用 join()方法连接两个 DataFrame 对象的方法。

先构建两个 DataFrame 对象。

```
>>> df1 = spark.createDataFrame([("ZhangSan", 86,88), ("LiSi",90,85)]).toDF("
name", "Java","Python")              #toDF()方法为列指定新名称
>>> df1.show()
+--------+----+------+
|   name |Java |Python |
+--------+----+------+
|ZhangSan |  86 |  88 |
|   LiSi |  90 |  85 |
+--------+----+------+
>>> df2 = spark.createDataFrame([("ZhangSan", 86,88), ("LiSi",90,85),
("WangWU", 86,88), ("WangFei",90,85)]).toDF("name","Java","Scala")
>>> df2.show()
+--------+----+-----+
|   name |Java |Scala |
+--------+----+-----+
|ZhangSan |  86 |  88 |
|   LiSi |  90 |  85 |
| WangWU |  86 |  88 |
| WangFei |  90 |  85 |
+--------+----+-----+
```

下面介绍这 6 种连接方法。

1. 笛卡儿积

DataFrame 对象可以调用 join()方法求两个 DataFrame 对象的笛卡儿积。例如:

```
>>> df1.join(df2).show()
+--------+----+------+--------+----+-----+
|   name |Java|Python|   name |Java|Scala|
+--------+----+------+--------+----+-----+
|ZhangSan| 86 |  88  |ZhangSan| 86 |  88 |
|ZhangSan| 86 |  88  |   LiSi | 90 |  85 |
|ZhangSan| 86 |  88  | WangWU | 86 |  88 |
|ZhangSan| 86 |  88  |WangFei | 90 |  85 |
|   LiSi | 90 |  85  |ZhangSan| 86 |  88 |
|   LiSi | 90 |  85  |   LiSi | 90 |  85 |
|   LiSi | 90 |  85  | WangWU | 86 |  88 |
|   LiSi | 90 |  85  |WangFei | 90 |  85 |
+--------+----+------+--------+----+-----+
```

2. 通过一个字段连接

可以通过两个 DataFrame 对象的一个相同字段将这两个 DataFrame 对象连接起来。例如:

```
>>> df1.join(df2, "name").show()          #name 是 df1 和 df2 的相同字段
+--------+----+------+----+-----+
|   name |Java|Python|Java|Scala|
+--------+----+------+----+-----+
|   LiSi | 90 |  85  | 90 |  85 |
|ZhangSan| 86 |  88  | 86 |  88 |
+--------+----+------+----+-----+
```

3. 通过多个字段连接

可以通过两个 DataFrame 对象的多个相同字段将这两个 DataFrame 对象连接起来。例如:

```
>>> df1.join(df2,["name", "Java"]).show()
                              #name 和 Java 是 df1 和 df2 的两个相同字段
+--------+----+------+-----+
|   name |Java|Python|Scala|
+--------+----+------+-----+
|   LiSi | 90 |  85  |  85 |
|ZhangSan| 86 |  88  |  88 |
+--------+----+------+-----+
```

4. 按指定类型连接

两个 DataFrame 对象的连接有 inner(内连接)、outer(外连接)、left_outer(左外连接)、right_outer(右外连接)、leftsemi(左半连接)类型。在通过多个字段连接的情况下,可以带第三个 String 类型的参数,用于指定连接的类型,例如:

```
>>> df1.join(df2, ["name", "Java"], "inner").show()
+--------+----+------+-----+
|   name |Java|Python|Scala|
+--------+----+------+-----+
|   LiSi | 90 |  85  |  85 |
|ZhangSan| 86 |  88  |  88 |
+--------+----+------+-----+
```

5. 使用 Column 类型的连接

指定两个 DataFrame 对象的字段进行连接。例如：

```
>>> df1.join(df2,df1.name == df1.name).show()
+--------+----+------+--------+----+-----+
|  name  |Java|Python|  name  |Java|Scala|
+--------+----+------+--------+----+-----+
|ZhangSan| 86 |  88  |ZhangSan| 86 | 88  |
|ZhangSan| 86 |  88  |  LiSi  | 90 | 85  |
|ZhangSan| 86 |  88  | WangWU | 86 | 88  |
|ZhangSan| 86 |  88  | WangFei| 90 | 85  |
|  LiSi  | 90 |  85  |ZhangSan| 86 | 88  |
|  LiSi  | 90 |  85  |  LiSi  | 90 | 85  |
|  LiSi  | 90 |  85  | WangWU | 86 | 88  |
|  LiSi  | 90 |  85  | WangFei| 90 | 85  |
+--------+----+------+--------+----+-----+
```

6. 使用 Column 类型的同时按指定类型连接

指定两个 DataFrame 对象的字段和连接类型进行连接。例如：

```
>>> df1.join(df2,df1.name == df1.name, "inner").show()
+--------+----+------+--------+----+-----+
|  name  |Java|Python|  name  |Java|Scala|
+--------+----+------+--------+----+-----+
|ZhangSan| 86 |  88  |ZhangSan| 86 | 88  |
|ZhangSan| 86 |  88  |  LiSi  | 90 | 85  |
|ZhangSan| 86 |  88  | WangWU | 86 | 88  |
|ZhangSan| 86 |  88  | WangFei| 90 | 85  |
|  LiSi  | 90 |  85  |ZhangSan| 86 | 88  |
|  LiSi  | 90 |  85  |  LiSi  | 90 | 85  |
|  LiSi  | 90 |  85  | WangWU | 86 | 88  |
|  LiSi  | 90 |  85  | WangFei| 90 | 85  |
+--------+----+------+--------+----+-----+
```

11.4.11　to 系列转换

to 系列方法主要包括 toDF()、toJSON()、toPandas() 和 toLocalIterator() 方法，DataFrame 对象调用这些方法可将 DataFrame 对象转换为其他类型的数据。

```
>>> gradedf.toLocalIterator()    #返回 Python 迭代器,可带来计算和内存使用的优势
<generator object _local_iterator_from_socket.<locals>.PyLocalIterable.__
iter__ at 0x7f1cd12055e8>
>>> for x in gradedf.toLocalIterator():
...     print(x)
...
Row(Class='1', ID='106', Name='DingHua', Scala=92, Spark=91)
Row(Class='2', ID='242', Name='YanHua', Scala=96, Spark=90)
Row(Class='1', ID='107', Name='Feng', Scala=84, Spark=91)
Row(Class='2', ID='230', Name='WangYang', Scala=87, Spark=91)
Row(Class='2', ID='153', Name='ZhangHua', Scala=85, Spark=92)
Row(Class='1', ID='235', Name='WangLu', Scala=88, Spark=92)
Row(Class='2', ID='224', Name='MenTian', Scala=83, Spark=90)
>>> grade_json = gradedf.toJSON()    #通过 toJSON()将 DataFrame 对象转换为 RDD 对象
>>> type(grade_json)
```

```
<class 'pyspark.rdd.RDD'>
#通过 toPandas()将 Spark SQL 的 DataFrame 对象转换为 Pandas 的 DataFrame 对象
>>> grade_pd = gradedf.toPandas()
>>> type(grade_pd)
<class 'pandas.core.frame.DataFrame'>
>>> gradedf.toDF('CLASS', 'ID', 'NAME', 'SCALA', 'SPARK')
                                            #转换为新列名的新的 DataFrame 对象
DataFrame[CLASS: string, ID: string, NAME: string, SCALA: bigint, SPARK: bigint]
>>> gradedf.show(3)
+-----+---+-------+-----+-----+
|Class | ID |  Name |Scala |Spark |
+-----+---+-------+-----+-----+
|    1 |106 |DingHua |  92 |  91 |
|    2 |242 | YanHua |  96 |  90 |
|    1 |107 |  Feng  |  84 |  91 |
+-----+---+-------+-----+-----+
```

◆ 11.5　读写 MySQL 数据库

Spark SQL 可以通过 JDBC 连接 MySQL 数据库,以存储和管理数据。

11.5.1　安装并配置 MySQL 数据库

1. 安装 MySQL 数据库

安装 MySQL 数据库的命令如下:

```
$ sudo apt-get update                   #更新软件源
$ sudo apt-get install mysql-server     #安装 MySQL 数据库
```

上述命令会安装 mysql-client-8.0 和 mysql-server-8.0 这两个包,因此无须再安装 mysql-client 等。

安装完成后,可以通过执行下面的命令查看是否安装成功:

```
$ systemctl status mysql
mysql.service - MySQL Community Server
Loaded: loaded (/lib/systemd/system/mysql.service; enabled; vendor preset:>
Active: active (running) since Thu 2021-10-14 22:31:55 CST; 28min ago
Main PID: 14365 (mysqld)
Status: "Server is operational"
Tasks: 37 (limit: 2312)
Memory: 349.5M
CGroup: /system.slice/mysql.service
14365 /usr/sbin/mysqld
```

若出现类似上面的信息,说明 MySQL 数据库已经安装好并运行。

以 root 用户身份登录 MySQL 数据库进入 MySQL Shell 环境,即进入"mysql>"命令提示符状态:

```
$ sudo mysql -u root -p   #-u指定用户名,-p指示设定 MySQL 数据库 root 用户的密码
```

或者

```
$ sudo mysql              #可以不指定用户名和密码
```

2. MySQL 数据库服务的状态管理

以下是 MySQL 数据库服务的状态管理命令：

```
systemctl status mysql                    #查看状态。装完后默认就启动了,默认开机启动
sudo systemctl disable mysql              #关闭开机启动
sudo systemctl enable mysql               #设置开机启动
sudo systemctl start mysql                #启动 MySQL 数据库服务
sudo systemctl stop mysql                 #关闭 MySQL 数据库服务
```

3. 安装 MySQL JDBC

为了让 Spark 能够连接到 MySQL 数据库,需要安装 MySQL JDBC 驱动程序。MySQL JDBC 的下载地址是 https://dev.mysql.com/downloads/connector/j/,本书下载的安装文件是 mysql-connector-java_8.0.26-1ubuntu20.04_all.deb。下载和安装 MySQL JDBC 的命令如下：

```
$ cd ~/下载                                #切换到下载文件所在目录
$ sudo apt install ./mysql-connector-java_8.0.26-1ubuntu20.04_all.deb
                                          #安装 MySQL JDBC
#将 JAR 包复制到 Spark 安装目录的 jars 子目录(即/usr/local/spark/jars)下
$ cp /usr/share/java/mysql-connector-java-8.0.26.jar   /usr/local/spark/jars
```

4. 启动 MySQL 数据库

执行如下命令启动 MySQL 数据库,并进入 MySQL Shell 环境：

```
$ sudo service mysql start                #启动 MySQL 数据库服务
$ sudo mysql -u root -p                   #登录 MySQL 数据库
```

-u 表示选择登录的用户名,这里是 root 用户;-p 表示登录时需要输入用户密码,系统会提示输入 MySQL 数据库的 root 用户的密码。

在 MySQL Shell 环境下,执行如下 SQL 语句完成数据库和表的创建：

```
mysql> create database class;             #class 是数据库名
mysql> use class;                         #进入指定数据库
mysql> create table student(id int(4), name char(20), sex char(1), age int(3));
mysql> insert into student values(1001, 'Wang', 'F', 18);    #向表中写内容
mysql> insert into student values(1002, 'Yang', 'M', 19);
mysql> select * from student;             #查看表中的内容
+------+------+------+------+
| id   | name | sex  | age  |
+------+------+------+------+
| 1001 | Wang | F    |   18 |
| 1002 | Yang | M    |   19 |
+------+------+------+------+
```

下面创建一个用户,为这个用户指定数据库权限：

```
mysql> create user 'newuser'@'localhost' identified by 'hadoop';
mysql> grant all privileges on `class`.* to 'newuser'@'localhost';
mysql> flush privileges;
```

后面将以这个用户身份连接数据库。

11.5.2　读取 MySQL 数据库中的数据

spark.read.format("jdbc")函数可以实现对 MySQL 数据库的读取。执行如下命令连

接数据库,读取数据并显示:

```
>>> jdbcDF = spark.read.format("jdbc").option("url", "jdbc:mysql://localhost:
3306/class").option("driver", "com.mysql.cj.jdbc.Driver").option("dbtable", "
student").option("user", "newuser").option("password", "hadoop").load()
>>> jdbcDF.show()
+----+----+---+---+
| id |name |sex |age |
+----+----+---+---+
|1001 |Wang | F | 18 |
|1002 |Yang | M | 19 |
+----+----+---+---+
```

在通过 JDBC 连接 MySQL 数据库时,需要利用 option()方法设置相关的连接参数,表 11-3 列出了各个参数的含义。

表 11-3　JDBC 连接参数

参 数 名 称	参数值示例	含　　义
url	jdbc:mysql://localhost:3306/class	数据库的连接地址
driver	com.mysql.cj.jdbc.Driver	数据库的 JDBC 驱动程序
dbtable	student	要访问的表
user	newuser	数据库用户名
password	hadoop	数据库用户密码

11.5.3　向 MySQL 数据库写入数据

在 MySQL 数据库中,已经创建了一个名为 class 的数据库,并创建了一个名为 student 的表。下面要向 MySQL 数据库的 student 表中插入记录。

创建代码文件 InsertStudent.py,向 student 表中插入两条记录,具体代码如下:

```
from pyspark.sql.types import Row
from pyspark.sql.types import StructType
from pyspark.sql.types import StructField
from pyspark.sql.types import StringType
from pyspark.sql.types import IntegerType
from pyspark.sql import SparkSession
spark = SparkSession.builder.getOrCreate()
#创建两条记录,表示两个学生的信息
studentRDD = spark.sparkContext.parallelize(["1003 Liu F 18","1004 Xu F 23"]).
map(lambda line : line.split(" "))
#设置模式信息
schema = StructType([
        StructField("id", IntegerType(), True),
        StructField("name", StringType(), True),
        StructField("sex", StringType(), True),
        StructField("age",IntegerType(), True)
        ])
```

```
#创建 Row 对象
rowRDD = studentRDD.map(lambda p : Row(int(p[0].strip()), p[1].strip(),p[2].
strip(), int(p[3].strip())))
#建立 Row 对象和模式之间的对应关系
studentDF = spark.createDataFrame(rowRDD, schema)
#写入数据库
prop = {}
prop['user'] = 'newuser'
prop['password'] = 'hadoop'
prop['driver'] = "com.mysql.cj.jdbc.Driver"
studentDF.write.jdbc("jdbc:mysql://localhost:3306/class",'student','append',
prop)
```

通过下述命令执行代码文件:

```
$ python InsertStudent.py
```

执行以后,在 MySQL Shell 环境中使用 SQL 语句查询 student 表,就可以看到新增的
两条记录,具体命令及其执行结果如下:

```
mysql> use class;
ysql> select * from student;
+------+------+------+------+
| id   | name | sex  | age  |
+------+------+------+------+
| 1001 | Wang | F    |  18  |
| 1002 | Yang | M    |  19  |
| 1003 | Liu  | F    |  18  |
| 1004 | Xu   | F    |  23  |
+------+------+------+------+
```

◇ 11.6　实验 2: Spark SQL 编程实验

一、实验目的

1. 掌握 Spark SQL 常用的操作。

2. 了解使用 Spark SQL 编程解决实际问题的流程。

二、实验平台

操作系统:Ubuntu-20.04。

JDK 版本:1.8 或以上版本。

Spark 版本:3.2.0。

Python 版本:3.7。

三、实验任务

在二手车市场蓬勃发展的背景下,国内汽车金融和融资租赁市场逐步兴起。在汽车贷
款、汽车保险、汽车租赁等金融产品设计过程中,折价率研究与预测也成为制定合理价格和
控制业务经营风险的重要手段。

基于瓜子二手车网的交易信息,探索车辆的折价率与车辆已行驶里程之间的定量关系,
以及折价率与车辆的出厂年份之间的定量关系。主要功能需求如下。

（1）探索车辆的折价率与车辆已行驶里程之间的定量关系。

（2）探索折价率与车辆的出厂年份之间的定量关系。

（3）找出售价最低 TOP10。

（4）找出出厂年份最新 TOP10。

（5）求出每年的折扣率平均值。

（6）实现数据可视化。

瓜子二手车网交易信息的部分数据如表 11-4 所示。

表 11-4　瓜子二手车网交易信息的部分数据

类　　型	年份	里程/万千米	地点	售价/万元	原价/万元
大众宝来 2012 款 1.4T 手动舒适型	2012	6.2	大连	4.39	13.98
福特福克斯 2012 款三厢 1.6L 自动舒适型	2014	10.3	大连	4.80	14.21
别克英朗 2016 款 15N 自动进取型	2017	1.4	大连	6.88	13.01
大众 POLO 2016 款 1.4L 自动风尚型	2017	1.4	大连	5.85	9.54
大众途观 2012 款 2.0TSI 自动四驱菁英版	2012	10.0	大连	10.00	31.13
雪佛兰科鲁兹 2009 款 1.6L SE AT	2010	10.6	大连	3.15	14.43

四、实验结果

列出代码及实验结果（截图形式）。

五、总结

总结本次实验的经验教训、遇到的问题及解决方法、待解决的问题等。

六、实验报告格式

Spark 大数据分析技术（Python 版）**实验报告**

学号		姓名		专业班级	
实验课程	Spark 大数据分析技术	实验日期		实验时间	
实验情况					
实验 2：Spark SQL 编程实验					
一、实验目的 二、实验平台 三、实验任务 四、实验结果 五、总结					
实验报告成绩			指导老师		

◆ 11.7　拓展阅读——中国芯片之路

2018 年 6 月 7 日,美国商务部正式与中兴通讯达成协议,将有条件地解除此前针对中兴通讯采购美国供应商商品的 7 年禁令。而解禁的前提,是中兴通讯缴纳 10 亿美元罚款及 4 亿美元保证金,其代价相当惨重。中兴事件的爆发给我国的集成电路行业发展敲响了警钟,激起了全国加速发展集成电路的决心。如果一味依赖外国的产品,不能在芯片上实现独立自主,国家安全和发展必将时刻处于威胁之下。

所谓集成电路,或称芯片,是一种把电路小型化的方式,即采用一定的工艺,把一个电路中所需的晶体管、电阻、电容和电感等元件及布线互连一起,制作在一小块或几小块半导体晶片或介质基片上,然后封装在一个管壳内,成为具有所需电路功能的微型结构。集成电路的应用范围覆盖极广,包括电子、计算机、汽车、机械设备、医药生物、家用电器、军工等行业。

然而,与国内迅速膨胀的集成电路市场需求形成鲜明对比的是,我国集成电路需求中有很大比例仍需依靠进口来满足,国产集成电路自给率较低。

我国目前在处理器、存储器等方面与国外仍存在较大差距,持续且高比例的海外芯片进口意味着电子产品制造业始终处于国外企业控制之下。集成电路在计算机、互联网以及物联网等方面发挥着重要的作用。作为实现中国制造的技术与产业支撑,集成电路是工业的"粮食",战略性新兴产业培养、国防现代化建设、工业化与信息化融合等各个领域的突破,都离不开集成电路的支持。从经济角度看,在集成电路产业不能获得独立,中国制造就无法突破现有全球价值分工体系。因此,我国发展独立且强大的集成电路产业意义重大。

◆ 11.8　习　　题

1. RDD 与 DataFrame 有什么区别?
2. 创建 DataFrame 对象的方式有哪些?
3. 对 DataFrame 对象的数据进行过滤的方法是什么?
4. 分析 Spark SQL 出现的原因。

Hive 分布式数据仓库

Hive 是基于 Hadoop 的数据仓库工具,可对存储在 HDFS 上的文件中的数据集进行数据整理、特殊查询和分析处理,提供了类似于 SQL 语言的查询语言 HQL(Hive Query Language),又称 HiveQL,Hive 将 HQL 语句转换成 MapReduce 任务进行执行。本章主要介绍 Hive 的安装、MySQL 常用操作、Hive 的数据类型和 Hive 基本操作。

Hive 分布式数据仓库概述

12.1　Hive 分布式数据仓库概述

数据仓库(data warehouse)是一个面向主题的(subject oriented)、集成的(integrated)、相对稳定的(non-volatile)、反映历史变化的(time variant)的数据集合,用于支持管理决策。数据仓库体系结构通常含四个层次:数据源、数据存储和管理、数据服务、数据应用。

Hive 是建立在 Hadoop 之上的数据仓库,由 Facebook 开发,在某种程度上可以看成是用户编程接口,本身并不存储和处理数据,依赖 HDFS 存储数据,依赖 MapReduce 处理数据。Hive 可以将结构化的数据文件映射为一张表,并提供了类似于 SQL 语言的查询语言 HQL,不完全支持 SQL 语言标准,如不支持更新操作、索引和事务,其子查询和连接操作也存在很多限制。

Hive 的本质是将 HQL 语句转换成 MapReduce 任务,完成整个数据的分析查询,减少编写 MapReduce 任务的复杂度。

12.2　Hive 的安装

12.2.1　下载 Hive 安装文件

以 hadoop 用户登录 Linux 操作系统,打开浏览器,访问 Hive 官网,下载安装文件 apache-hive-3.1.2-bin.tar.gz,把安装文件下载到"~/下载/"目录下。

下载完安装文件以后,需要对文件进行解压。按照 Linux 操作系统使用的默认规范,用户安装的软件一般都是放/usr/local/目录下。使用 hadoop 用户登录 Linux 操作系统,打开一个终端,执行如下命令解压到/usr/local 目录中:

```
$ sudo tar  -zxvf  ~/下载/apache-hive-3.1.2-bin.tar.gz  -C
/usr/local
```

将解压的文件名由 apache-hive-3.1.2-bin 改为 hive,以方便使用,命令如下:

```
$sudo  mv  /usr/local/apache-hive-3.1.2-bin  /usr/local/hive
```

需要为当前登录 Linux 操作系统的 hadoop 用户添加访问 hive 目录的权限,将 hive 目录下的所有文件的所有者改为 hadoop 用户,命令如下:

```
$sudo chown  -R  hadoop:hadoop  /usr/local/hive
```

12.2.2　配置 Hive 环境变量

使用 gedit 编辑器打开~/.bashrc 文件,命令如下:

```
$gedit ~/.bashrc
```

在该文件最前面一行添加如下内容,把 Hive 的安装路径添加到 PATH 环境变量中,方便 Hive 的使用和管理:

```
export HIVE_HOME=/usr/local/hive
export PATH=$PATH:$HIVE_HOME/bin
export HADOOP_HOME=/usr/local/hadoop
```

保存文件后,执行如下命令使设置生效:

```
$source ~/.bashrc
```

12.2.3　修改 Hive 配置文件

将/usr/local/hive/conf 目录下的 hive-default.xml.template 文件重命名为 hive-default.xml,具体命令如下:

```
$cd /usr/local/hive/conf
$cp hive-default.xml.template hive-default.xml
```

然后,使用 gedit 编辑器新建一个配置文件 hive-site.xml,命令如下:

```
$cd /usr/local/hive/conf
$gedit hive-site.xml
```

在 hive-site.xml 中添加如下配置信息:

```
<?xml version="1.0" encoding="UTF-8" standalone="no"?>
<?xml-stylesheet type="text/xsl" href="configuration.xsl"?>
<configuration>
  <property>
    <name>javax.jdo.option.ConnectionURL</name>
    <value>jdbc:mysql://localhost:3306/hive?createDatabaseIfNotExist=true</value>
    <description>JDBC connect string for a JDBC metastore</description>
  </property>
  <property>
    <name>javax.jdo.option.ConnectionDriverName</name>
    <value>com.mysql.jdbc.Driver</value>
    <description>Driver class name for a JDBC metastore</description>
  </property>
  <property>
    <name>javax.jdo.option.ConnectionUserName</name>
```

```
    <value>hive</value>
    <description>username to use against metastore database</description>
  </property>
  <property>
    <name>javax.jdo.option.ConnectionPassword</name>
    <value>hive</value>
    <description>password to use against metastore database</description>
  </property>
</configuration>
```

从上述内容可以看出,设置了 MySQL 数据库地址、driver、数据库 user、连接密码 password。保存文件并退出。

12.2.4 安装并配置 MySQL 数据库

本节采用 MySQL 数据库存储 Hive 的元数据,而不是采用 Hive 自带的 derby 数据库来存储元数据。元数据描述了数据库、表、列和视图等对象,元数据存储就是 Hive 元数据的中央仓库。

1. 安装 MySQL 数据库

```
$ sudo apt-get update  #更新软件源
$ sudo apt-get install mysql-server  #安装 MySQL
```

上述命令会安装以下包:

```
mysql-client-8.0
mysql-server-8.0
```

因此无须再安装 mysql-client 等。

安装完成后,可以通过执行下面的命令来查看是否安装成功:

```
$ systemctl status mysql
  mysql.service -MySQL Community Server
    Loaded: loaded (/lib/systemd/system/mysql.service; enabled; vendor preset:
enabled)
    Active: active (running) since Wed 2023-02-08 07:21:09 CST; 1 day 3h ago
  Main PID: 788 (mysqld)
    Status: "Server is operational"
     Tasks: 39 (limit: 3213)
    Memory: 317.0M
    CGroup: /system.slice/mysql.service
            └─788 /usr/sbin/mysqld
```

出现上述类似信息,说明 MySQL 数据库已经安装好并运行。

以 root 用户登录 MySQL 数据库进入 MySQL Shell 环境,即进入"mysql>"命令提示符状态:

```
$ sudo mysql -u root -p   #-u 指定用户名,-p 指示设定 MySQL 数据库 root 用户的密码,如将
密码设置为 123456
```

或者:

```
$ sudo mysql    #可以不需要指定用户名密码
```

如果想退出命令提示符状态,可以执行 quit 命令,如下:

```
mysql>quit;
Bye
```

2. MySQL 数据库服务的状态管理

```
$ systemctl status mysql            #查看状态,装完后默认就启动了,默认开机启动
$ sudo systemctl disable mysql      #关闭开机启动
$ sudo systemctl disable mysql      #设置开机启动
$ sudo systemctl start mysql        #启动 MySQL 服务
$ sudo systemctl stop mysql         #关闭 MySQL 服务
```

3. 下载安装 MySQL JDBC

为了让 Hive 能够连接到 MySQL 数据库,需要下载 MySQL JDBC 驱动程序并安装。

（1）安装

```
$ cd ~/下载      #切换到下载文件所在目录下
$ sudo apt install ./mysql-connector-java_8.0.26-1ubuntu20.04_all.deb   #安装
#将 JAR 包复制到/hive/lib 目录下
$ cp /usr/share/java/mysql-connector-java_8.0.26.jar   /usr/local/hive/lib
```

（2）启动 MySQL 数据库

执行如下命令启动 MySQL 数据库,并进入 MySQL Shell 环境,即"mysql>"命令提示符状态:

```
$ service mysql start            #启动 MySQL 数据库服务
$ sudo mysql -u root -p          #登录 MySQL 数据库
```

-u 表示选择登录的用户名,-p 表示登录的用户密码,系统会提示输入 MySQL 数据库中 root 用户的密码。

4. 在 MySQL 数据库中为 Hive 新建数据库

在 MySQL 数据库中新建名为 hive 的数据库,用来保存 Hive 的元数据,该 hive 数据库与 Hive 的配置文件 hive-site.xml 中 localhost:3306/hive 的 hive 相对应。在 MySQL 中新建 hive 数据库的命令如下:

```
mysql>create database hive;
```

5. 配置 MySQL 数据库允许 Hive 接入

对 MySQL 数据库进行权限配置,允许 Hive 连接到 MySQL 数据库。MySQL 数据库创建用户的语法格式如下:

```
create user '用户名'@'ip' identified by '密码';
```

其中,ip 是指用户登录 MySQL 数据库的电脑 ip,本地写 localhost。

执行如下命令创建 hive 用户:

```
mysql>create user 'hive'@'localhost' identified by 'hive';
```

上面语句创建 hive 用户,密码是 hive,必须与 hive-site.xml 中配置的 user、password 相同。

将 MySQL 数据库中所有数据库的所有表的所有权限赋给 hive 用户,具体命令如下:

```
mysql>grant all on *.* to 'hive'@'localhost';
```

刷新 MySQL 数据库系统权限关系表,命令如下:

```
mysql>flush privileges;
```

6. 启动 Hive

启动 Hive 之前,需要先启动 Hadoop 集群,命令如下:

```
$ cd /usr/local/hadoop
$ ./sbin/start-dfs.sh            #启动 Hadoop
$ /usr/local/hive/bin/hive       #启动 Hive
```

启动 Hive 时,如果出现类似 Required table missing : "`VERSION`" in Catalog "" Schema "". DataNucleus requires this table to perform its persistence operations.的错误, 可执行如下命令来解决:

```
$ cd /usr/local/hive
$ ./bin/schematool -dbType mysql -initSchema
```

启动进入 Hive 的交互式执行环境以后,会出现如下命令提示符:

```
hive>
```

可以在里面输入 HQL 语句,会把用户输入的查询语句自动转换成 MapReduce 任务来 执行,并把结果返回给用户。如果要退出 Hive 交互式执行环境,可以执行如下命令:

```
hive>
```

◇ 12.3 MySQL 数据库常用操作

12.3.1 数据库基本语句

1. 列出数据库所有用户

```
mysql>select user from mysql.user;
+------------------+
| user             |
+------------------+
| debian-sys-maint |
| hive             |
| mysql.infoschema |
| mysql.session    |
| mysql.sys        |
| root             |
+------------------+
```

注意:MySQL 数据库语句的结束符为";"。

2. 创建数据库

创建数据库是指在数据库系统中划分一块空间,用来存储相应的数据表。创建数据库 的语法格式如下:

```
create database [if not exists] <数据库名称> [default charset <字符集名>] [
collate <校对规则名>];
```

其中,[ ]中的内容是可选的。语法说明如下。

<数据库名>:准备创建的数据库的名称。

注意：在 MySQL 数据库中不区分大小写。

if not exists：在创建数据库之前进行判断，只有该数据库目前尚不存在时才能执行操作。此选项可以用来避免数据库已经存在而重复创建的错误。

default charset ＜字符集名＞：指定数据库的字符集，用来定义 MySQL 数据库存储字符串的方式。如果在创建数据库时不指定字符集，那么就使用系统的默认字符集。

collate ＜校对规则名＞：指定字符集的默认校对规则，即定义了比较字符串的方式。

```
mysql>create database test;    #创建数据库,数据库名称为 test
```

可以用 show databases 语句显示当前已经存在的数据库。

```
mysql>show databases;
+--------------------+
| Database           |
+--------------------+
| hive               |
| information_schema |
| mysql              |
| performance_schema |
| sys                |
| test               |
+--------------------+
```

3. 在 MySQL 数据库中创建新用户

使用具有 MySQL Shell 环境访问权限的 root 用户登录 MySQL 数据库服务器并创建名为 user1 的新用户。下面的语句只允许从 localhost 系统访问用户 user1 的 MySQL 数据库服务器。

```
mysql>create user 'user1'@'localhost' identified by 'password';
```

4. 给用户分配拥有特定数据库的权限

下面的语句将允许用户 user1 拥有数据库 test 的所有权限。

```
mysql>grant all on test .* to 'user1'@'localhost';
```

创建用户并分配适当的权限后，请确保重新加载权限。

```
mysql>flush privileges;
```

5. 删除数据库用户

使用 drop user 语句删除用户'user1'@'localhost'的命令如下：

```
mysql>drop user 'user1'@'localhost';
```

6. 选择数据库

当用 create database 语句创建数据库之后，该数据库不会自动成为当前数据库，需要用 use 语句将其指定为当前数据库，从而完成从一个数据库到另一个数据库的跳转。

```
mysql>use test;    #将 test 数据库指定为当前数据库
Database changed
```

可以使用如下语句查看当前使用的是哪个数据库：

```
mysql>select database();
```

```
+------------+
| database() |
+------------+
| test       |
+------------+
```

7. 删除数据库

当数据库不再使用时应该将其删除，以确保数据库存储空间中存放的是有效数据。删除数据库是将已经存在的数据库从磁盘空间上清除，清除之后，数据库中的所有数据也将一同被删除。可以使用"drop database ＜数据库名＞"语句删除指定数据库名的数据库。

```
mysql>create database stu;              #创建 stu 数据库
Query OK, 1 row affected (0.02 sec)
mysql>drop database stu;                #删除 stu 数据库
Query OK, 0 rows affected (0.06 sec)
```

8. 修改数据库

在 MySQL 数据库中只能对数据库使用的字符集和校对规则进行修改，可以使用 alter database 语句来修改已经被创建或者存在的数据库的相关参数，修改数据库的语法格式为：

```
create database ＜数据库名称＞[character set ＜字符集名＞] [ collate ＜校对规则名＞];
mysql>create database stu character set utf8 collate utf8_general_ci;
mysql>alter database stu default character set gb2312 collate gb2312_chinese_ci;
```

12.3.2　数据表基本语句

1. 创建数据表

所谓创建数据表，指的是在已经创建的数据库中建立表。在 MySQL 数据库中，使用 create table 语句创建表，其语法格式为：

```
create table ＜表名＞(
    列名 数据类型 [完整性约束条件],
    列名 数据类型 [完整性约束条件],
    …
    列名 数据类型 [完整性约束条件]);
```

语法说明如下。

＜表名＞：指定要创建表的名称，在 create table 之后给出。若表名称被指定为"数据库名.表名"表示在特定的数据库中创建表。在当前数据库中创建表时，可以省略数据库名。下面的语句创建一个学生表 tb_student：

```
mysql>create table tb_student (
    stuid int not null,
    stuname varchar(8) not null,
    stusex bit default 1,
    stuaddr varchar(100),
    colid varchar(50) not null,
    primary key (stuid) );
```

在 MySQL 数据库中，使用 describe 语句可以查看表的定义，其中包括列名（也称字段名）、列名数据类型、是否为主键和默认值等。

```
mysql>describe tb_student;
+---------+--------------+------+-----+---------+-------+
| Field   | Type         | Null | Key | Default | Extra |
+---------+--------------+------+-----+---------+-------+
| stuid   | int          | NO   | PRI | NULL    |       |
| stuname | varchar(8)   | NO   |     | NULL    |       |
| stusex  | bit(1)       | YES  |     | b'1'    |       |
| stuaddr | varchar(100) | YES  |     | NULL    |       |
| colid   | varchar(50)  | NO   |     | NULL    |       |
+---------+--------------+------+-----+---------+-------+
```

可以使用 drop table 语句删除没有被其他表关联的普通表,语法格式如下:

```
drop table 表名;
```

2. 向表中插入数据

在 MySQL 数据库中,向表中插入数据记录通过 SQL 语句 insert into 来实现,其语法格式如下:

```
insert into tablename (列名 1, 列名 2, ...,列名 n) values (值 1, 值 2, ...,值 n);
```

下面语句将向 tb_student 表中插入 6 条记录:

```
mysql>insert into tb_student values
    (1001,'李强',1,'陕西西安','软件学院'),
    (1002,'王月',0,'河南郑州','数学学院'),
    (1003,'小明',1,'陕西西安','艺术学院'),
    (1004,'李涛',1,'浙江杭州','数学学院'),
    (1005,'丁丁',1,'河南郑州','软件学院'),
    (1006,'刘涛',0,'浙江杭州','艺术学院');
```

3. 查看数据表中的数据

在 MySQL 中,可以使用 SELECT 语句来查询表中的数据。其语法格式如下:

```
select
{*  | <列名>}
[
from <表 1>, <表 2>...
[where <表达式>
[group by <group by definition>
[having <expression> [{<operator><expression>}…]]
[order by <order by definition>]
[limit[<offset>,] <row count>]
]
```

使用说明如下。

{*|<列名>}: * 表示查询所有列的数据,也可以获取指定的多个字段下的数据,不同字段名称之间用逗号","分隔开。

<表 1>,<表 2>…:"表 1"和"表 2"表示查询数据的来源,可以是单个或多个。

where <表达式>: 是可选项,如果选择该项,将限定查询数据必须满足该查询条件,<表达式>可以是"列名>/</! = value",或"列名 in/not in/between and value"。

group by <字段 >:告诉 MySQL 数据库按照指定的字段分组。

order by<字段 >:告诉 MySQL 数据库按什么样的顺序显示查询出来的数据,可以进行的排序有升序(asc)和降序(desc),默认情况下是升序。

limit[<offset>,]<row count>:告诉 MySQL 每次显示查询出来的数据条数。

1) 使用"*"查询表的所有列

```
mysql>select * from tb_student;
+-------+---------+---------+-----------+-----------+
| stuid | stuname | stusex  | stuaddr   | colid     |
+-------+---------+---------+-----------+-----------+
| 1001  | 李强    | 0x01    | 陕西西安  | 软件学院  |
| 1002  | 王月    | 0x00    | 河南郑州  | 数学学院  |
| 1003  | 小明    | 0x01    | 陕西西安  | 艺术学院  |
| 1004  | 李涛    | 0x01    | 浙江杭州  | 数学学院  |
| 1005  | 丁丁    | 0x01    | 河南郑州  | 软件学院  |
| 1006  | 刘涛    | 0x00    | 浙江杭州  | 艺术学院  |
+-------+---------+---------+-----------+-----------+
```

使用"*"查询时,将返回所有列,数据列按照创建表时的顺序显示。

2) 查询表中指定的列

使用 select 语句可以获取多个字段下的数据,只需要在关键字 select 后面指定要查找的字段名称,不同字段名称之间用逗号","分隔开,最后一个字段后面不需要加逗号,语法格式如下:

```
select <字段名 1>,<字段名 2>,…,<字段名 n>FROM <表名>;
mysql>select stuid, stuname, stuaddr from tb_student where stuid>1002 order by
stuid desc;
+-------+---------+-----------+
| stuid | stuname | stuaddr   |
+-------+---------+-----------+
| 1006  | 刘涛    | 浙江杭州  |
| 1005  | 丁丁    | 河南郑州  |
| 1004  | 李涛    | 浙江杭州  |
| 1003  | 小明    | 陕西西安  |
+-------+---------+-----------+
```

3) 查询表中指定的行

```
mysql>select * from tb_student limit 2;          #取前两行
+-------+---------+---------+-----------+-----------+
| stuid | stuname | stusex  | stuaddr   | colid     |
+-------+---------+---------+-----------+-----------+
| 1001  | 李强    | 0x01    | 陕西西安  | 软件学院  |
| 1002  | 王月    | 0x00    | 河南郑州  | 数学学院  |
+-------+---------+---------+-----------+-----------+
mysql>select * from tb_student limit 0,2;        #表示从 0 开始,取 0 后面的两条
+-------+---------+---------+-----------+-----------+
| stuid | stuname | stusex  | stuaddr   | colid     |
+-------+---------+---------+-----------+-----------+
| 1001  | 李强    | 0x01    | 陕西西安  | 软件学院  |
| 1002  | 王月    | 0x00    | 河南郑州  | 数学学院  |
+-------+---------+---------+-----------+-----------+
```

4. 修改表中的数据

修改表中满足某种条件的指定列名的数据的语法格式如下:

```
update 表名 set 列名 1=value1, 列名 2=value2 where 条件 1 [and/or 条件 2];
mysql>update tb_student set stuaddr='湖南长沙', colid='物理学院' where stuid=1006;
mysql>select * from tb_student where stuid=1006;
+------+---------+----------------------+-----------+-----------+
| stuid | stuname | stusex              | stuaddr   | colid     |
+------+---------+----------------------+-----------+-----------+
| 1006 | 刘涛     | 0x00                | 湖南长沙   | 物理学院   |
+------+---------+----------------------+-----------+-----------+
```

5．修改表结构

添加列的语法格式如下：

```
alter table 表名 add 列名 类型;
```

删除列的语法格式如下：

```
alter table 表名 drop column 列名;
```

修改列的语法格式如下：

```
alter table 表名 modify column 列名 类型;
```

添加主键的语法格式如下：

```
alter table 表名 add primary key(列名);
```

删除主键的语法格式如下：

```
alter table 表名 drop primary key;
```

 12.4 Hive 的数据类型

Hive 支持的基本数据类型有：整型类型、浮点类型、布尔类型、字符串类型、时间戳类型和二进制数组类型，具体如表 12-1 所示。

表 12-1 Hive 的基本数据类型

数据类型	长　　度	例　　子
tinyint	1 字节 8 位有符号整数	30
smallint	2 字节有符号整数	30
int	4 字节有符号整数	30
bigint	8 字节有符号整数	30
boolean	布尔类型	true
float	单精度浮点数	3.14
double	双精度浮点数	3.14
string	字符串，可以使用单引号或者双引号表示字符串	"good Hive"
timestamp	整数，浮点数或者字符串	1327882394（Unix 新纪元秒）
binary	字节数组	[0,1,0,1,0,1,0,1]

Hive 还支持 struct、map、array 三种集合数据类型，具体如表 12-2 所示。

表 12-2　Hive 的集合数据类型

数据类型	描　　述	实　　例
STRUCT	结构体类型，和 C 语言中的 struct 类似，都可以通过"."成员运算符访问其中的元素	STRUCT(first：STRING，second：STRING)
MAP	映射类型，一组键值对元组集合，使用映射名["key"]访问键为"key"的值	map("Hive"，1，"HBase"，2)
ARRAY	数组类型，是一组具有相同类型的变量的集合	ARRAY("Hive"，"Doe")

Hive 基本
操作

 12.5　Hive 基本操作

12.5.1　数据库操作

在 Hive 中，数据库是包含表和视图的最高级别的容器，可以使用 create database 语句来创建数据库，数据库创建之后，可以使用 use 语句来选定该数据库，可以使用数据库名作为前缀来引用其中的表。Hive 提供的类似于 SQL 语言的 HQL 语言也是大小写不敏感的。下面的例子演示了数据库的创建、使用和删除。

（1）创建名为 hivedb 的数据库。

```
hive>create database hivedb;
```

（2）使用 show databases 语句查看都有哪些数据库。

```
hive>show databases;
default
hivedb
```

（3）使用 select current_database()语句查看正在使用哪个数据库。

```
hive>select current_database();
OK
default
```

（4）使用 use 语句切换数据库。

切换到 hivedb 数据库：

```
hive>use hivedb;
```

（5）删除数据库。

删除数据库的语法格式如下：

```
drop database [IF EXISTS] database_name [restrict|cascade];
```

取默认值 restrict 时，Hive 不允许删除一个里面有表存在的数据库，如果想删除数据库，要么先将数据库中的表全部删除，要么使用 cascade 关键字，使用该关键字后，Hive 会自己将数据库下的表全部删除。

下面的语句删除 hivedb 数据库，由于其当前是空数据库，因此可以直接删除。

```
hive>drop database hivedb;
```

12.5.2　创建表

Hive 支持两种类型的表：内部表和外部表。内部表存储在 Hive 数据仓库中，在 HDFS 的/user/hive/warehouse 目录下，对于本书而言在 hdfs://localhost:9000/user/hive/warehouse 目录下，删除内部表的操作将会同时删除元数据和表中的数据。在删除外部表时只删除元数据，不删除数据。

Hive 创建表的语法格式如下：

```
create [external] table [if not exists] table_name
[(col_name data_type [comment col_comment], ...)]
[comment table_comment]
[partitioned by (col_name data_type [comment col_comment], ...)]
[clustered by (col_name, col_name, ...) [sorted by (col_name [asc|desc], ...)]
into num_buckets buckets]
[row format row_format]
[stored as file_format]
[location hdfs_path]
```

使用说明如下。

create table：创建一个指定名字 table_name 的表，如果相同名字的表已经存在，则抛出异常；用户可以用 if not exist 选项来忽略这个异常。

external：可以让用户创建一个外部表，在建表的同时指定一个指向实际数据的路径 (location)。在 Hive 中创建内部表时，会将数据移动到数据仓库指向的路径；在创建外部表时，仅记录数据所在的路径，不对数据所在的位置做任何改变。当删除表时，内部表的元数据和数据会一起被删除，而在删除外部表时只删除元数据，不删除数据。

like：允许用户复制现有的表结构，但是不复制它的数据。

comment：可以为表与字段增加描述，用单引号表示的字符串来描述。

partitioned by：指定分区。

row format：delimited［fields terminated by char］［collection items terminated by char］［map keys terminated by char］［lines terminated by char］。如果没有指定 row format 或者 row format delimited，将会使用自带的 SerDe(Serialize/Deserilize 的简称，用于序列化和反序列化，即在 key/value 和 hive table 的每个列值之间的转化)。

stored as：取 sequencefile 时，序列化文件；取 textfile 时，普通的文本文件格式；取 rcfile 时，行列存储相结合的文件。

location：指定表在 hdfs 的存储路径。

clustered：表示的是按照某列聚类，例如，在插入数据中有两项"张三，数学"和"张三，英语"，若是 clustered by name，则只会有一项，"张三，(数学，英语)"，这个机制也是为了加快查询的操作。

创建 hivedb 数据库，然后在 hivedb 数据库中创建表。

```
hive>create database hivedb;
hive>use hivedb;
```

创建表 student，可以读取以"，"分割的数据，语句如下：

```
hive>create table student(id int, name string, sex string, age int,department
string) row format delimited fields terminated by ",";
hive>desc student;
id                      int
name                     string
sex                     string
age                     int
department               string
```

/home/hadoop/data.txt 文件中的数据如图 12-1 所示。

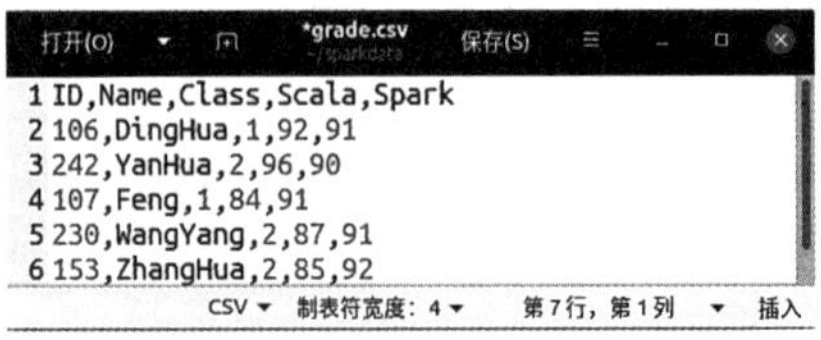

图 12-1　/home/hadoop/data.txt 文件中的数据

下面的语句将/home/hadoop/data.txt 文件中的数据以追加的方式从本地导入 student
表中：

```
hive>load data local inpath "/home/hadoop/data.txt" into table student;
```

下面的语句从本地以覆盖方式加载数据 data.txt 文件至 student 表中：

```
hive>load data local inpath "/home/hadoop/data.txt" overwrite into student;
```

12.5.3　创建带有分区的表

Hive 还支持建立带有分区的表,创建有分区的表可以在创建表时使用 PARTITIONED
BY 语句。一个表可以拥有一个或多个分区,每个分区单独存在于一个子目录下,每一个子
目录包含了分区对应的列名和每一列的值。Hive 的一个分区名对应一个目录名,子分区名
就是子目录名,并不是一个实际字段,但分区名可以作为查询的条件(where 子句)而存在。
创建分区表,表中含有 3 个字段：id、name、sex。使用 department 对表进行分区,语句
如下：

```
hive> create table student1(id int, name string, sex string) partitioned by
(department string);
```

分区的列是表的逻辑组成部分,并不包含在表标准列的列表中,分区的列会出现在标准
列列表的末尾。

```
hive>describe student1;
id                      int
name                     string
sex                     string
department               string

#Partition Information
#col_name                data_type                comment
department               string
```

Hive 查询通常使用分区的列作为查询条件。这样的做法可以指定 MapReduce 任务在

HDFS 中指定的子目录下完成扫描工作。

12.5.4　查看和修改表

1. 查看表中的所有数据

```
hive>select * from student;
2021001    LiMing     male      18      ruanjian
2021002    LiTao      male      19      ruanjian
2021003    LiuTao     female            18      dashuju
2021004    WangFei    female            20      shuxue
```

2. 查询 id＝2021001 的信息

```
hive>select * from student where id=2021001;
2021001    LiMing     male      18      ruanjian
```

3. 查询一共有多少条数据

```
hive>select count(*) from student;
```

4. 查看表结构信息

使用 desc formatted 语句可以查看表结构信息、表的存储位置信息。

```
hive>desc formatted student;
#col_name               data_type               comment
id                      int
name                    string
sex                     string
age                     int
department              string


#Detailed Table Information
Database:               hivedb
OwnerType:              USER
Owner:                  hadoop
CreateTime:             Thu Feb 09 13:44:09 CST 2023
LastAccessTime:         UNKNOWN
Retention:              0
Location:               hdfs://localhost:9000/user/hive/warehouse/hivedb.db/student
Table Type:             MANAGED_TABLE
Table Parameters:
    bucketing_version       2
    numFiles                1
    numRows                 0
    rawDataSize             0
    totalSize               129
    transient_lastDdlTime   1675923913


#Storage Information
SerDe Library:          org.apache.hadoop.hive.serde2.lazy.LazySimpleSerDe
InputFormat:            org.apache.hadoop.mapred.TextInputFormat
OutputFormat:           org.apache.hadoop.hive.ql.io.HiveIgnoreKeyTextOutputFormat
Compressed:             No
Num Buckets:            -1
Bucket Columns:         []
```

```
Sort Columns:              []
Storage Desc Params:
    field.delim           ,
    serialization.format  ,
```

5. 创建视图

创建视图 little_student,只包含 student 表中的 id、name、sex 属性,语句如下:

```
hive>create view little_student as select id,name,sex from student;
hive>select * from little_student;
2021001    LiMing    male
2021002    LiTao     male
2021003    LiuTao    female
2021004    WangFei   female
```

6. 修改表

大多数表属性可以通过 alter table 语句来修改。

下面语句为 student 表增加 addr 列,数据类型为 string:

```
hive>alter table student add columns(addr string);
```

下面语句为 student 表修改列名 age 为 ages、类型为 string:

```
hive>alter table student change column age ages string;
hive>desc student;
id                int
name              string
sex               string
ages              string
department        string
addr              string
```

◇ 12.6 习　　题

1. 概述 Hive 数据库操作命令。

2. 概述 Hive 创建表的命令。

3. 概述 Hive 查看和修改表的命令。

典型数据可视化工具的使用

实现对数据集进行可视化,不仅能让数据更加生动、形象,也便于用户发现数据中隐含的规律与知识,有助于帮助用户理解大数据技术的价值。本章主要介绍使用 WordCloud 绘制词云图、PyeCharts 数据可视化和 Tableau 绘图软件。

◆ 13.1 WordCloud 绘制词云图

WordCloud
绘制词云图

词云图又叫文字云,是对文本数据中出现频率较高的关键词予以视觉上的突出,形成关键词的渲染效果,使人一眼就可以领略文本数据表达的主要意思。从技术上看,词云是一种数据可视化方法,互联网上有很多的现成的工具。

(1) Tagxedo 可以在线制作个性化词云。

(2) Tagul 是一个 Web 服务,同样可以创建华丽的词云。

(3) Tagcrowd 还可以输入 Web 的 URL,直接生成某个网页的词云。

(4) WordCloud 是 Python 的一个第三方库,使用 WordCloud 下的 WordCloud()函数生成词云。

打开一个终端,执行如下命令安装 WordCloud:

```
$ pip install wordcloud
```

WordCloud()函数的语法格式如下:

```
WordCloud(font_path=None, width=400, height=200, margin=2, ranks_only
    =None, prefer_horizontal= 0.9, mask= None, scale= 1, color_func=
    None, max_words=200, min_font_size=4, stopwords=None, random_state
    =None, background_color='black', max_font_size=None, font_step=1,
    mode='RGB', relative_scaling=0.5, regexp=None, collocations=True,
    colormap=None)
```

各参数的含义如下。

(1) font_path:字符串,为字体路径。需要展现什么字体,就给出该字体文件的路径,如 font_path ="/home/hadoop/jupyternotebook/simhei.ttf"。

(2) width:整型,输出的画布宽度,默认值为 400 像素。

(3) height:整型,输出的画布高度,默认值为 200 像素。

(4) margin:设置边距。

(5) ranks_only:设置是否只排名,默认值为 None。

(6) prefer_horizontal:词语横向出现的频率,默认值为 0.9。

(7) mask：设置背景图片。

(8) scale：浮点型，默认值为 1，放大画布的比例。例如，设置为 1.5，则长和宽都是原来的 1.5 倍。

(9) color_func：默认值为 None，获取颜色函数。用户可以实现从图像中获取颜色。该参数为 None 时使用内部默认颜色，即使用 self.color_func()函数。

(10) max_words：默认值为 200，设置显示单词或者汉字的最大个数。

(11) min_font_size：整型，默认值为 4，设置最小的字体大小。

(12) stopwords：字符串集或者 None，设置需要屏蔽的词。如果为空，则使用内置的词集 STOPWORDS。

(13) random_state：设置随机状态，默认值为 None。

(14) background_color：设置画布背景颜色，默认值为黑色("black")。

(15) max_font_size：整型或 None，设置最大的字体大小，默认值为 None。

(16) font_step：整型，默认值为 1，字体步长。如果步长大于 1，会加快运算，但是可能导致结果出现较大的误差。

(17) mode：色彩模式，默认值为 RGB。当参数值为 RGBA 并且 background_color 不为空时，将生成透明背景。

(18) relative_scaling：浮点型，文字出现的频率与字体大小的关系。设置为 1 时，词语出现的频率越高，其字体越大，默认值为 0.5。

(19) regexp：字符串或 None，使用正则表达式分隔输入的文本。

(20) collocations：布尔型，默认值为 True，设置是否包括两个词的搭配。

(21) colormap：字符串或 Matplotlib 色图。默认为 viridis，给每个单词随机分配颜色。若指定 color_func，则忽略该参数。

WordCloud 模型提供了以下函数。

(1) fit_words(frequencies)：根据词频生成词云。

(2) generate(text)：根据文本生成词云。

(3) generate_from_frequencies(frequencies[，…])：根据词频生成词云。

(4) generate_from_text(text)：根据文本生成词云。

(5) recolor([random_state，color_func，colormap])：对现有输出重新着色。重新着色会比重新生成整个词云快很多。

(6) to_array()：转化为 NumPy 数组。

(7) to_file(filename)：输出到文件。

下面给出词云图的代码实现示例。

下面绘制简单的词云图。在 Jupyter Notebook 的 Python 语言编程界面中输入如下代码：

```
from wordcloud import WordCloud
import matplotlib.pyplot as plt
f = open('shijing.txt', 'r').read()
wordcloud = WordCloud(background_color="white",width=1000,height=860,margin
=2).generate(f)
plt.imshow(wordcloud)
```

```
plt.axis("off")
plt.show()
wordcloud.to_file('shijing.png')
```

运行上述程序代码绘制的词云图如图 13-1 所示。

图 13-1　简单的词云图

下面绘制以图片为背景的词云图。在 Jupyter Notebook 的 Python 语言编程界面中输入如下代码：

```
from os import path
from PIL import Image
import numpy as np
import matplotlib.pyplot as plt
from wordcloud import WordCloud, STOPWORDS, ImageColorGenerator
#读取需要词云的文本
text = open('/home/hadoop/jupyternotebook/China.txt').read()
#自定义词云背景图片
s_coloring = np.array(Image.open("/home/hadoop/jupyternotebook/s.jpg"))
stopwords = set(STOPWORDS)
#构建词云模型
wc=WordCloud(background_color="white", mask=s_coloring,stopwords=stopwords,
max_font_size=200)
#根据文本生成词云
wc.generate(text)
#从背景图片生成词云图中文字的颜色
image_colors = ImageColorGenerator(s_coloring)
plt.figure()                               #创建一个画布
plt.axis("off")                            #关闭图像坐标系
#对词云图进行热图绘制
plt.imshow(wc, interpolation="bilinear")
wc.to_file('s_colored1.png') #保存绘制好的词云图,比程序直接显示的图片更清晰
plt.figure()
plt.imshow(wc.recolor(color_func=image_colors), interpolation="bilinear")
wc.to_file('s_colored2.png')
plt.axis("off")
plt.show()                                 #显示绘制的图像
```

运行上述程序代码生成的 s_colored1.png 和 s_colored2.png 图片分别如图 13-2 和图 13-3 所示。

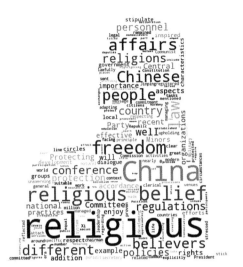

图 13-2　s_colored1.png

图 13-3　s_colored2.png

下面绘制以图片为背景的中文词云图。

要想让 WordCloud 支持中文,需要下载中文字体。本节下载的是 simhei.ttf 文件,将其放在/home/hadoop/jupyternotebook 目录下。中文词云需要使用中文分词库 jieba 进行预处理。执行如下命令安装 jieba:

```
$ pip install jieba
```

下面绘制《为人民服务》中的一段话的词云图,这段话的内容如下:

"我们都是来自五湖四海,为了一个共同的革命目标,走到一起来了。我们还要和全国大多数人民走这一条路。我们今天已经领导着有九千一百万人口的根据地,但是还不够,还要更大些,才能取得全民族的解放。我们的同志在困难的时候,要看到成绩,要看到光明,要提高我们的勇气。中国人民正在受难,我们有责任解救他们,我们要努力奋斗。要奋斗就会有牺牲,死人的事是经常发生的。但是我们想到人民的利益,想到大多数人民的痛苦,我们为人民而死,就是死得其所。"

将上面一段话保存在 service.txt 文件中,下面给出绘制其词云图的代码:

```
from wordcloud import WordCloud
from scipy.misc import imread
import matplotlib.pyplot as plt
import jieba
def deal_text():
    with open('/home/hadoop/jupyternotebook/service.txt',"r") as f:
        text = f.read()
    re_move=[","，"。"]
    #去除无效数据
    for i in re_move:
        text = text.replace(i," ")
    words = jieba.lcut(text)                    #对文本进行分词
    with open("words_save.txt",'w') as file:
        for i in words:
            file.write(str(i)+' ')
```

```
def grearte_WordCloud():
    mask=imread("/home/hadoop/jupyternotebook/yang.jpg")
    with open("words_save.txt","r") as file:
        txt = file.read()
    word=WordCloud(background_color="white",width=800,height=800,
                    font_path='/home/hadoop/jupyternotebook/simhei.ttf',
                    mask=mask,
                    ).generate(txt)
    word.to_file('yang.png')
    plt.imshow(word)     #使用plt库显示图片
    plt.axis("off")
    plt.show()
if __name__ == '__main__':
    deal_text()
    grearte_WordCloud()
```

运行上述代码生成的词云图如图 13-4 所示。

图 13-4　《为人民服务》中的一段话的词云图

13.2　PyeCharts 数据可视化

PyeCharts
数据可视化

PyeCharts 是一个用于生成图表的 Python 扩展库。PyeCharts 支持的绘图种类如表 13-1 所示。

表 13-1　PyeCharts 支持的绘图种类

绘图种类	说　　明	绘图种类	说　　明
Bar	柱状图	EffectScatter	带有涟漪特效动画的散点图
Bar3D	3D 柱状图	Funnel	漏斗图
Boxplot	箱形图	Gauge	仪表盘

续表

绘图种类	说　明	绘图种类	说　明
Geo	地理坐标系	Pie	饼图
Graph	关系图	Polar	极坐标系
HeatMap	热力图	Radar	雷达图
Kline	K 线图	Sankey	桑基图
Line	折线图	Scatter	散点图
Line3D	3D 折线图	Scatter3D	3D 散点图
Liquid	水球图	ThemeRiver	主题河流图
Map	地图	WordCloud	词云图
Parallel	平行坐标系		

使用 PyeCharts 之前,先通过执行 pip install pyecharts==0.1.9.4 命令进行库的安装。如果用 pip install pyecharts 命令安装 PyeCharts,会默认安装最新版本的 PyeCharts。

13.2.1　绘制柱状图

柱状图又称条形图,是一种以长方形的长度为变量的统计图表。柱状图使用垂直或水平的长方形显示类别之间的数值比较,用于描述分类数据,并统计每一个分类中的数量。柱状图一般用来比较两个或两个以上的值在不同时间或者不同条件下的大小,只有一个变量,通常用于较小的数据集分析。

使用 PyeCharts 绘制柱状图的示例代码如下:

```
from pyecharts import Bar
phoneName = ["荣耀 8X","iPhone XR","iPhone8 Plus","iPhone8","荣耀 10","Redmi
Note7","vivo Z3"]
phoneReviews = [203, 195, 195, 147, 104, 100, 63]
bar = Bar(title="评论数前十的手机", subtitle="这是一个子标题") #柱状图类实例化
#为柱状图添加数据或者配置信息,"评论手机的评论条数"为添加的图例名称
bar.add("评论手机的评论条数", phoneName, phoneReviews)
#bar.render()默认在程序文件所在的目录下生成一个名为 render.html 的绘图文件
#可通过 bar.render("bar.html")指定生成名为 bar.html 的绘图文件
bar.render()
```

运行上述程序代码,会在程序文件所在的目录下生成一个名为 render.html 的绘图文件。双击 render.html 文件,将其打开后,得到绘制的柱状图,如图 13-5 所示。

代码说明。

(1) add()方法用于添加图表的数据和设置各种配置项。数据一般为两个列表(长度一致)。如果数据是字典或者是带元组的字典,可利用 cast()方法转换为列表。

(2) 可通过 bar.print_echarts_options()方法打印输出图表的所有配置项,方便调试时使用。

使用 PyeCharts 绘制堆叠柱状图的代码如下:

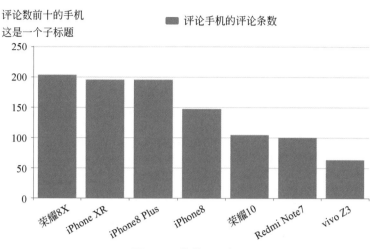

图 13-5　柱状图示例

```
from pyecharts import Bar
phoneName = ["荣耀 8X", "iPhone XR", "iPhone8 Plus", "iPhone8", "荣耀 10",
"Redmi Note7", "vivo Z3"]
phoneReviews1 = [203, 195, 195, 147, 104, 100, 63]
phoneReviews2 = [153, 135, 130, 117, 100, 90, 53]
bar = Bar(title="评论数前的手机", subtitle="这是一个子标题") #柱状图类实例化
#为柱状图添加数据
bar.add("网站 A 的评论条数", phoneName, phoneReviews1, is_stack=True)
bar.add("网站 B 的评论条数", phoneName, phoneReviews2, is_stack=True)
bar.render()
```

运行上述程序代码绘制的堆叠柱状图如图 13-6 所示。

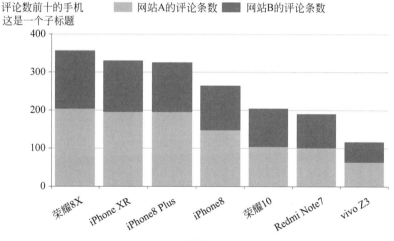

图 13-6　堆叠柱状图示例

通过单击图 13-6 上部的"网站 A 的评论条数"或"网站 B 的评论条数"选项可使该类数据在图堆叠柱状中显示或不显示。

使用 PyeCharts 绘制显示标记线和标记点的柱状图,代码如下:

```
from pyecharts import Bar
phoneName = ["荣耀 8X","iPhone XR","iPhone8 Plus","iPhone8","荣耀 10","Redmi
Note7","vivo Z3"]
phoneReviews1 = [203, 195, 195, 147, 104, 100, 63]
phoneReviews2 = [153, 135, 130, 117, 100, 90, 53]
bar = Bar("显示标记线和标记点")                      #柱状图类实例化
#mark_line 用来设置标记线,mark_point 用来设置标记点
#is_label_show 用来设置上方数据是否显示
bar.add('网站 A 的评论条数', phoneName, phoneReviews1, mark_line= ['average'],
mark_point=['min', 'max'], is_label_show=True)
bar.add('网站 B 的评论条数', phoneName, phoneReviews2, mark_line= ['average'],
mark_point=['min', 'max'], is_label_show=True)
#path 用来设置保存文件的路径
bar.render(path= 'D:\mypython\标记线和标记点柱状图.html')
```

运行上述程序代码绘制的显示标记线和标记点柱状图如图 13-7 所示。

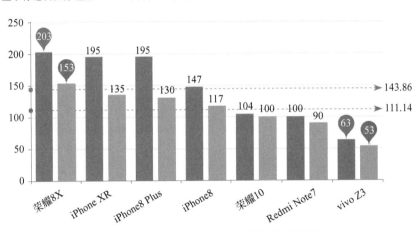

图 13-7　显示标记线和标记点的柱状图示例

13.2.2　绘制折线图

使用 PyeCharts 绘制折线图的代码如下:

```
from pyecharts import Line
months = ["Jan", "Feb", "Mar", "Apr", "May", "Jun", "Jul", "Aug", "Sep", "Oct", "
Nov", "Dec"]
rainfall = [2.0, 4.9, 7.0, 23.2, 25.6, 76.7, 135.6, 162.2, 32.6, 20.0, 6.4, 3.3]
evaporation = [2.6, 5.9, 9.0, 26.4, 28.7, 70.7, 175.6, 182.2, 48.7, 18.8, 6.0, 2.3]
line = Line(title="折线图",subtitle="一年的降水量与蒸发量")          #折线图类实例化
#line_type 用来设置线的类型,有 'solid'、'dashed'、'dotted'3 个选项
line.add("降水量", months, rainfall, line_type='dashed',is_label_show=True)
line.add("蒸发量", months, evaporation, is_label_show=True)
line.render()
```

运行上述程序代码绘制的折线图如图 13-8 所示。

图 13-8　折线图示例

使用 PyeCharts 绘制柱状图-折线图的代码如下：

```
from pyecharts import Bar,Line
from pyecharts import Overlap
overlap = Overlap()
phoneName = ["荣耀 8X","iPhone XR","iPhone8 Plus","iPhone8","荣耀 10","Redmi
Note7","vivo Z3"]
phoneReviews1 = [203, 195, 195, 147, 104, 100, 63]
phoneReviews2 = [153, 135, 130, 117, 100, 90, 53]
bar = Bar(title="柱状图-折线图并")                     #柱状图类实例化
bar.add('网站 A 的评论条数', phoneName, phoneReviews1, mark_point=['min',
'max'], is_label_show=True)
bar.add('网站 B 的评论条数', phoneName, phoneReviews2, mark_point=['min',
'max'], is_label_show=True)
line = Line()                                      #折线图类实例化
#line_type 用来设置线的类型,有'solid'、'dashed'、'dotted'3 个选项
line.add("网站 A 的评论条数", phoneName, phoneReviews1, line_type='dashed',is_
label_show=True)
line.add("网站 B 的评论条数", phoneName, phoneReviews2, is_label_show=True)
overlap.add(bar)
overlap.add(line)
overlap.render("柱状图-折线图.html")
```

运行上述程序代码绘制的柱状图-折线图如图 13-9 所示。注意，需要安装 PyeCharts 0.5.5
版本，否则会报错：importError：cannot import name 'Overlap'。

13.2.3　绘制饼图

使用 PyeCharts 绘制饼图的代码如下：

```
from pyecharts import Pie
phoneName = ["荣耀 8X","iPhone XR","iPhone8","荣耀 10","Redmi Note7","vivo Z3"]
phoneReviews = [203, 195, 147, 104, 100, 63]
pie = Pie('评论条数饼图')                                #饼图类实例化
pie.add('', phoneName, phoneReviews,is_label_show=True)    #为饼图添加数据
pie.render(path='D:\mypython\饼图.html')
```

运行上述程序代码绘制的饼图如图 13-10 所示。

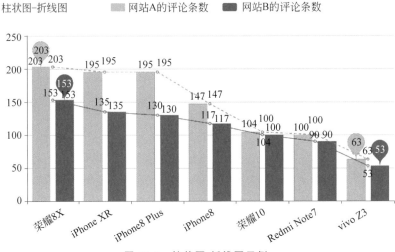

图 13-9　柱状图-折线图示例

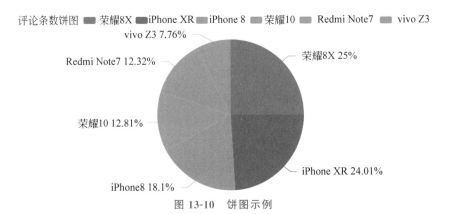

图 13-10　饼图示例

13.2.4　绘制雷达图

　　雷达图(radar chart)又称蜘蛛网图,适用于显示 3 个或更多维度的变量。通常,雷达图的每个变量都有一个从中心向外发射的轴线,相邻轴之间的夹角相等,同时所有轴有相同的刻度,将相邻轴的刻度用线连接起来作为辅助网格,连接相邻变量在轴上的数据点形成一个多边形。

　　使用 PyeCharts 绘制幼儿园预算与开销雷达图的代码如下:

```
from pyecharts import Radar
radar = Radar("雷达图", "幼儿园的预算与开销")
#由于雷达图传入的数据为多维数据,所以这里需要进行处理
budget = [[430, 400, 490, 300, 500, 350]]
expenditure = [[300, 260, 410, 300, 160, 430]]
#设置 column 的最大值。为了使雷达图更为直观,这里的 6 个最大值有所不同
schema = [ ("食品", 450), ("门票",450), ("医疗", 500), ("绘本", 400), ("服饰", 500),
("玩具", 500) ]
#传入坐标
radar.config(schema)
```

```
radar.add("预算",budget)
#两组数据默认为同一种颜色。这里为了便于区分,需要设置开销数据的颜色
radar.add("开销",expenditure,item_color="#1C86EE")
radar.render()
```

运行上述程序代码绘制的幼儿园预算与开销雷达图如图 13-11 所示。

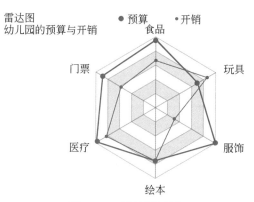

图 13-11　雷达图示例

从图 13-11 可以看出,在参与比较的 6 方面中,只有玩具一项的开销超出了预算,而服饰开销远低于预算。使用雷达图,相关情况一目了然。

13.2.5　绘制漏斗图

漏斗图又称倒三角图。漏斗图将数据呈现为几个阶段,每个阶段的数据都是整体的一部分,各阶段数据自上而下逐渐减小,所有阶段的占比总计100%。与饼图一样,漏斗图呈现的也不是具体的数据,而是该数据相对于整体的占比。漏斗图不需要使用任何数据轴。

使用 PyeCharts 绘制郑州市 2019 年各月 PM2.5 指数漏斗图的代码如下:

```
from pyecharts import Funnel, Page
def create_charts():
    page = Page()
    attr = ["1月","2月","3月","4月","5月","6月","7月","8月","9月","10月",
"11月"]
    value = [163, 158, 92, 93, 104, 118, 114, 91, 102, 80,109]
    chart = Funnel("郑州市 2019 年各月 PM2.5 指数情况")
    chart.add("PM2.5指数", attr, value, is_label_show=True, label_pos="inside",
is_legend_show=False, label_text_color="#fff")
    page.add(chart)
    return page
create_charts().render(path='E:\echarts\漏斗图.html')
```

运行上述程序代码绘制的漏斗图如图 13-12 所示。

在图 13-12 的右侧单击数据视图▤按钮,可打开漏斗图对应的数据视图,如图 13-13 所示。更新里面的数据,然后单击"刷新"按钮,可得到新的漏斗图。

13.2.6　绘制 3D 柱状图

使用 PyeCharts 绘制 3 个城市在某年 1—3 月的某一商品销售的 3D 柱状图的代码如下:

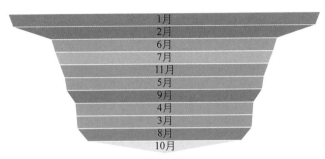

图 13-12 漏斗图示例

数据视图

PM2.5指数	
1月	163
2月	158
3月	92
4月	93
5月	104
6月	118
7月	114
8月	91
9月	102
10月	80
11月	109

关闭　刷新

图 13-13 漏斗图对应的数据视图

```
from pyecharts import Bar3D
bar3d = Bar3D("3D柱状图示例", width=1200, height=600)
x_name=['上海', '北京', '广州']
y_name=['1月', '2月', '3月']
#将 x_name、y_name 数据转换成数值数据,便于在 x、y、z 轴绘制图形
data_xyz=[[0, 0, 420], [0, 1, 460],[0, 2, 550],
          [1, 0, 400], [1, 1, 430],[1, 2, 450],
          [2, 0, 400], [2, 1, 450],[2, 2, 500]]
#初始化图形
bar3d=Bar3D("1—3月各城市销量","单位:万件",title_pos="center",width=1000,
height=800)
#添加数据,并配置图形参数
bar3d.add('',x_name,y_name,data_xyz,is_label_show=True,is_visualmap=True,
          visual_range=[0, 500],grid3d_width=100, grid3d_depth=100)
bar3d.render("sales.html")                    #保存图形
```

运行上述程序代码绘制的 3D 柱状图如图 13-14 所示。

13.2.7　绘制词云图

使用 PyeCharts 绘制词云图的代码如下:

```
from pyecharts import WordCloud
name = ['国泰民安', '繁荣昌盛', '欢声雷动', '繁荣富强', '国运昌隆', '举国同庆', '歌舞
升平', '太平盛世', '火树银花', '张灯结彩', '欢庆']
```

```
value = [19,16,6,17,16,22,8,15,3,4,25]
wordcloud = WordCloud(width=1300, height=620)
wordcloud.add("", name, value, word_size_range=[20, 100])
wordcloud.render("wordcloud.html")
```

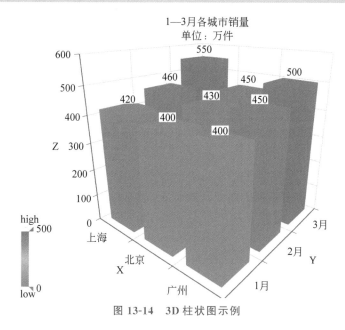

图 13-14　3D 柱状图示例

运行上述程序代码绘制的词云图如图 13-15 所示。

图 13-15　词云图示例

13.3　Tableau 绘图

Gartner 认为 Tableau 在简单易用性方面排在现有所有可视化工具的首位。德国电子商务网站的数据科学家 Lucie Salwiczek 认为,不管是制作报表,还是深入挖掘数据并进行分析,只需要 Tableau 这一个工具就够了。

13.3.1　Tableau 的主要特性

Tableau 之所以在业界有如此出色的表现,原因在于以下几个主要特性。

1. 极速高效

传统商业智能通过 ETL 过程处理数据,数据分析往往会延迟一段时间。Tableau 通过内存数据引擎不但可以直接查询外部数据库,还可以动态地从数据仓库抽取数据,实时更新连接数据,极大地提高了数据访问和查询的效率。

此外,用户通过拖动数据列就可以由 VizQL 转化成查询语句,从而快速改变分析内容;单击就可以突出变亮显示,并可随时下钻或上卷查看数据;添加一个筛选器、创建一个组或分层结构就可变换一个分析角度,实现真正灵活、高效的即时分析。

2. 简单易用

简单易用是 Tableau 非常重要的一个特性。Tableau 提供了非常友好的可视化界面,用户通过单击和拖动,就可以迅速创建出智能、精美、直观和具有强交互性的报表和仪表盘。Tableau 的简单易用性具体体现在以下两个方面。

(1)易学。使用者不需要具有 IT 背景,也不需要具有统计知识,只需要通过拖动和单击的方式就可以创建出精美、交互式仪表盘。帮助用户迅速发现数据中的异常点,对异常点进行明细钻取,还可以实现异常点的深入分析,定位异常原因。

(2)操作极其简单。对于传统商业智能工具,业务人员和管理人员主要依赖 IT 人员定制数据报表和仪表盘,并且需要花费大量时间与 IT 人员沟通需求、设计报表样式,而只有少量时间真正用于数据分析。Tableau 具有友好且直观的拖动界面,业务人员只需要将数据准备好,用户就可以连接数据源自己来进行分析。

3. 可连接多种数据源,轻松实现数据融合

在很多情况下,用户想要展示的信息分散在多个数据源中,有的存在于文件中,有的可能存放在数据库服务器上。Tableau 也允许用户查看多个数据源,如带分隔符的文本文件、Excel 文件、SQL 数据库、Oracle 数据库和多维数据库等,在不同的数据源间来回切换分析,并允许用户把多个不同数据源结合起来使用。

此外,Tableau 还允许在使用关系数据库或文本文件时,通过创建连接(支持多种不同连接类型,如左连接、右连接和内部连接等)来组合多个表或文件中存在的数据,以允许分析相互有关系的数据。

4. 高效接口集成,具有良好可扩展性,提升数据分析能力

Tableau 提供多种应用编程接口,包括数据提取接口、页面集成接口和高级数据分析接口。

(1)数据提取接口。Tableau 可以连接使用多种格式数据源,为此,Tableau 提供了数据提取接口,使用它们可以在 C、C++、Java 或 Python 语言中创建用于访问和处理数据的程序,然后使用这样的程序创建 Tableau 数据提取(.tde)文件。

(2)JavaScript API。通过 JavaScript API,可以把通过 Tableau 制作的报表和仪表盘嵌入到已有的企业信息化系统或企业商务智能平台中,实现与页面和交互的集成。

(3)与数据分析工具 R 的集成接口。R 是一种用于统计分析和预测建模分析的开源软件编程语言和软件环境,具有非常强大的数据处理、统计分析和预测建模能力。Tableau 8.1之后的版本,支持与 R 的脚本集成,极大地提升了 Tableau 在数据处理和高级分析方面的能力。

13.3.2 Tableau 工作表工作区

本书安装的 Tableau 版本是 10.5。具体安装过程比较简单,这里不再详述。

打开 Tableau 后,若没有指定工作簿,会显示开始界面,如图 13-16 所示,其中包含了最近使用的工作簿、已保存的数据连接、示例工作簿和其他一些入门资源,这些内容将帮助初学者快速入门。要开始构建视图并分析数据,需要先进入“新建数据源”界面,将 Tableau 连接到一个或多个数据源。

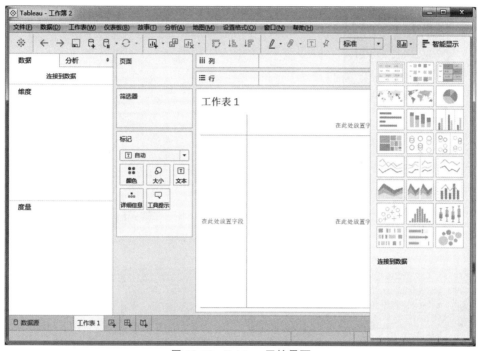

图 13-16　Tableau 开始界面

选择“文件”→“新建”选项,打开如图 13-17 所示的工作表工作区界面。在正式介绍工作表工作区之前,首先需要了解以下几个基本概念。

(1) 工作表。工作表又称视图,是可视化分析的基本单元。

(2) 仪表板。仪表板是多个工作表和一些对象(如图像、文本、网页和空白等)的组合,可以按照一定方式对其进行组织和布局,以便揭示数据关系和内涵。

(3) 故事。故事是按顺序排列的工作表或仪表板的集合,故事中各个单独的工作表或仪表板称为故事点。可以使用创建的故事,向用户叙述某些事实,或者以故事方式揭示各种事实之间的上下文或事件发展的关系。

(4) 工作簿。工作簿包含一个或多个工作表,以及一个或多个仪表板和故事,是用户在 Tableau 中工作成果的容器。用户可以把工作成果组织、保存或发布为工作簿,以便共享和存储。

工作表工作区包含菜单、工具栏、数据窗口、含有功能区和图例的卡,可以在工作表工作区中通过将字段拖动到功能区上来生成数据视图(工作表工作区仅用于创建单个视图)。在 Tableau 中连接数据之后,即可进入工作表工作区。

通过单击图 13-17 左上方的“连接到数据”选项连接到具体的数据,本书选择连接到一个 Excel 的“学生成绩”表,连接后的工作表工作区界面如图 13-18 所示。

工作表工作区中的主要部件如下。

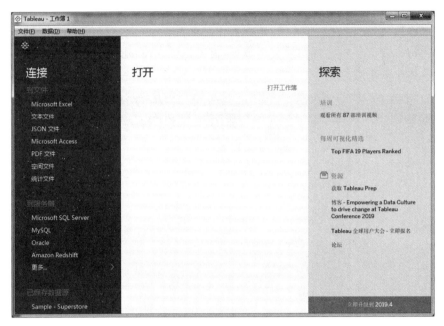

图 13-17　工作表工作区界面

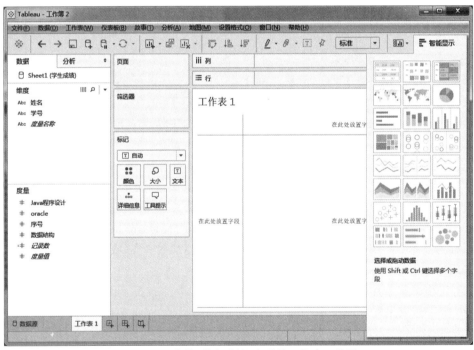

图 13-18　连接"学生成绩"表后的工作表工作区

1. 数据窗口

数据窗口位于工作表工作区的左侧。可以通过单击数据窗口右上角的最小化按钮 ，来隐藏和显示数据窗口,这样数据窗口会折叠到工作区底部,再次单击小化按钮可显示数据窗口。通过单击 按钮,然后在文本框中输入内容,可在数据窗口中搜索字段。通过单击按钮,可以查看数据。数据窗口由数据源区域、维度区域、度量区域、集区域和参数区域等组成。

(1) 数据源区域。包括当前使用的数据源及其他可用的数据源。

(2) 维度区域。包含诸如文本和日期等类别数据的字段。

(3) 度量区域。包含可以聚合的数字的字段。

(4) 集区域。定义的对象数据的子集,只有创建了集,此窗口才可见。

(5) 参数区域。可替换计算字段和筛选器中的常量值的动态占位符,只有创建了参数,此窗口才可见。

2. 分析窗口

将菜单中常用的分析功能进行了整合,方便快捷使用,主要包括汇总、模型和自定义 3 个区域,如图 13-19 所示。

图 13-19　分析窗口

(1) 汇总区域。提供常用的参考线、参考区间及其他分析功能,包括常量线、平均线、含四分位点的中值、盒须图和合计等,可直接拖动到视图中应用。

(2) 模型区域。提供常用的分析模型,包括含 95% CI 的平均值、含 95% CI 的中值、趋势线、预测和群集。

(3) 自定义区域。提供参考线、参考区间、分布区间和盒须图的快捷使用。

3. 页面区域

可在此功能区上基于某个维度的成员或某个度量的值将一个视图拆分为多个视图。

4. 筛选器区域

指定要包含和排除的数据,所有经过筛选的字段都显示在筛选器区域上。

5. 标记区域

控制视图中的标记属性,包括一个标记类型选择器,可以在其中指定标记类型(如条、线和区域等）。此外，还包含颜色、大小、文本、详细信息和工具提示等控件，这些控件的可用性取决于视图中的字段和标记类型。

6. 颜色图例

包含视图中颜色的图例，仅当颜色上至少有一个字段时才可用。同理，也可以添加形状图例、尺寸图例和地图图例。

7. 行功能区和列功能区

行功能区用于创建行，列功能区用于创建列，可以将任意数量的字段放置在这两个功能区上。将 Java 语言程序设计和 Oracle 设为行，姓名设为列，得到的工作表视图如图 13-20 所示。

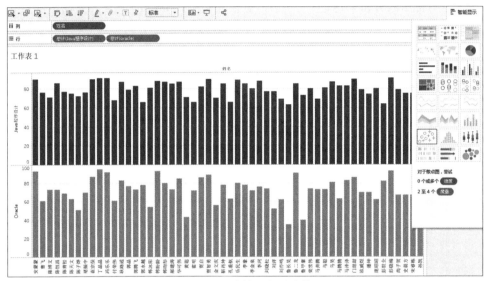

图 13-20　行功能区和列功能区

8. 工作表视图区

创建和显示视图的区域，一个视图就是行和列的集合，由标题、轴、区、单元格和标记等组件组成。除这些内容外，还可以选择显示标题、说明、字段标签、摘要和图例等。

9. 智能显示

通过智能显示，可以基于视图中已经使用的字段，以及在数据窗口中选择的任何字段来创建视图。Tableau 会自动评估选定的字段，然后在智能显示中突出显示与数据相符的可视化图表类型。

10. 标签栏

显示已经被创建的工作表、仪表板和故事的标签，或者通过单击标签栏上的"新建工作表"按钮创建新工作表，或者通过单击标签栏上的"新建仪表板"按钮创建新仪表板，或者通过单击标签栏上的"新建故事板"按钮创建新故事板。

11. 状态栏

位于 Tableau 工作簿的底部。它显示菜单项说明及有关当前视图的信息。可以通过选择"窗口"→"显示状态栏"选项来隐藏状态栏。有时 Tableau 会在状态栏的右下角显示警告图标，以指示错误或警告。

13.3.3　Tableau 仪表板工作区

仪表板工作区使用布局容器把工作表和一些图片、文本、网页类型的对象按一定的布局方式组织在一起。在工作区页面单击"新建仪表板"按钮,或者选择"仪表板"→"新建仪表板"选项,打开仪表板工作区,仪表板窗口将替换工作表左侧的数据窗口。图 13-21 显示了Tableau 中的仪表板工作区,将创建的工作表拖动到仪表板工作区就可以创建一个仪表板,本书将创建的 Java 语言程序设计、数据结构和 Oracle 三个工作表拖动到仪表板视图区创建一个仪表板,并命名为"课程成绩仪表板"。

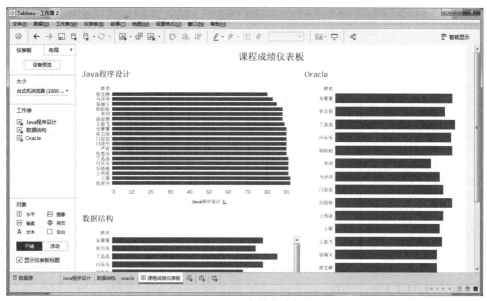

图 13-21　Tableau 中的仪表板工作区

仪表板工作区中的主要部件如下。

(1) 仪表板窗口。列出了在当前工作簿中创建的所有工作表,可以选中工作表并将其从仪表板窗口拖动到右侧的仪表板区域中,一个灰色阴影区域将指示出可以放置该工作表的各个位置。在将工作表添加至仪表板后,仪表板窗口中会用复选标记来标记该工作表。

(2) 仪表板对象区域。包含仪表板支持的对象,如文本、图像、网页和空白区域。从仪表板窗口拖动所需对象至右侧的仪表板窗口中,可以添加仪表板对象,为仪表板添加图像后的仪表板如图 13-22 所示。

(3) 平铺和浮动。决定了工作表和对象被拖动到仪表板后的效果和布局方式。默认情况下,仪表板使用平铺布局,这意味着每个工作表和对象都排列到一个分层网格中。可以将布局更改为浮动以允许视图和对象重叠。

(4) 仪表板布局窗口。以树结构显示当前仪表板中用到的所有工作表及对象的布局方式。

(5) 仪表板大小区域。设置创建的仪表板的大小,仪表板的大小可以从预定义的大小中选择一个,或以像素为单位设置自定义大小。

(6) 仪表板视图区域。可以添加工作表及各类对象。

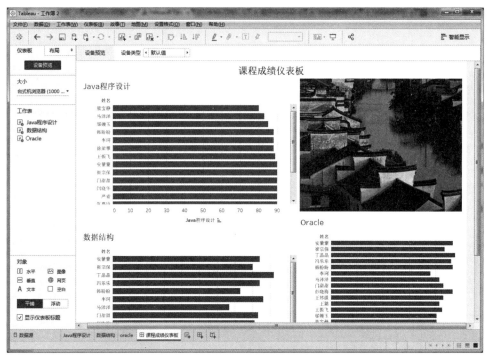

图 13-22　为仪表板添加图像

13.3.4　Tableau 故事工作区

故事是 Tableau 8.2 之后新增的特性，一般将故事用作演示工具，按顺序排列视图或仪表板。选择"故事"→"新建故事"选项，或者单击底部工具栏上的"新建故事"按钮，就可以创建一个故事，如图 13-23 所示。

故事工作区中的主要部件如下。

（1）仪表板和工作表区域。显示在当前工作簿中创建的视图和仪表板的列表，将其中的一个视图或仪表板拖动故事区域（导航框下方），即可创建故事点，单击可快速跳转至所在的视图或仪表板。

（2）添加说明区域。通过添加说明为故事点中的视图或仪表板添加注释。若要添加说明，只需单击"添加说明"区域进行说明添加。

（3）大小区域。设置创建故事的大小，故事的大小可以从预定义的大小中选择一个，或以像素为单位设置自定义大小。

（4）导航框。用户进行故事点导航的窗口，可以利用左侧或右侧的按钮顺序切换故事点，也可以直接单击故事点进行切换。

（5）新建故事点区域。单击"空白"按钮可以创建新故事点，使其与原来的故事点有所不同。单击复制按钮可以将当前故事点用作新故事点的起点。

（6）故事视图区域。故事视图区域是创建故事的工作区域，可以添加工作表、仪表板对象。

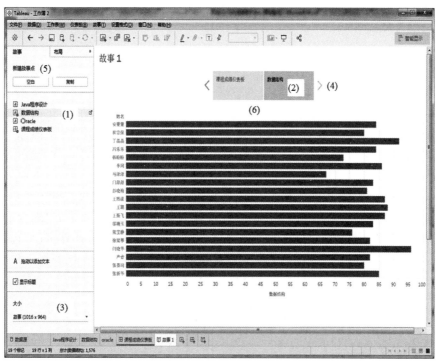

图 13-23　创建故事

13.3.5　Tableau 菜单栏

除了工作表、仪表板和故事工作区,Tableau 工作区环境还包括公共的菜单栏和工具栏。无论在哪个工作区环境下,菜单栏和工具栏都存在于工作区的顶部。

1. 文件菜单

像任何文件菜单一样,该菜单包括"打开""保存"和"另存为"等选项。文件菜单中最常用的是"打印为 PDF"选项,它允许把工作表或仪表板导出为 PDF 文件。"导出打包工作簿"选项也非常常用,它允许把当前的工作簿以打包形式导出。如果记不清文件存储位置,或者想要改变文件的默认存储位置,可以使用文件菜单中的"存储库位置"选项来查看文件存储位置和改变文件的默认存储位置。

2. 数据菜单

数据菜单中的"粘贴"选项非常方便,如果在网页上发现了一些 Tableau 的数据,并且想要使用 Tableau 进行分析,可以从网页上复制下来,然后使用此选项把数据导入到 Tableau 中进行分析。一旦数据被粘贴,Tableau 将从 Windows 操作系统的粘贴板中复制这些数据,并在数据窗口中增加一个数据源。"编辑关系"选项在数据融合时使用,它可以用于创建或修改当前数据源关联关系,并且如果两个不同数据源中的字段名不相同,此选项非常有用,它允许明确地定义相关字段。

3. 工作表菜单

工作表菜单中有几个常用的选项,如"导出"选项和"复制"选项。其中"导出"选项允许把工作表导出为一个图像、一个 Excel 交叉表或者 Access 数据库文件(.mdb)。使用"复制"

选项中的"复制为交叉表"选项会创建一个当前工作表的交叉表版本,并把它存放在一个新的工作表中。

4. 仪表板菜单

此菜单中的选项只有在仪表板工作区环境下可用。

5. 故事菜单

此菜单中的选项只有在故事工作区环境下可用,可以利用其中的"新建故事"选项新建故事,利用"设置格式"选项设置故事的背景、标题和说明,还可以利用"导出图像…"选项把当前故事导出为图像。

6. 分析菜单

熟悉了 Tableau 的基本视图创建方法后,可以使用分析菜单中的一些选项来创建高级视图,或者利用它们来调整 Tableau 中的一些默认行为,例如,利用其中的"聚合度量"选项来控制对字段的聚合或解聚,也可以利用"创建计算字段…"和"编辑计算字段"选项创建当前数据源中不存在的字段。分析菜单在故事工作区环境下不可见,在仪表板工作区环境下仅部分选项可用。

13.3.6 Tableau 可视化与数据分析举例

在 Tableau 首页,可以看到有多种连接方式:文本文件、Excel、JSON 文件和数据库等。

1. 连接数据文件

本书选择 Tableau 系统自带的示例——超市数据,作为可视化和分析的对象。

2. 可视化数据

分别将"维度"和"度量"的"类别"字段拖动到行,"地区"拖动到行,"数量"拖动到列,"销售额"拖动到列,同时再将"地区"拖动到"颜色",所建立的工作表如图 13-24 所示。

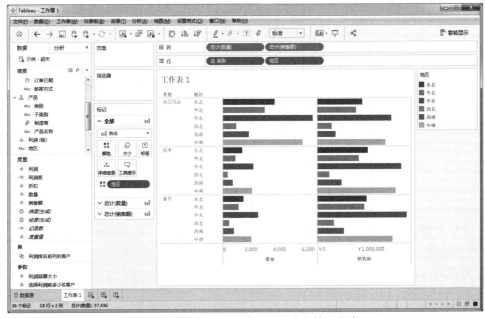

图 13-24　选择行和列的字段所建立的工作表

通过图 13-9 可以很清晰地看到,办公用品、技术、家具在华东地区销售的数量最多,在西北销售的数量最少;销售额具有同样的特征。

如果想看销售额,将"销售额"随"订单日期"推移到销售情况,将"销售额"放入行,将"订单日期"放入列,如图 13-25 所示。

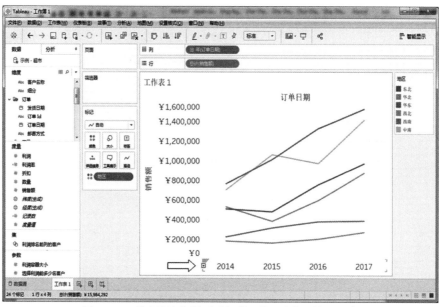

图 13-25　选择"销售额"和"订单日期"所建立的工作表

通过图 13-25 可以很清晰地看到,华东地区和西南地区随着"订单日期"的推移,销售额一直在增加。

Tableau 会以年度汇集日期。可以单击图 13-25 下方箭头所示"+"按钮将其展开为按季度、按月和按天的工作表,如图 13-26 所示。

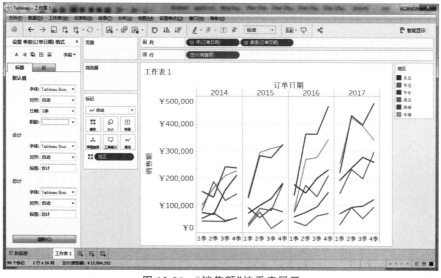

图 13-26　"销售额"按季度展开

13.4 习 题

1. 简述 Tableau 的主要特性。

2. 简述 Tableau 的仪表板工作区中的主要部件的功能。

3. 简述 PyeCharts 库支持的绘图种类。

参 考 文 献

［1］ 刘红阁,王淑娟,温融冰. 人人都是数据分析师——Tableau 应用实战[M]. 北京:清华大学出版社,2019.

［2］ 周苏,王文. 大数据可视化[M]. 北京:清华大学出版社,2018.

［3］ 林子雨. 大数据技术原理与应用[M]. 2 版. 北京:人民邮电出版社,2017.

［4］ 薛志东,吕泽华,陈长清等. 大数据技术基础[M]. 北京:人民邮电出版社,2018.

［5］ 林子雨. 大数据基础编程、实验和案例教程[M]. 北京:清华大学出版社,2017.

［6］ 肖芳,张良均. Spark 大数据技术与应用[M]. 北京:人民邮电出版社,2018.

［7］ 曾国苏,曹洁. Hadoop＋Spark 大数据技术[M]. 北京:人民邮电出版社,2022.

［8］ 曹洁. Spark 大数据分析技术(Python 版)[M]. 北京:清华大学出版社,2023.

图 书 资 源 支 持

感谢您一直以来对清华版图书的支持和爱护。为了配合本书的使用,本书提供配套的资源,有需求的读者请扫描下方的"书圈"微信公众号二维码,在图书专区下载,也可以拨打电话或发送电子邮件咨询。

如果您在使用本书的过程中遇到了什么问题,或者有相关图书出版计划,也请您发邮件告诉我们,以便我们更好地为您服务。

我们的联系方式:

清华大学出版社计算机与信息分社网站: https://www.shuimushuhui.com/

地　　址: 北京市海淀区双清路学研大厦 A 座 714

邮　　编: 100084

电　　话: 010-83470236　010-83470237

客服邮箱: 2301891038@qq.com

QQ: 2301891038(请写明您的单位和姓名)

资源下载: 关注公众号"书圈"下载配套资源。

资源下载、样书申请

书 圈

图书案例

清华计算机学堂

观看课程直播